"创新设计思维"

数字媒体与艺术设计类新形态丛书

U0734567

Photoshop+AIGC

平面设计 │微课版│

王占坤 黄海萍 主编

邓先春 叶祥兵 副主编

人民邮电出版社

北 京

图书在版编目(CIP)数据

Photoshop+AIGC 平面设计:微课版 / 王占坤,黄海萍主编. -- 北京:人民邮电出版社,2025. -- ("创新设计思维"数字媒体与艺术设计类新形态丛书).

ISBN 978-7-115-65989-7

Ⅰ. TP391.413

中国国家版本馆 CIP 数据核字第 2025FS3364 号

内 容 提 要

Photoshop 是一款功能强大的图像编辑软件,为平面设计师提供了广阔的创意空间,能够让平面设计师灵活地表达自己的创意和想法,帮助他们创作出色的平面设计作品。本书以 Photoshop 2023 为蓝本,讲解 Photoshop 在平面设计中的各种应用,主要内容包括 Photoshop 平面设计基础、图像编辑基础操作、应用选区和填充颜色、应用图层与文字、图像调色、图像修饰与修复、图形绘制与制作、图像抠图、图像合成、特效制作、图像自动化处理与 AI 生成、综合案例等。

本书可作为高等院校视觉传达设计、数字媒体艺术、环境设计、新媒体艺术等专业软件应用基础课程的教材,还可供 Photoshop 初学者自学,或作为相关行业从业人员的参考书。

◆ 主　　编　王占坤　黄海萍
　　副 主 编　邓先春　叶祥兵
　　责任编辑　许金霞
　　责任印制　胡　南

◆ 人民邮电出版社出版发行　　北京市丰台区成寿寺路 11 号
　　邮编　100164　电子邮件　315@ptpress.com.cn
　　网址　https://www.ptpress.com.cn
　　北京鑫丰华彩印有限公司印刷

◆ 开本:787×1092　1/16
　　印张:15.5　　　　　　　　　　2025 年 4 月第 1 版
　　字数:410 千字　　　　　　　2025 年 4 月北京第 1 次印刷

定价:69.80 元

读者服务热线:(010)81055256　印装质量热线:(010)81055316
反盗版热线:(010)81055315

前言 PREFACE

平面设计作为现代文化传播的关键载体，其价值和意义不言而喻，基于此，我们精心策划并推出《Photoshop+AIGC平面设计（微课版）》。本书紧密结合党的二十大报告中关于文化自信自强的精神要求，致力于在传授Photoshop 2023操作技巧的同时，引导读者深入探索并表达文化内涵，在平面设计中巧妙地融入民族文化元素，展现新时代的精神风貌，创作出既有技术深度，又富含文化内涵的优秀作品。

除此之外，本书注重理论与实践相结合，通过丰富的案例实践让读者提升操作技能，激发创新思维。同时，本书也关注未来设计趋势，提供前沿设计理念和技术介绍，使读者能够紧跟时代步伐，创作出既实用又具有前瞻性的平面设计作品，成为一名符合市场需求的高技能应用型人才。

教学方法

本书精心设计"学习引导→扫码阅读→课堂案例→知识讲解→综合实训→课后练习"6段教学法，细致而巧妙地讲解理论知识；通过典型商业案例的制作，激发读者的学习兴趣，训练读者的动手能力，提高读者的实际应用能力。

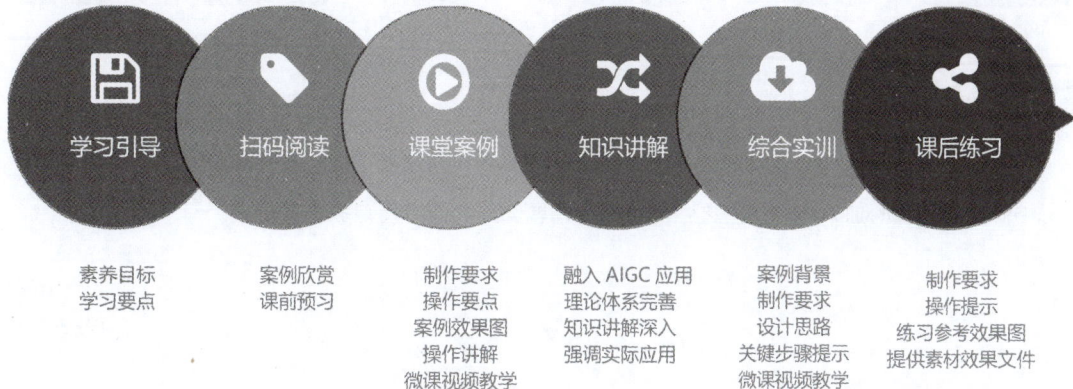

学习引导	扫码阅读	课堂案例	知识讲解	综合实训	课后练习
素养目标 学习要点	案例欣赏 课前预习	制作要求 操作要点 案例效果图 操作讲解 微课视频教学	融入 AIGC 应用 理论体系完善 知识讲解深入 强调实际应用	案例背景 制作要求 设计思路 关键步骤提示 微课视频教学	制作要求 操作提示 练习参考效果图 提供素材效果文件

本书特色

本书以案例制作为驱动，全面讲解Photoshop平面设计的相关知识，其特色可以归纳为以下4点。

- 理实结合，融入AIGC工具应用：本书以"课堂案例"引导知识点讲解，在讲解案例的过程中，介绍Photoshop 2023的各项功能，融入前沿的AIGC工具应用，旨在帮助读者掌握AI技能。本书还对重难点进行深入的剖析，帮助读者理解与应用知识点。

- 素养培育，实践性强：本书设计"综合实训"和"课后练习"等实践板块，让读者在学完基础知识后进行同步训练，提升独立完成能力。本书还自然地融入中华传统文化、科学精神和爱国情怀，注重挖掘其中的素养教育内容，弘扬精益求精的专业精神、职业精神和工匠精神，培养读者的创新意识。

- 商业案例，配备微课：本书参考了当前市场上各类真实的、主流的设计案例，由多年深耕教学一线、富有教学经验的教师和设计经验丰富的平面设计师共同开发。此外，本书配备教学微课视频，可以利用计算机和移动终端，实现线上线下混合式教学。

- 技能提升，能力培养：本书不管是课堂案例，还是综合实训，都融入了制作要求、操作要点，并通过"行业知识"小栏目体现设计标准和设计理念，培养读者的设计能力与创意能力。最后一章还通过标志设计、广告设计、包装设计、App界面设计、书籍封面设计、AI插画设计等商业案例，进行Photoshop平面设计的综合运用，旨在提升读者的实际应用与专业能力。

教学资源

本书提供立体化教学资源，以丰富教师教学手段。本书的教学资源主要包括以下6个方面，读者可登录人邮教育社区下载。

素材和效果文件 · 微课视频 · PPT、教学大纲和教案 · 题库软件 · 设计理论基础 · 设计拓展资源

编者信息

本书由王占坤、黄海萍担任主编，邓先春、叶祥兵担任副主编。虽然编者在编写本书的过程中倾注了大量心血，但恐百密之中仍有疏漏，恳请广大读者及专家不吝赐教。

编者
2025年3月

目录 CONTENTS

第3章 应用选区和填充颜色

第4章 应用图层与文字

第5章　图像调色

第6章　图像修饰与修复

第10章　特效制作

第11章　图像自动化处理与AI生成

第12章　综合案例

第 1 章

Photoshop平面设计基础

Photoshop是Adobe公司旗下的一款图像处理软件，其功能强大，被广泛应用于平面设计行业。用户在使用Photoshop进行平面设计前，需要先了解Photoshop平面设计基础知识，熟悉Photoshop的基本操作和灵活运用辅助工具，这样才能提高学习效率和工作效率，从而更好地进行平面设计。

📖 学习要点

◎ 掌握平面设计基础知识。

◎ 认识Photoshop工作界面。

◎ 掌握Photoshop文件的基本操作。

◎ 掌握Photoshop辅助工具的使用方法。

◇ 素养目标

◎ 提高对平面设计基础知识的了解，强化平面设计能力。

◎ 加强对专业技能的培养，使设计作品更具吸引力和表现力。

◈ 扫码阅读

案例欣赏　　　　课前预习

1.1
Photoshop平面设计基础知识

平面设计也称为视觉传达设计，是一种以"视觉"作为沟通和表现的设计形式，旨在通过图像、文字、色彩等方式为广告、出版、电影、数字媒体等领域提供视觉传达服务。Photoshop在平面设计中扮演着重要的角色，为平面设计提供了强大的技术支持，可以帮助平面设计师更好地完成设计任务。

1.1.1 位图与矢量图

位图与矢量图是进行平面设计前首先需要了解的内容，理解两者的区别有助于设计出符合要求的平面设计作品。

1. 位图

位图又称点阵图或像素图，它由多个像素点构成，能够将灯光、透明度和深度等逼真地表现出来。将位图放大到一定程度后，可以看到位图是由一个个小方块组成的，这些方块便是像素，但将位图放大到一定比例时，图像会变得模糊。图1-1所示为位图原图和放大后的效果。

2. 矢量图

矢量图又称向量图，是指使用一系列计算机指令来描述和记录的图像，它由点、线、面等元素组成，所记录的对象主要包括几何形状、线条粗细和色彩等。矢量图常用于制作企业标识或插画，还可用于制作商业信纸或招贴广告等。与位图不同的是，矢量图的清晰度和光滑度不受缩放的影响，可在任何打印设备和任意尺寸的材料上输出高品质的矢量图。图1-2所示为矢量图原图和放大后的效果。

位图原图和放大1000倍后的效果
图1-1

矢量图原图和放大500倍后的效果
图1-2

1.1.2 像素与分辨率

像素是构成图像的基本单元，而分辨率则反映了这些像素的排列密度和图像的精细程度。在实际应用中，可根据具体的输出设备和用途来选择合适的像素和分辨率，以达到最佳的图像质量和显示效果。

1. 像素

像素是组成位图最基本的元素，每个像素在图像中都有自己的位置，并且包含了一定的颜色信息。单位面积内的像素越多，颜色信息越丰富，图像效果越好，但所需的存储空间也会越大。图1-3所示为在分辨率为"72像素/英寸"下的图像效果，以及图像放大后的效果，放大后的图像中显示的每一个小方格都代表一个像素。

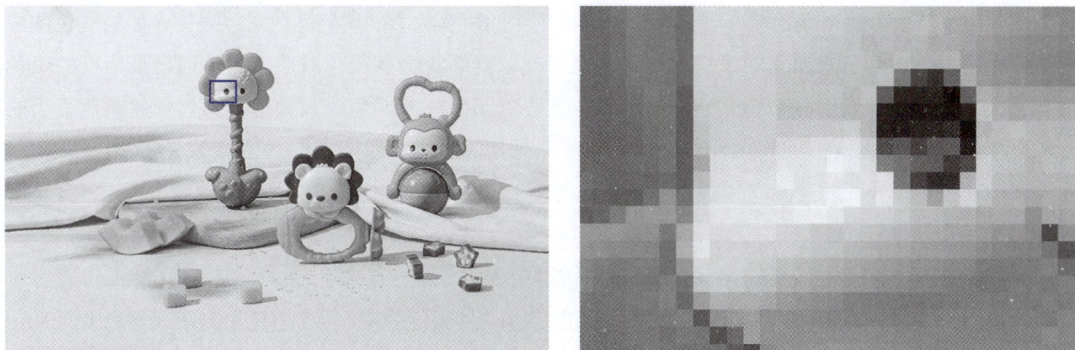

图1-3

2. 分辨率

分辨率是指单位面积或单位长度上的像素数量。分辨率的高低直接影响图像的效果，单位面积或单位长度上的像素越多，分辨率越高，同时图像也越清晰，但所需的存储空间也就越大，反之，分辨率越低，图像越模糊。图1-4所示为分辨率为72像素/英寸和30像素/英寸图像的区别。

图1-4

1.1.3　图像的颜色模式

图像的颜色模式决定图像色彩的显示效果，也决定了图像在计算机中显示或打印输出的方式。Photoshop支持多种颜色模式的图像，在其中选择【图像】/【模式】命令，在弹出的子菜单中可以选择相应的命令转换颜色模式。

- **位图模式**：位图模式是指由黑、白两种颜色来表示图像的颜色模式，适合制作艺术样式或用于创作单色图像。只有处于灰度模式下的图像才能转换为位图模式，并且颜色信息将会丢失，只保留亮度信息。

- **灰度模式**：在灰度模式图像中，每个像素都有一个0（黑色）～255（白色）的亮度值。当彩色图像转换为灰度模式时，将删除图像中的色相及饱和度，只保留亮度与暗度，得到纯正的黑白图像。

- **双色调模式**：双色调模式是指用灰度油墨或彩色油墨来渲染灰度图像的模式。双色调模式采用两种彩色油墨混合其色阶来创建由双色调、三色调及四色调混合色阶组成的图像。

- **索引颜色模式**：索引颜色模式是指系统预先定义好一个含有256种典型颜色的颜色对照表，当彩色图像转换为索引颜色模式时，系统会将该图像的所有色彩映射到颜色对照表中，如果彩色图像中的颜色在颜色对照表中没有对应颜色来表现，则系统会从颜色对照表中挑选出最相近的颜色来表现。因此索引颜色模式通常被当作存放彩色图像中的颜色，并为这些颜色创建颜色索引的工具。

- **RGB颜色模式**：RGB颜色模式由红、绿、蓝3种颜色按不同的比例混合而成，也是最常用的颜色模式之一
- **CMYK颜色模式**：CMYK颜色模式是印刷时使用的一种图像颜色模式，主要由Cyan（青）、Magenta（洋红）、Yellow（黄）和Black（黑）4种颜色组成。为了避免和RGB三基色中的Blue（蓝色）混淆，CMYK颜色模式中的黑色用K表示。若需要印刷RGB颜色模式的图像，则必须将其转换为CMYK颜色模式。
- **Lab颜色模式**：Lab颜色模式由RGB三基色转换而来，它将明暗和颜色数据信息分别存储在不同位置。修改图像的亮度并不会影响图像的颜色，调整图像的颜色同样也不会破坏图像的亮度，这是Lab颜色模式在调色中的优势。在Lab颜色模式中，L是指明度，表示图像的亮度，如果只调整明暗度，则可只调整L通道；a表示由绿色到红色的光谱变化；b表示由蓝色到黄色的光谱变化。
- **多通道模式**：在多通道模式下，图像包含了多种灰阶通道。将图像转换为多通道模式后，系统将根据原图像产生一定数目的新通道，每个通道均由256级灰阶组成。在进行特殊打印时，使用多通道模式可以降低打印成本，并保证图像颜色正确输出。

1.1.4 图像文件格式

Photoshop支持多种图像文件格式，在Photoshop中存储图像文件时，可根据需要选择合适的文件格式进行保存。

- **PSD（*.psd）格式**：它是Photoshop软件默认生成的文件格式，是唯一能支持全部图像颜色模式的格式。以PSD格式保存的图像可以包含图层、通道、颜色模式等信息。
- **TIFF（*.tif、*.tiff）格式**：它是一种支持RGB、CMYK、Lab、位图和灰度等颜色模式，而且在RGB、CMYK和灰度等颜色模式中支持Alpha通道使用的文件格式。
- **BMP（*.bmp、*.rle、*.dib）格式**：它是标准的位图文件格式，支持RGB、索引、灰度和位图颜色模式，但不支持Alpha通道。
- **GIF（*.gif）格式**：它是由CompuServe公司提供的一种格式，此格式可以进行LZW压缩（一种无损数据压缩算法），从而使图像文件占用较少的磁盘空间。
- **EPS（*.eps）格式**：该格式最显著的优点是在排版软件中能以较低的分辨率预览，在打印时则以较高的分辨率输出。它支持Photoshop中的所有颜色模式，但不支持Alpha通道。
- **JPEG（*.jpg、*.jpeg、*.jpe）格式**：它是一种支持RGB、CMYK和灰度等颜色模式的文件格式。使用JPEG格式保存的图像会被压缩，丢失掉部分不易察觉的色彩，使图像文件变小。
- **PDF（*.pdf、*.pdp）格式**：它是Adobe公司用于Windows、Mac OS、UNIX和DOS系统的一种电子出版格式，包含矢量图和位图，还具有电子文档查找和导航功能。
- **PNG（*.png）格式**：PNG格式支持带一个Alpha通道的RGB和Grayscale（灰度）颜色模式，用Alpha通道来定义文件中的透明区域。

1.2 认识Photoshop 2023的工作界面

平面设计师只需将一张图片拖动到计算机中的Photoshop 2023软件图标上，便可启动该软件，同时打开图1-5所示的工作界面，该界面主要由菜单栏、工具属性栏、标题栏、工具箱、面板组、图像编辑区、上下文任务栏和状态栏组成。

图1-5

1. 菜单栏

菜单栏由"文件""编辑""图像""图层""文字""选择""滤镜""3D""视图""增效工具""窗口""帮助"12个菜单组成，每个菜单包含多个命令。若命令右侧标有▶符号，则表示该命令还有子菜单；若某些命令呈灰色显示，则表示没有激活，或当前不可用。

2. 工具属性栏

工具属性栏可对当前所选工具进行参数设置，默认位于菜单栏下方。当用户选择工具箱中的某个工具时，工具属性栏将显示该工具的参数设置选项。

3. 标题栏

标题栏位于图像编辑区上方，可显示当前图像文件的名称、格式、显示比例、颜色模式、所属通道和图层状态以及"关闭"按钮×。如果该图像文件未存储过，则标题栏以"未命名+连续数字"的形式命名文件。

4. 工具箱

工具箱集合了Photoshop中的工具，可以用于绘制图像、修饰图像、创建选区、调整图像显示比例等。工具箱的默认位置在工作界面左侧，将鼠标拖曳到工具箱顶部，按住鼠标左键不放并拖动，可将工具箱拖到界面其他位置。

单击工具箱顶部的 ▸▸ 按钮，可以将工具箱中的工具以双列形式排列。单击工具箱中的某个工具，可选择该工具。若工具按钮右下角有 ◢ 符号，则表示该工具位于一个工具组中，其下还有隐藏工具，在该工具按钮上按住鼠标左键不放或单击鼠标右键，可显示隐藏的工具。图1-6所示为工具箱中的所有工具。

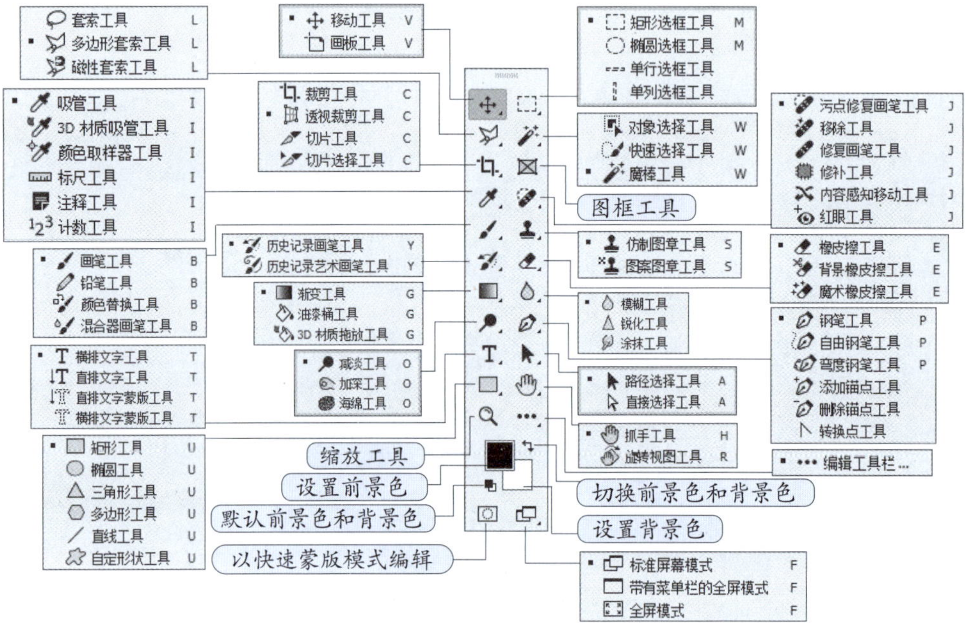

图1-6

5. 面板组

面板组是Photoshop工作界面非常重要的组成部分，在其中可进行选择颜色、编辑图层、新建通道、编辑路径和撤销编辑等操作。可在"窗口"菜单中打开和隐藏各种面板，还可将鼠标移动到面板组顶部的标题处，按住鼠标左键不放并拖曳鼠标，以移动面板组的位置。另外，在面板组的选项卡上按住鼠标左键不放并拖曳鼠标，可将当前面板拖离该组。单击面板组左上角的"展开面板"按钮 ◂◂ ，可打开隐藏的面板组；单击"折叠为图标"按钮 ▸▸ ，可还原为图标模式。

6. 图像编辑区

图像编辑区是Photoshop中用于添加和处理图像的区域。Photoshop中的所有图像处理操作都是在图像编辑区中完成的。

7. 上下文任务栏

上下文任务栏用于显示当前工作流程中最相关的后续步骤。例如，选择一个对象时，上下文任务栏会显示在图像编辑区上，并在其中提供可能使用的后续操作，如选择并遮住、羽化、反转、创建调整图层和填充选区。

8. 状态栏

状态栏位于图像编辑区底部，左端显示当前图像编辑区的显示比例，在其中输入数值并按【Enter】

键可改变图像的显示比例；中间显示当前图像文件的大小。单击右边的❯按钮，在弹出的菜单中选择任一命令，相应的信息就会在预览框中显示。

> 🔔 **提示**
>
> 在Photoshop中选择【窗口】/【工作区】/【复位基本功能】命令，可将工作界面恢复为原始布局，此时工具箱默认出现在工作界面左侧,面板组也默认出现在工作界面右侧。

1.3 文件的基本操作

平面设计师在Photoshop中创作一个平面设计作品时，首先要新建或打开一个文件，然后在其中进行各种操作，完成后进行保存或打印操作，这就是完整的平面设计制作流程。

1.3.1 新建文件

使用Photoshop从无到有地创建一个平面设计作品，首先需要执行新建文件操作。在操作时，可先启动Photoshop进入开始界面，单击该界面左侧的（新建）按钮，或选择【文件】/【新建】命令，或按【Ctrl+N】组合键，打开"新建文档"对话框，设置宽度、高度、分辨率等参数后，单击（创建）按钮即可新建一个对应的文件，如图1-7所示。

图1-7

1.3.2 打开文件

在进行平面设计的过程中，若需要查看某个文件或使用某个文件中的元素，则需要打开该文件。在Photoshop中打开文件的方法较多，可根据具体情况选择适合的打开方法。

- 选择【文件】/【打开】命令，或按【Ctrl+O】组合键都可打开"打开"对话框，在对话框中选择需要打开的文件，单击 打开(O) 按钮即可。
- 当文件实际格式与扩展名不匹配，或文件没有扩展名时，无法使用"打开"菜单命令打开文件。此时可选择【文件】/【打开为】命令，或按【Alt+Shift+Ctrl+O】组合键，打开"打开"对话框，在"文件名"文本框右侧的下拉列表中选择需要的扩展名，再单击 打开(O) 按钮。如果使用"打开为"菜单命令仍然不能打开文件，则可能是因为选取的文件格式与实际文件格式不同，或文件已损坏。
- Photoshop默认记录最近打开过的20个文件，选择【文件】/【最近打开文件】命令，在弹出的子菜单中选择需要打开的文件。
- 智能对象是一个嵌入原始文件的文件，编辑智能对象不会对原始文件产生影响。选择【文件】/【打开为智能对象】命令，打开"打开"对话框，在对话框中选择需要打开的文件，单击 打开(O) 按钮，此时文件以智能对象的形式打开。
- 在计算机中选择需要打开的文件，按住鼠标左键不放并将其拖到Photoshop图标 Ps 上，释放鼠标后，即可启动Photoshop，并在其中打开该文件。

1.3.3 存储和关闭文件

不论是刚创建的文件，还是编辑后的文件，都应该及时保存，避免因断电或程序出错等情况带来不必要的损失。存储文件后，若无须再进行编辑，则可关闭文件，以节约系统资源。

1. 存储文件

存储文件时，选择【文件】/【存储】命令，或按【Ctrl+S】组合键，可直接保存当前文件。如果是第一次保存图像文件，则选择【文件】/【存储】命令后，会打开"存储为"对话框，在其中需设置文件名、格式、存储位置，再单击 保存(S) 按钮，才能存储文件。另外，若选择【文件】/【存储为】命令或按【Shift+Ctrl+S】组合键，无论是不是第一次保存，都将打开"存储为"对话框，在其中可存储文件副本。

2. 关闭文件

关闭文件时，直接单击当前文件标题栏右端的"关闭"按钮×，或选择【文件】/【关闭】命令，或按【Ctrl+W】组合键，抑或按【Ctrl+F4】组合键，均可关闭当前文件。选择【文件】/【关闭全部】命令，或按【Ctrl+Alt+W】组合键，可关闭在Photoshop中打开的所有文件。选择【文件】/【退出】命令，或按【Ctrl+Q】组合键，抑或单击Photoshop工作界面右上角的 × 按钮，可在关闭文件的同时退出Photoshop。

> **知识拓展**　在 Photoshop 中，为了避免忘记保存导致文件意外丢失的情况，可使用 Photoshop 中自动保存文件的功能来完成。选择【编辑】/【首选项】/【文件处理】命令，打开"首选项"对话框，在"文件处理"栏中单击选中"自动存储恢复信息的间隔"复选框，并在其右侧的下拉列表中选择时间间隔选项（如"5分钟""10分钟""15分钟""30分钟""1 小时"），然后单击 确定 按钮。

1.3.4 置入与导出文件

在进行平面设计的过程中，经常需要在文件中添加其他素材，此时可进行置入操作。若需要将平面设计效果运用到其他地方，则可将文件导出为其他格式以方便调用。

1. 置入文件

选择【文件】/【置入嵌入对象】命令，打开"置入嵌入的对象"对话框，选择需要置入的文件，单击 置入(P) 按钮，可将所选文件的内容置入当前文件中。置入的新文件内容将自动放置在图像编辑区中间，调整内容的大小和位置后，按【Enter】键，完成置入。

2. 导出文件

选择【文件】/【导出】命令，在打开的子菜单中可以完成多种导出任务，如快速导出为PNG、导出为、存储为Web 所用格式（旧版）等，平面设计师可按照所要导出的内容、范围、格式等要素选择合适的命令导出文件。

> 🔔 **提示**
>
> 若需要将图像文件中的所有图层分别导出到单个文件中，则选择【文件】/【导出】/【将图层导出到文件】命令，打开"将图层导出到文件"对话框，设置图层的保存位置、文件名称、文件类型等参数，最后单击 运行 按钮即可。

1.3.5 撤销与恢复文件

在进行平面设计的过程中，经常需要进行大量的操作才能得到精致的视觉效果。如果操作完成后发现效果并不合适，则可执行撤销和恢复操作。

1. 使用命令撤销与恢复文件

选择【编辑】/【还原】命令，或按【Ctrl+Z】组合键，可还原到上一步的操作。如果需要取消还原操作，则选择【编辑】/【重做】命令。需要注意的是："还原"和"重做"操作都只针对一步操作，在实际编辑过程中经常需要对多步操作进行还原，此时可选择【编辑】/【后退一步】命令，或按【Alt+Ctrl+Z】组合键来逐一进行还原操作。若想取消还原多步操作，则可选择【编辑】/【前进一步】命令，或按【Shift+Ctrl+Z】组合键取消还原。

2. 使用"历史记录"面板撤销与恢复文件

"历史记录"面板用于记录编辑图像过程中产生的操作，使用该面板可以快速进行还原和重做操作。选择【窗口】/【历史记录】面板，可打开图1-8所示的"历史记录"面板，在其中可选择需要撤销或恢复的操作来撤销或恢复文件。

默认状态下，"历史记录"面板只能记录20步操作，如果想将某一步操作保留下来，则可以创建一个快照。选择要保存的操作，单击鼠标右键，在弹出的快捷菜单中选择【新建快照】命令，打开"新建快照"对话框，在其中对操作名称进行重命名，再单击 确定 按钮。

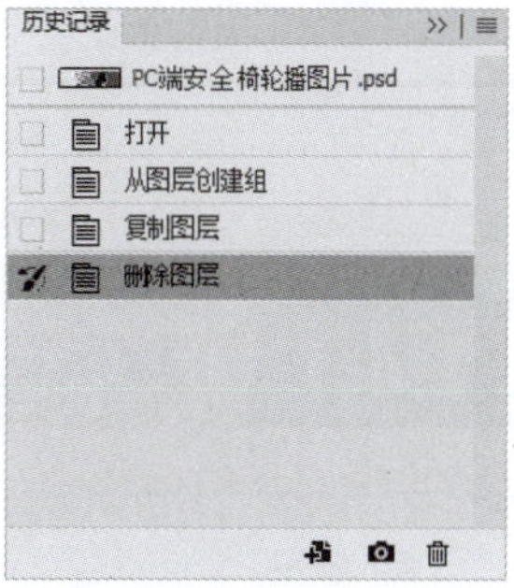

图1-8

1.3.6　打印文件

完成平面设计后，可将设计作品打印出来，以便预览和传播。选择【文件】/【打印】命令，或按【Ctrl+P】组合键，打开"Photoshop 打印设置"对话框，在左侧可预览需要打印的文件，在右侧可选择匹配的打印机，设置打印的份数和版面信息，如横排显示或竖排显示，单击 打印(P) 按钮，便可进行文件的打印操作，如图1-9所示。

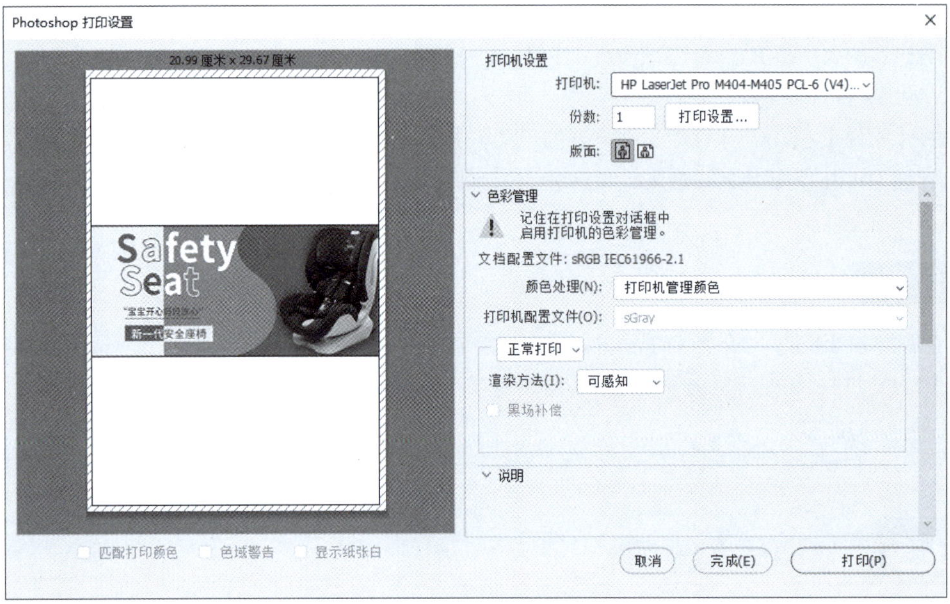

图1-9

若需要详细设置打印信息，如纸张尺寸、纸张来源、纸张类型、是否双面打印、打印页数等，则单击 打印设置... 按钮，在打开的对话框中设置对应的选项。

1.4
使用辅助工具

在进行平面设计的过程中，若需要布局文字、图像，则可使用标尺、网格、参考线等辅助工具来协助。这些辅助工具可用于测量或定位图像，使图像处理更精确，以提高工作效率。

1.4.1　标尺与参考线

标尺和参考线常配套使用，打开标尺后，可通过拖动标尺来添加参考线。

1. 标尺

标尺在平面设计中常用于测量、对齐和布局画面中的元素，以提高编辑效率。选择【视图】/【标尺】命令，或按【Ctrl+R】组合键，在图像编辑区顶部和左侧将分别显示水平和垂直标尺，如图1-10所示。再次按【Ctrl+R】组合键可隐藏标尺。

图1-10

2. 参考线

添加参考线有以下两种方法。

- **通过标尺创建参考线**：显示标尺，将鼠标指针移动到上方的标尺，按住鼠标左键不放并向下拖曳鼠标可创建水平参考线，如图1-11所示。将鼠标指针移动到左侧的标尺，按住鼠标左键不放并向右拖曳鼠标可创建垂直参考线。
- **通过命令创建参考线**：选择【视图】/【参考线】/【新建参考线】命令，打开"新参考线"对话框，在"取向"栏中单击选中"水平"单选项或"垂直"单选项，在"位置"文本框中设置参考线的位置，单击 确定 按钮。图1-12所示为使用"新建参考线"命令在200像素的位置创建一条垂直参考线。

知识拓展　添加参考线后，选择"移动工具" ⊕，将鼠标指针放置在参考线上，按住鼠标左键不放并拖曳鼠标，可移动参考线；选择【视图】/【清除参考线】命令，可清除所有参考线；选择【视图】/【锁定参考线】命令，可锁定所有参考线，防止错误移动；再次选择【视图】/【锁定参考线】命令，取消命令前的 ✔ 标记，可解锁参考线。

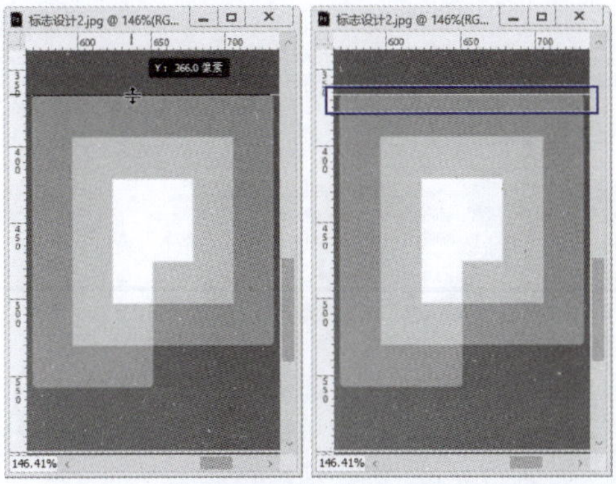

图1-11

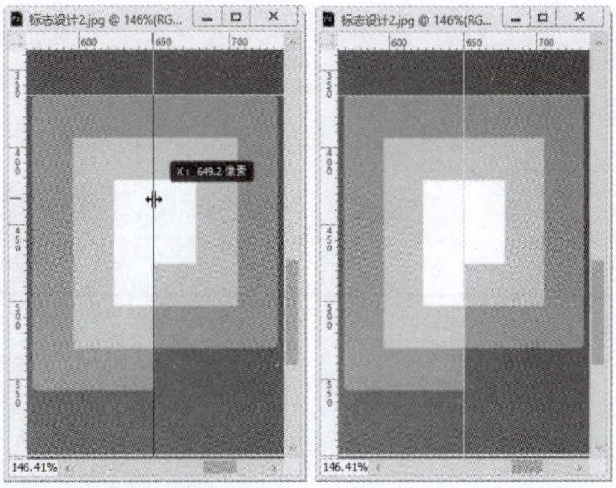

图1-12

此外，Photoshop还提供了智能参考线，帮助平面设计师对齐形状、切片和选区。选择【视图】/【显示】/【智能参考线】命令，使该命令前显示 ✔ 标记，以启动智能参考线。启动后在绘制形状、选区及切片时，Photoshop将自动显示参考线。

1.4.2　网格

使用网格可以在编辑和排列画面元素时，起到精确定位的作用。默认情况下，Photoshop不会显示网格，使用时需要选择【视图】/【显示】/【网格】命令显示网格，效果如图1-13所示。再次选择【视图】/【显示】/【网格】命令可隐藏网格。

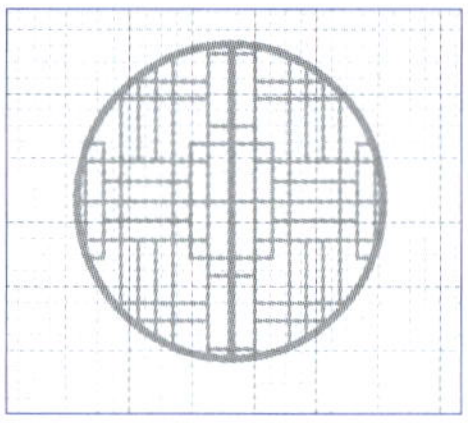

图1-13

1.5
综合实训——制作耳机海报

某国货耳机品牌准备为一款新款耳机制作海报，由于该耳机上架时间正好在天猫618年中盛典活动期间，因此在设计中可添加相关的文字，以吸引目标受众。表1-1所示为耳机海报制作任务单，任务单给出了明确的实训背景、制作要求、设计思路和参考效果。

表1-1　耳机海报制作任务单

实训背景	为某国货耳机品牌制作耳机海报
尺寸要求	1920 像素 ×900 像素
数量要求	1 张
制作要求	1. 素材 采用中国风元素背景，体现该品牌为国货，其他素材都紧扣主题 2. 构图 采用左右构图方式，将文字展现在 Banner 左侧，产品图片展现在 Banner 右侧，便于消费者观看
制作思路	新建文件，打开提供的背景素材，置入素材并调整素材的位置，然后分别添加其他素材，最后保存文件，并导出 JPG 格式的图像，完成后关闭软件
参考效果	 耳机海报效果
素材位置	配套资源 :\ 素材文件 \ 第 1 章 \ 综合实训 \ 背景 .jpg、耳机 .png、文字 .png
效果位置	配套资源 :\ 效果文件 \ 第 1 章 \ 综合实训 \ 耳机海报 .psd、耳机海报 .jpg

本实训的操作提示如下。

STEP 01 在计算机桌面上双击Photoshop 2023图标[Ps]，启动软件，单击开始界面左侧的[新建]按钮，打开"新建文档"对话框，设置预设详细信息为"耳机海报"，宽度为"1920"，在右侧的下拉列表中选择"像素"选项，设置高度为"900"，单击[创建]按钮。

视频教学：
制作耳机海报

STEP 02 选择【文件】/【置入嵌入对象】命令，打开"置入嵌入的对象"对话框，选择"背景.png"素材，单击[置入(P)]按钮，此时在图像编辑区中自动填充背景效果。

STEP 03 使用相同的方法，分别置入"耳机.png""文字.png"素材并调整位置，完成耳机海报的制作。

STEP 04 选择【文件】/【导出】/【存储为Web所用格式（旧版）】命令，打开"存储为Web所用格式"对话框，自行设置参数，再单击[存储]按钮，打开"将优化结果存储为"对话框，在其中选择存储路径，设置文件名、格式分别为"耳机海报""仅限图像"，单击[保存(S)]按钮。

STEP 05 按【Ctrl+S】组合键保存文件，单击工作界面右上角的×按钮关闭Photoshop软件。

1.6 课后练习

练习 1 制作美食公众号推文首图

【制作要求】利用提供的素材，制作美食公众号推文首图，要求尺寸为"900像素×383像素"，分辨率为"300像素/英寸"。

【操作提示】先打开背景图像，然后分别置入其他素材，最后保存图像，参考效果如图1-14所示。

【素材位置】配套资源:\素材文件\第1章\课后练习\美食公众号推文首图素材

【效果位置】配套资源:\效果文件\第1章\课后练习\美食公众号推文首图.psd

图1-14

练习 2 排版家居网页

【制作要求】某家居网站近期对网站进行升级改版，需要在保持原有网页板块（店招、Banner、板块详情、页尾）不变的基础上，将之前的网页素材重新排版，以达到更美观的视觉效果。现已提供网页素材，要求以"1920像素×2700像素"的尺寸排版网页，在布局上体现出简洁和现代感。

【操作提示】按照尺寸要求新建文件；查看素材后，可按照板块在心中将素材分类，明确每个素材所在的板块；添加参考线，确定每个板块在网页中的位置和大小，分别置入素材，参考效果如图1-15所示。

【素材位置】配套资源:\素材文件\第1章\课后练习\"网页"文件夹

【效果位置】配套资源:\效果文件\第1章\课后练习\家居网页.psd

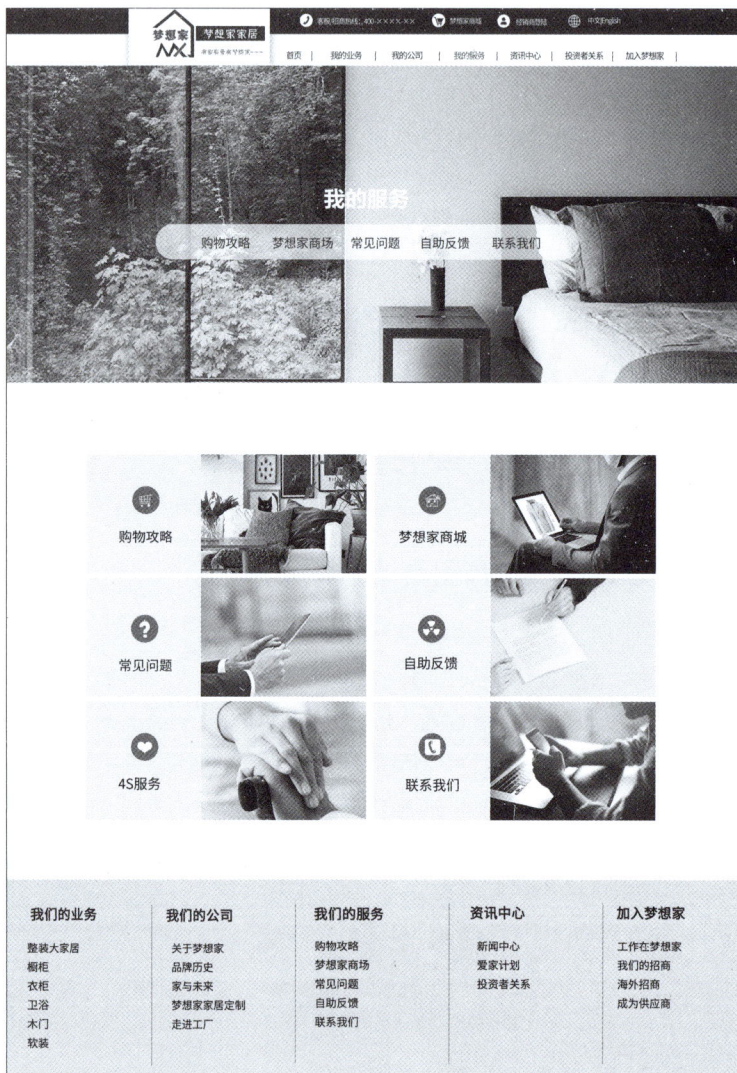

图1-15

第 2 章 图像编辑基础操作

在平面设计过程中，常常会直接使用拍摄的图片或提供的素材，这些素材通常需要先调整大小，或对其进行裁剪，去除不需要的部分后再使用。在使用过程中，还可以进行移动、变换、缩放和复制粘贴等图像编辑操作。

📖 学习要点

◎ 掌握调整图像大小的方法。
◎ 掌握裁剪图像的方法。
◎ 掌握变换与变形图像的方法。

◇ 素养目标

◎ 提高对图像的把控和调整能力。
◎ 加强专业技能的培养。

◈ 扫码阅读

案例欣赏　　　　　课前预习

2.1 调整图像大小

在平面设计过程中，由于拍摄的图片或提供的素材大小不一，可能会出现大小不符合作品要求的情况，此时需要通过调整图像大小或画布大小来进行修改。

2.1.1 课堂案例——制作茶文化宣传画册内页

【制作要求】为茶文化宣传画册设计一个尺寸为"432mm×291mm"的内页，要求画册内页效果简约、美观，具有视觉吸引力。

【操作要点】先调整背景素材的宽度，再调整画布的大小，使其符合画册内页的尺寸，最后添加文字素材，展示画册内页信息。参考效果如图2-1所示。

【素材位置】配套资源:\素材文件\第2章\课堂案例\内页背景.jpg、叙.png、其他文字.png、左侧文字.png

【效果位置】配套资源:\效果文件\第2章\课堂案例\茶文化宣传画册内页.psd

平面设计效果　　　　　　　　　　　　实际应用效果

图2-1

具体操作如下。

STEP 01 在计算机桌面上双击 Ps 图标启动Photoshop 2023软件，单击开始界面左侧的 打开 按钮，打开"打开"对话框，选择"内页背景.jpg"素材，单击 打开(O) 按钮。

STEP 02 选择【图像】/【图像大小】命令，打开"图像大小"对话框，设置宽度单位为"毫米"，宽度为"432"，单击 确定 按钮，如图2-2所示。

STEP 03 选择【图像】/【画布大小】命令，打开"画布大小"对话框，设置高度单位为"毫米"，高度为"291"，单击"画布扩展颜色"右侧的色块，如图2-3所示。

视频教学:
制作企业画册
内页

图 2-2　　　　　　　　　　　　　　图 2-3

STEP 04 打开"拾色器（画布扩展颜色）"对话框，设置颜色为"#ffffff"，单击 确定 按钮，如图2-4所示。返回"画布大小"对话框，单击 确定 按钮完成画布设置，返回图像编辑区可看到图像效果已经发生变化，如图2-5所示。

图 2-4　　　　　　　　　　　　　　图 2-5

STEP 05 选择【文件】/【置入嵌入对象】命令，打开"置入嵌入的对象"对话框，选择"左侧文字.png"素材，单击 置入(P) 按钮，此时图像编辑区显示素材置入效果，如图2-6所示。

STEP 06 使用相同的方法分别置入"叙.png""其他文字.png"素材，完成茶文化宣传画册内页的制作，如图2-7所示。

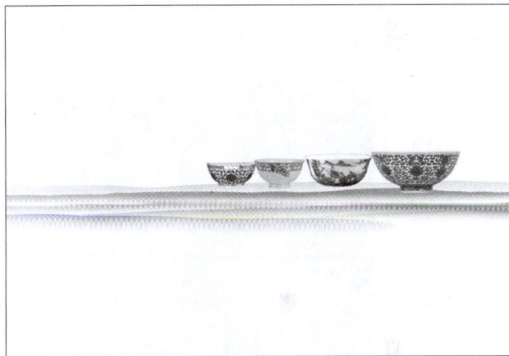

图 2-6

图 2-7

行业知识

　　宣传画册常用于展示和宣传特定对象（如企业、品牌、产品或服务等）的形象、文化、业务、服务及特点等信息。宣传画册设计时常使用精美的图片、简洁明了的文字说明和富有创意的设计，吸引目标受众的注意力，传达核心信息，激发受众的浏览兴趣。

2.1.2　调整图像大小

　　图像大小由图像的宽度、高度、分辨率决定，若要进行调整，则选择【图像】/【图像大小】命令，打开"图像大小"对话框（见图2-8）。该对话框中的"调整为"下拉列表提供了一些定义好的图像大小比例和标准的纸张大小比例，也可以载入预设大小或自定大小。调整"宽度/高度"数值框中的数值可改变图像大小。单击"不约束长宽比"按钮🔗，将取消"宽度"和"高度"的约束，当改变其中一项设置时，另一项不会按相同比例改变。

图2-8

2.1.3　调整画布大小

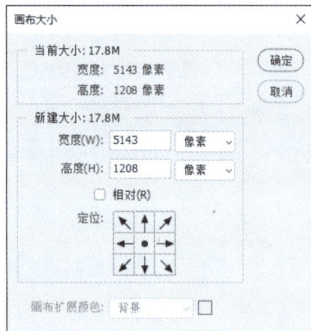

　　画布可以看成是图像的画板，画布越大，图像中能编辑的区域也就越大。虽然Photoshop默认画布与图像的大小相同，但实际上画布的大小可以大于或小于图像，以便进行其他内容的添加和编辑。在调整画布大小时可选择【图像】/【画布大小】命令，打开"画布大小"对话框进行设置，如图2-9所示。

　　在"画布大小"对话框中，"当前大小"栏用于显示当前画布的大小；"新建大小"栏用于设置画布的"宽度"和"高度"，默认为当前大小。如果设定的"宽度"和"高度"大于当前大小，则Photoshop会在原画布的基础上增大画布面积；反之，则减小画布面积。若单击选中

图2-9

"相对"复选框，"新建大小"栏中的"宽度"和"高度"数值则表示在原画布的基础上增大或减小的尺寸（而非调整后的画布尺寸），正值表示增大尺寸，负值表示减小尺寸。单击"定位"栏中的不同方格，可指示当前图像在新画布上的位置。在"画布扩展颜色"下拉列表中可选择扩展画布后填充的画布颜色；也可单击该下拉列表右侧的颜色块，在打开的"拾色器（画布扩展颜色）"对话框中自定义画布颜色。

2.2 裁剪图像

　　进行平面设计时，常常需要搜集和应用图像素材，然而搜集的图像素材可能并不完全符合设计需求。在这种情况下，可以利用Photoshop裁剪图像，获取需要的部分。

2.2.1　课堂案例——制作装饰画场景展示图

　　【制作要求】某装饰画店铺准备对拍摄的油画图像进行裁剪使尺寸符合装饰画需求，然后运用到场景中，要求整体效果简约、美观，具有视觉吸引力。

　　【操作要点】使用透视裁剪工具裁剪倾斜的装饰画，将裁剪后的装饰画运用到场景中，再裁剪场景图多余内容，突出装饰画部分。参考效果如图2-10所示。

　　【素材位置】配套资源:\素材文件\第2章\课堂案例\装饰画.jpg、装饰画背景.jpg

　　【效果位置】配套资源:\效果文件\第2章\课堂案例\装饰画场景展示图.psd

平面设计效果　　　　　　　　　　实际应用效果

图2-10

具体操作如下。

STEP 01 打开"装饰画.jpg"素材文件，观察图片发现拍摄的装饰画存在倾斜的现象，需要校正，如图2-11所示。

STEP 02 在工具箱中选择"透视裁剪工具" ⌶，此时鼠标指针呈 ⁺ᵤ 形状，在装饰画左上角单击鼠标左键确定起始点，向下拖曳鼠标到装饰画的另一角，再单击鼠标左键确定另一点，使用相同的方法分别在装饰画的余下两个角单击鼠标左键以建立裁剪框，如图2-12所示，注意，在建立裁剪框过程中若出现裁剪框与裁剪区域不够对齐的情况，则可直接拖动创建的4个角进行位置调整。

图2-11

图2-12

STEP 03 按【Enter】键，完成裁剪操作，此时发现裁剪后的区域已经被校正，如图2-13所示。

STEP 04 打开"装饰画背景.jpg"素材文件，如图2-14所示。

STEP 05 切换到"装饰画"素材文件，选择"移动工具" ✛，选择裁剪后的装饰画，按住鼠标左键不放并将其拖到"装饰画背景"素材文件中，将其放于装饰画画框上方，如图2-15所示。

STEP 06 按【Ctrl+T】组合键，使图像处于编辑状态，将鼠标指针移动到图像右下角，向上拖曳鼠标缩小图像，使其与装饰画画框底部对齐，按【Enter】键完成调整，效果如图2-16所示。

图2-13   图2-14   图2-15   图2-16

STEP 07 由于提供的背景素材四周有多余部分，所以需要将其去除。选择"裁剪工具" ⌶，此时图像编辑区中显示裁剪框，如图2-17所示。

STEP 08 将鼠标指针移动到裁剪框顶部，当鼠标指针呈 ↕ 状态时，向下拖曳鼠标以确定顶部调整位置，如图2-18所示。

STEP 09 使用与步骤8相同的方法确定裁剪框的其他位置，如图2-19所示。

STEP 10 按【Enter】键完成裁剪，效果如图2-20所示。按【Shift+Ctrl+S】组合键，打开"存储为"对话框，设置文件名为"装饰画场景展示图"，单击 [保存(S)] 按钮保存。

图2-17　　　　　　　　图2-18　　　　　　　　图2-19　　　　　　　　图2-20

2.2.2　裁剪工具

当图像无透视问题，但需要将图像裁剪成矩形时，可使用"裁剪工具" 裁剪图像。"裁剪工具" 的工具属性栏如图2-21所示。选择"裁剪工具" ，在工具属性栏中设置参数时，图像上将出现一个裁剪框，将鼠标指针移至裁剪框的边界，当鼠标指针变为 状态时，拖动裁剪框边界可调整裁剪框范围，按【Enter】键或单击 ✔ 按钮完成裁剪操作，如图2-22所示。

资源链接：
裁剪工具的工具
属性栏详解

图2-21

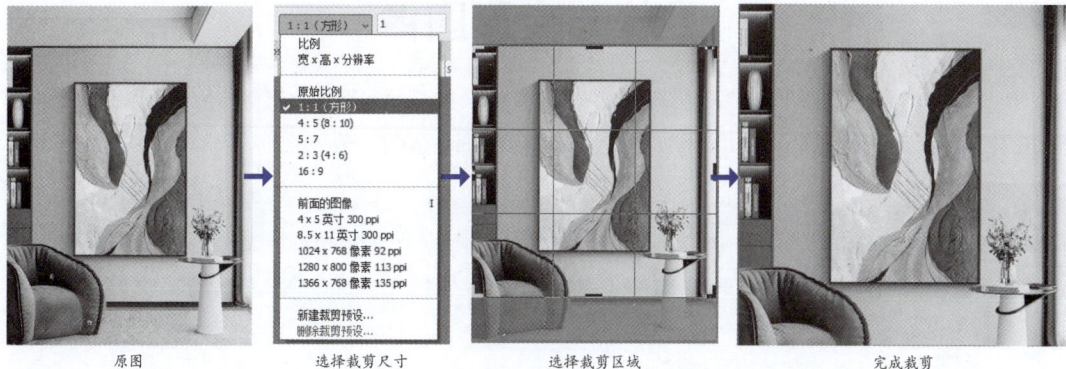

原图　　　　　　　选择裁剪尺寸　　　　　　　选择裁剪区域　　　　　　　完成裁剪

图2-22

🔔 **提示**

使用"裁剪工具"🔲时，选择【图像】/【裁剪】命令，将打开"裁切"对话框，在其中可精确调整裁剪范围。

2.2.3 透视裁剪工具

如果要裁剪的图像存在透视问题，则可使用"透视裁剪工具"🔲裁剪该图像，以校正透视。选择"透视裁剪工具"🔲，其工具属性栏如图2-23所示，将鼠标指针移至图像编辑区中，单击鼠标左键确定第一个点，然后依次确定图像的其他3个点，从而创建矩形裁剪框，按【Enter】键或单击✔按钮可完成裁剪操作，如图2-24所示。

资源链接：
透视裁剪工具的工具属性栏详解

图 2-23

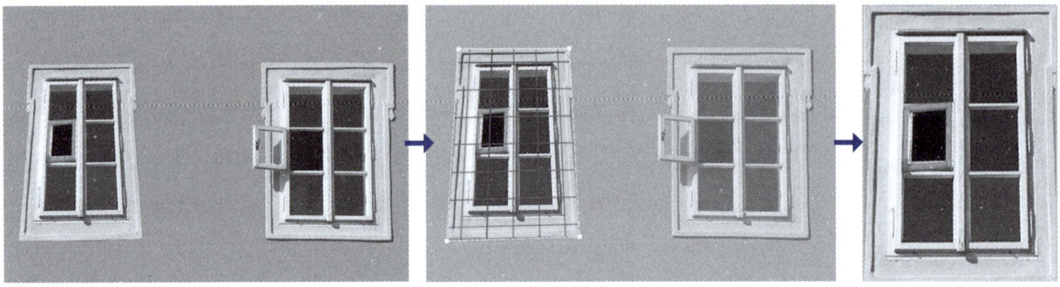

原图　　　　　创建矩形裁剪框　　　　　裁剪效果

图 2-24

2.3
变换与变形图像

在平面设计过程中，有时会遇到拍摄的图像出现倾斜，或需要移动某个素材的位置和调整某个素材大小的情况，此时可对图像进行变换与变形，让图像符合设计需求。

2.3.1 课堂案例——制作西瓜汁广告

【制作要求】某茶饮店铺准备上新一款西瓜汁饮品，现已拍摄了西瓜汁的场景图像，希望使用该图像制作广告，要求校正拍摄的图像，再制作成视觉效果美观的广告。

【操作要点】添加、旋转和放大图像素材；添加文字素材，调整文字大小和位置；添加与复制边框素材。参考效果如图2-25所示。

【素材位置】配套资源:\素材文件\第2章\课堂案例\西瓜汁.jpg、新品半价.png、西瓜汁文字.png、矩形框.png

【效果位置】配套资源:\效果文件\第2章\课堂案例\西瓜汁广告.psd

原图　　　　　　　　完成效果　　　　　　　　实际应用效果

图2-25

具体操作如下。

STEP 01　打开"西瓜汁.jpg"素材文件，观察图片发现拍摄的商品图片存在倾斜的现象，如图2-26所示。选择【视图】/【标尺】命令，图像编辑区显示标尺。将鼠标指针移到图像编辑区左侧标尺处，按住鼠标左键不放向右拖曳鼠标到西瓜汁左侧，此时左侧出现一条垂直参考线，用作校正的辅助线，如图2-27所示。

STEP 02　双击"背景"图层，打开"新建图层"对话框，保持默认设置不变，单击 确定 按钮。

视频教学:
制作西瓜汁广告

STEP 03　按【Ctrl+T】组合键进入自由变换状态，将鼠标指针移至图像编辑区右上角定界框外侧，当鼠标指针变为↰形状时，按住鼠标左键不放并旋转图像，旋转到西瓜汁与参考线平行后松开鼠标左键，按【Enter】键完成旋转操作，如图2-28所示。

图2-26　　　　　　图2-27　　　　　　　　图2-28

STEP 04 按【Ctrl+；】组合键隐藏参考线，选择【编辑】/【变换】/【缩放】命令，进入自由变换状态，将鼠标指针移至定界框右下角的控制点上，当其变成↖形状时，按住鼠标左键不放并拖曳鼠标，放大图像并保持图像的宽高比不变，如图2-29所示。

STEP 05 在"图层"面板中单击"新建图层"按钮⊞新建图层，在工具箱中单击"设置前景色"色块■，打开"拾色器（前景色）"对话框，设置颜色为"#010101"，单击 确定 按钮，如图2-30所示。

STEP 06 按【Alt+Delete】组合键填充前景色。选择该图层，按住鼠标左键不放向下拖曳鼠标调整图层位置，如图2-31所示。

| 图 2-29 | 图 2-30 | 图 2-31 |

STEP 07 打开"西瓜汁文字.png"素材文件，选择"移动工具"✛，将鼠标指针移至"西瓜汁文字"素材文件中，按住鼠标左键不放并将其拖到"西瓜汁.jpg"素材文件的标题栏，按【Ctrl+T】组合键进入自由变换状态，将鼠标指针移至定界框右下角的控制点上，当其变成↖形状时，按住鼠标左键不放并拖曳鼠标，调整图像的大小，如图2-32所示。

STEP 08 使用与步骤7相同的方法，打开"新品半价.png"素材文件，再将其拖到"西瓜汁.jpg"素材文件中，然后调整大小和位置，如图2-33所示。

STEP 09 打开"矩形框.png"素材文件，选择【编辑】/【拷贝】命令，切换到"西瓜汁.jpg"素材文件，先新建图层，再选择【编辑】/【粘贴】命令，完成效果如图2-34所示。最后另存文件并设置文件名为"西瓜汁广告"。

| 图 2-32 | 图 2-33 | 图 2-34 |

2.3.2 移动

使用"移动工具" ⊕ 可移动图层或选区中的图像，还可将其他文件中的图像移动到当前文件中。

- **移动图层中的图像**：在"图层"面板中选择需要移动的图像所在的图层，选择"移动工具" ⊕，在图像编辑区单击鼠标左键并拖曳鼠标，可移动该图层中的图像到不同位置，如图2-35所示。
- **移动选区中的图像**：若创建了选区，则将鼠标指针移至选区中，按住鼠标左键不放并拖曳鼠标，可移动所选对象的位置。按住【Alt】键不放再拖动图像可移动并复制图像。
- **移动到不同文件中**：若打开了两个或多个文件，则选择"移动工具" ⊕，将鼠标指针移至一个图像中，按住鼠标左键不放并将其拖到另一个文件的标题栏中，即可切换到另一个文件中，释放鼠标后，该图像便被拖入了另一个文件中，如图2-36所示。

移动前　　　　　移动后　　　　　　　选择移动对象　　　　拖到该文件中　　　释放鼠标后

图2-35　　　　　　　　　　　　　　　　　　**图2-36**

🔔 提示

在移动图像时，若背景图层中的图像不能进行移动、变换等操作，则可双击背景图层，在打开的对话框中单击 确定 按钮，将背景图层转换为普通图层再进行操作。

2.3.3 旋转与缩放

在进行平面设计时，很多时候都需要对图像进行旋转与缩放操作，旋转与缩放操作如下。

- **旋转图像**：先选择图像，再按【Ctrl+T】组合键进入自由变换状态，此时图像四周出现定界框（需保证图像未被锁定），将鼠标指针移动到图像四角的任一控制点，当鼠标指针变为↰形状时，按住鼠标左键不放并拖曳鼠标可自由旋转图像，如图2-37所示，按住【Shift】键不放并拖曳鼠标，可使图像进行固定角度为15°的旋转。此外，可通过在工具属性栏中输入旋转角度数值旋转图像，正数表示顺时针旋转，负数表示逆时针旋转。

🔔 **提示**

在旋转图像时,还可以选择【编辑】/【变换】命令,在打开的子菜单中选择"旋转180度""顺时针旋转90度""逆时针旋转90度""水平翻转""垂直翻转"等命令来旋转图像。

● 缩放图像:先选择图像,再按【Ctrl+T】组合键进入自由变换状态,然后将鼠标指针移至定界框边界的控制点上,当其变成↖形状时,按住鼠标左键不放并拖曳鼠标,可缩放图像(若此时工具属性栏中的"保持长宽比"按钮 ∞ 被选中,则缩放图像时可保持图像的长宽比不变,即进行等比例缩放;若未被选中,则进行长宽比变化的图像缩放),如图2-38所示。

| 原图 | 旋转后的效果 | 缩放后的效果 |

图 2-37   图 2-38

知识拓展

除了普通的缩放图像操作外,Photoshop 还提供内容识别缩放功能,该功能能在不改变图像主体(即中间部分)的前提下,自动扩展或缩小图像四周的元素。选择【编辑】/【内容识别缩放】命令,或按【Alt+Shift+Ctrl+C】组合键,此时图像处于可编辑状态,拖动图像四周的控制点可对图像进行缩放,同时可以避免画面中的主体发生变形。图 2-39 所示为使用内容识别缩放功能使图像高度不变,宽度缩减,主体(食物)不发生变形的效果。注意:内容识别缩放功能更适用于变换幅度较小的图像。如果图像的变化幅度较大,则这种方法可能无法达到理想的效果。

原图   高度不变,宽度缩减

图 2-39

2.3.4 斜切、扭曲与透视

斜切、扭曲与透视是变换图像时经常用到的操作,它们都可通过先选择【编辑】/【变换】命令,或

按【Ctrl+T】组合键，使图像出现定界框后，再单击鼠标右键，打开快捷菜单，在其中选择相应命令来进行后续操作。

- **斜切图像**：将鼠标指针移至定界框的任意一角上，当其变为ᵏᵥ形状时，按住鼠标左键不放并拖曳鼠标，可使图像朝垂直或水平方向倾斜，如图2-40所示。除此之外，按住【Ctrl+Shift】组合键，拖动控制点也可进行斜切操作。

- **扭曲图像**：将鼠标指针移至定界框的任意一角上，当其变为▷形状时，按住鼠标左键不放并拖曳鼠标，可以扭曲图像，如图2-41所示。除此之外，按住【Ctrl】键，拖动控制点也可进行扭曲操作。

- **透视图像**：将鼠标指针移至定界框的任意一角上，当鼠标指针变为▷形状时，按住鼠标左键不放并拖曳鼠标，可改变图像的透视角度，如图2-42所示。

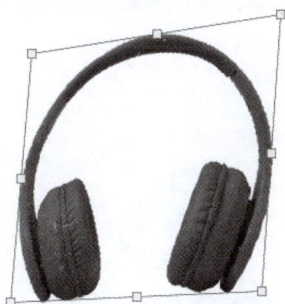

图2-40   图2-41   图2-42

2.3.5 变形

在平面设计中，为了实现某种特殊效果、创意，或需要校正透视时，都可以对图像进行变形操作。选择【编辑】/【变换】/【变形】命令，或按【Ctrl+T】组合键，单击鼠标右键，在弹出的快捷菜单中选择【变形】命令，图像的定界框上将出现控制杆，拖动控制杆可以使图像产生变形。另外，也可以在工具属性栏中的"网格"下拉列表框中选择网格类型或者自定义网格，将图像拆分为不同大小的网格，通过拖动网格上的控制点来变形图像。在"变形"下拉列表框中可选择Photoshop预设的变形方案，包括扇形、下弧、上弧、拱形、凸起、贝壳、花冠、旗帜、波浪、鱼形等，如图2-43所示。

原图   波浪变形图像   花冠变形图像

图2-43

知识拓展

除了基础的变形操作外，Photoshop 还提供了更加细致的变形操作。变形操作是非常灵活的变形方式，它可以随意扭曲特定的图像区域，同时保持其他区域不变。例如，可以轻松地让人的手臂弯曲、身体摆出不同的姿态；也可用于小范围的修改发型等。选择【编辑】/【控制变形】命令，图像将显示变形网格，拖动每个端点中的控制杆，使图像产生变形效果，如图 2-44 所示。

图 2-44

2.4 综合实训

2.4.1 制作粽子主图

临近端午节，某食品店铺准备上架一款蛋黄肉粽。为了更好地宣传这款蛋黄肉粽，该食品店铺决定制作一张精美的主图，以吸引消费者的眼球。表2-1所示为粽子主图制作任务单，任务单给出了明确的实训背景、制作要求、设计思路和参考效果。

表2-1　粽子主图制作任务单

实训背景	为某食品店铺制作一张蛋黄肉粽主图
尺寸要求	800 像素 ×800 像素，分辨率为 72 像素 / 英寸
数量要求	1 张
制作要求	1. 背景 采用实景拍摄的图像作为背景图，突出粽子的真实效果 2. 色彩 以绿色为主色调，突出自然、美味的特点 3. 文案 ①团购定制　赠送礼盒；②端午价：￥99；③蛋黄肉粽；④端午礼盒 4. 构图 居中构图方式，将主要文字放于上下两端，中间为粽子的实景展现，便于消费者观看

设计思路	使用拍摄的商品图片制作商品主图，先设置图片的宽度或高度为800像素，再通过裁剪工具裁剪为1:1的比例，最后复制并粘贴说明文字
参考效果	 *粽子主图制作前后效果*
素材位置	配套资源:\素材文件\第2章\综合实训\粽子.jpg、粽子文字.png
效果位置	配套资源:\效果文件\第2章\综合实训\粽子主图.psd

本实训的操作提示如下。

STEP 01 启动Photoshop，在开始界面左侧单击 打开 按钮，打开"打开"对话框后，选择"粽子.jpg"素材文件，单击 打开(O) 按钮。

STEP 02 选择【图像】/【图像大小】命令，打开"图像大小"对话框，设置宽度单位为"像素"，宽度为"800"，单击 确定 按钮。

视频教学：
制作粽子主图

STEP 03 选择"裁剪工具" 🔲，在工具属性栏中的"比例"下拉列表框中选择"1:1（方形）"选项。

STEP 04 此时图像编辑区显示裁剪框，调整裁剪框大小后，将鼠标指针移动到裁剪框内，按住鼠标左键不放并拖曳鼠标调整需保留的图像区域。

STEP 05 按【Enter】键完成裁剪。打开"粽子文字.png"素材文件，选择【编辑】/【拷贝】命令，切换到"粽子"素材文件，选择【编辑】/【粘贴】命令。查看完成后的效果，然后另存文件。

2.4.2 制作家居装饰画

某中式家居店铺准备增加装饰画品类的商品，为了符合店铺定位，装饰画的主要风格应偏向中国风，尺寸不限，并且在商品图中添加装饰画场景应用效果图，以便消费者查看实际应用效果。表2-2所示为家居装饰画制作任务单，任务单给出了明确的实训背景、制作要求、设计思路和参考效果。

表2-2 家居装饰画制作任务单

实训背景	为某中式家居店铺制作家居装饰画和场景应用效果图
尺寸要求	尺寸不限

数量要求	2张，装饰画和装饰画场景应用效果图各1张
制作要求	1. 风格 采用中式风格，结合古诗词文案（如杜甫的《旅夜书怀》），并收集与所选古诗词相关的图片素材（如以月夜为背景，以星光为装饰的图片），营造出所选古诗词描述的静谧、温馨的氛围，同时也与家居装饰画的功能相契合 2. 色彩 以能代表夜晚的蓝色为主色调，给人一种静谧、温馨的氛围 3. 文案 采用与画面氛围相符的古诗词文案，如杜甫的《旅夜书怀》
设计思路	（1）设计装饰画。通过打开、置入、变换等操作，将提供的装饰画素材组合在一起。 （2）制作场景效果图。中式装饰画的展示场景通常也为中式风格。根据实际生活经验，可以使用玄关、客厅、书房作为装饰画的展示场景，并通过"变换"功能调整装饰画的透视角度，在场景图片中置入装饰画
参考效果	 装饰画效果　　　　　　　　　　装饰画场景应用效果
素材位置	配套资源:\素材文件\第2章\综合实训\"装饰画"文件夹
效果位置	配套资源:\效果文件\第2章\综合实训\装饰画.psd、装饰画场景.psd

本实训的操作提示如下。

STEP 01 打开"月夜.jpg"素材文件，置入"星光.png"素材，并调整至合适的大小和位置。

STEP 02 打开"古诗词.psd"素材文件，使用"移动工具"➕.将其中的古诗词及其装饰线拖到"月夜.jpg"素材文件中，调整至合适的大小和位置。

STEP 03 按【Shift+Ctrl+Alt+E】组合键盖印图层。打开"装饰画场景.jpg"素材文件，使用"移动工具"➕.将盖印后的装饰画效果拖到"装饰画场景.jpg"素材文件中。

STEP 04 选择【编辑】/【变换】/【扭曲】命令，将装饰画调整至画框中，贴合场景的透视角度。然后另存"月夜.jpg"素材文件为"装饰画"素材文件，再保存"装饰画场景.jpg"素材文件，查看完成后的效果。

视频教学：
制作家居装饰画

2.5 课后练习

练习 1 制作证件照

【制作要求】将提供的照片素材制作成一张证件照，要求为一寸证件照。

【操作提示】制作时，可以先按照1英寸的比例裁剪照片，裁剪时应将人像置于裁剪框中央，然后通过"图像大小"命令将图像调整为1英寸的高度和宽度，参考效果如图2-45所示。

【素材位置】配套资源:\素材文件\第2章\课后练习\照片.jpg

【效果位置】配套资源:\效果文件\第2章\课后练习\证件照.jpg

行业知识

　　证件照需为正脸肖像，且需展露出双耳与双眉，背景为红色、蓝色或白色纯色。证件照的尺寸一般以英寸为单位，为了方便制作，可将其换算成厘米。1英寸证件照的尺寸为2.5厘米 ×3.5厘米; 2英寸证件照的尺寸为3.5厘米 ×4.9厘米; 3英寸证件照的尺寸为5厘米 ×7.2厘米; 4英寸证件照的尺寸为7.2厘米 ×9.9厘米; 5英寸证件照的尺寸为8.5厘米 ×12.5厘米; 6英寸证件照的尺寸为10厘米 ×15厘米。

练习 2 制作女包海报

【制作要求】利用提供的素材设计一张女包海报，要求宽度为1920像素，高度为600像素，分辨率为72像素/英寸。

【操作提示】打开海报背景，调整海报背景大小，使其符合需求，再添加文字素材，最后添加女包素材并将其旋转，参考效果如图2-46所示。

【素材位置】配套资源:\素材文件\第2章\课后练习\海报背景.jpg、文字.png、女包.png

【效果位置】配套资源:\效果文件\第2章\课后练习\女包海报.psd

图2-45

图2-46

第 3 章

应用选区和填充颜色

在进行平面设计时，若只需要处理图像中的某一部分，则可以使用选区将其单独框选出来再进行处理，不影响其他区域的图像。另外，还可以绘制不同形状的选区，再对其填充颜色，制作出特殊效果。

学习要点

◎ 掌握选框工具组和套索工具组的使用方法。
◎ 掌握选框工具的使用方法。
◎ 掌握填充颜色工具的使用方法。

素养目标

◎ 加强图像的编辑与调整能力。
◎ 增强色彩搭配能力。

扫码阅读

案例欣赏　　　　　　课前预习

3.1 创建选区

在进行平面设计时,可使用Photoshop的选框工具、套索工具、多边形套索工具、磁性套索工具等来创建选区。

3.1.1 课堂案例——设计"拒绝浪费"地铁广告

【制作要求】某公司准备制作一个尺寸为"3.05m×1.56m",主题为"拒绝浪费"的地铁广告,以呼吁更多人拒绝浪费粮食,要求广告画面简约、色彩明亮且具有视觉吸引力,主题明确,简单直观。

【操作要点】使用椭圆选框工具为盘子创建选区,使用矩形选框工具框选文字,并将其添加到背景中,抠取筷子、饭碗等素材,通过组合各个素材完成广告的制作,参考效果如图3-1所示。

【素材位置】配套资源:\素材文件\第3章\课堂案例\地铁广告背景.jpg、地铁广告文字.png、地铁广告文字2.png、筷子.jpg、饭碗.jpg、盘子.jpg

【效果位置】配套资源:\效果文件\第3章\课堂案例\"拒绝浪费"地铁广告.psd

平面设计效果

实际应用效果

图3-1

具体操作如下。

STEP 01 按【Ctrl+N】组合键,打开"新建文档"对话框,创建名称为"'拒绝浪费'地铁广告",宽度为"305",高度为"156",单位为"厘米",分辨率为"72像素/英寸"的文件。

STEP 02 打开"地铁广告背景.jpg"素材文件,使用"移动工具" ✛ 将其拖到"'拒绝浪费'地铁广告"文件中,再按【Ctrl+T】组合键进入自由变换状态,将鼠标指针移至定界框右下角的控制点上,当其变成 ↖ 形状时,按住鼠标左键不放并拖曳鼠标调整背景大小,如图3-2所示。

STEP 03 打开"盘子.jpg"素材文件,选择"椭圆选框工具" ○ ,将鼠标指针移至盘子中心,按住【Shift+Alt】组合键不放,同时按住鼠标左键不放并向外拖曳鼠标,以创建盘子选区,如图3-3所示。

视频教学:
设计"拒绝浪费"
地铁广告

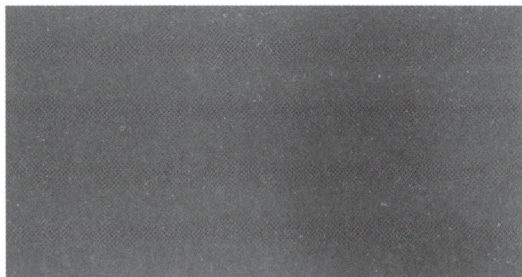

图 3-2　　　　　　　　　　　　　　　　　　图 3-3

STEP 04 使用"移动工具" ⊕ 将盘子选区内的图像拖到"'拒绝浪费'地铁广告"文件中，按【Ctrl+T】组合键进入自由变换状态，将鼠标指针移至定界框右下角的控制点上，当其变成↖形状时，按住鼠标左键不放并拖曳鼠标调整盘子大小，然后将其移动到背景右侧，如图3-4所示。

STEP 05 打开"地铁广告文字.png"素材文件，选择"矩形选框工具" ▭ ，将鼠标指针移至文字左上角，按住鼠标左键不放并向右下角拖曳鼠标，为文字所在区域创建选区，如图3-5所示。

图 3-4　　　　　　　　　　　　　　　　　　图 3-5

STEP 06 使用"移动工具" ⊕ 将文字选区内的图像拖到"'拒绝浪费'地铁广告"文件中，按【Ctrl+T】组合键进入自由变换状态，将鼠标指针移至定界框右下角的控制点上，当其变成↖形状时，按住鼠标左键不放并拖曳鼠标调整文字大小，然后将其移动到背景左侧，如图3-6所示。

STEP 07 打开"筷子.jpg"素材文件，选择"多边形套索工具" ⊻ ，将鼠标指针移至筷子的左下角并单击鼠标左键，向下拖曳鼠标到筷子的另一侧并单击鼠标左键，继续沿着筷子的轮廓绘制选区，当鼠标指针呈↖状态时，单击鼠标左键完成筷子选区的创建，如图3-7所示。

图 3-6　　　　　　　　　　　　　　　　　　图 3-7

STEP 08 保持"多边形套索工具"![]的选择状态，在工具属性栏中单击"添加到选区"按钮![]，再按照与步骤7相同的方法为另一支筷子创建选区，并适当保留一些白边，效果如图3-8所示。

STEP 09 使用"移动工具"![]将筷子选区内的图像拖到"'拒绝浪费'地铁广告"文件中，按【Ctrl+T】组合键进入自由变换状态，再调整大小和位置，效果如图3-9所示。

图3-8　　　　　　　　　　　　　　　　图3-9

STEP 10 打开"饭碗.jpg"素材文件，选择"磁性套索工具"![]，将鼠标指针移至饭碗的一侧后，单击鼠标左键确定起始锚点，接着沿着饭碗图像边缘拖曳鼠标，Photoshop会自动捕捉图像中对比度较大的边缘并自动产生磁性锚点，当鼠标指针重新回到起始锚点，并变为![]状态时，单击鼠标左键以创建选区，如图3-10所示。

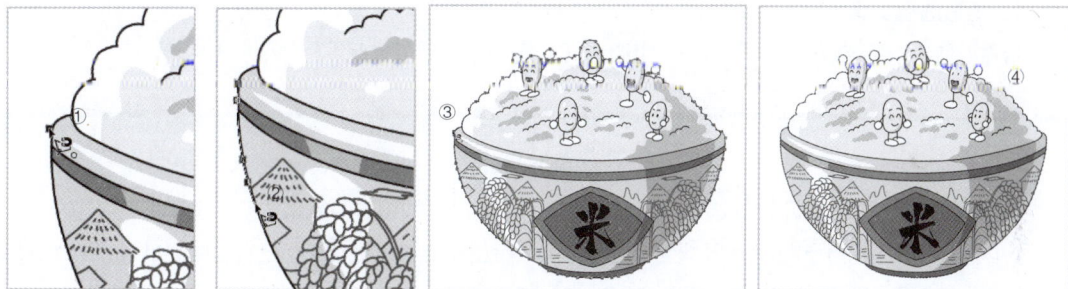

图3-10

STEP 11 使用"移动工具"![]将饭碗选区内的图像拖到"'拒绝浪费'地铁广告"文件中，再调整大小和位置，选择"地铁广告文字"图像所在图层，将其拖到"盘子"图像所在图层下方，如图3-11所示。

STEP 12 打开"地铁广告文字2.png"素材文件，使用"移动工具"![]将广告文字拖到"'拒绝浪费'地铁广告"文件中，再调整大小和位置，效果如图3-12所示，最后保存文件。

图3-11　　　　　　　　　　　　　　　　图3-12

┌───┐

✒ 行业知识

　　地铁是日常生活中重要交通工具之一，也是一个封闭且极易触发人们情绪的场景。在地铁范围内设置的各种广告统称为地铁广告。地铁广告因具备诸如画面简洁、视觉冲击力强、文案简洁有力等天然优势，成为各大企业的广告宠儿，但想要获得良好的广告效果，在设计过程中需要注意以下方面。

　　（1）画面简洁。地铁广告的画面应尽可能简洁，坚持"少而精"的设计原则，力求给受众留下充分的想象空间。

　　（2）具有视觉冲击力。视觉冲击力强的画面能让整个广告更具吸引力和震撼力，加深受众对广告的印象。

　　（3）文案简洁、有感染力。地铁广告文案一般以一句话（主题语）来提醒受众，再附上简短有力的说明。另外，地铁广告文案还要做到易读易记、风趣幽默、有号召力。

└───┘

3.1.2　选框工具组

　　选框工具组主要用于创建规则的几何形状选区。将鼠标指针移动到工具箱的"矩形选框工具" ▣ 上，单击鼠标右键或按住鼠标左键不放，可打开该工具组，在其中有"矩形选框工具" ▢ 、"椭圆选框工具" ○ 、"单行选框工具" ┅ 、"单列选框工具" ┆ 4种工具。

1. 矩形选框工具

　　当需要创建矩形选区时，可以使用"矩形选框工具" ▣ ，其工具属性栏如图3-13所示。

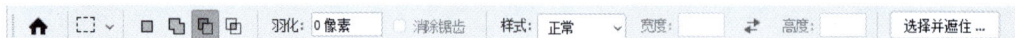

图3-13

● ▣▫▫▫ 按钮组：用于控制选区的创建方式。"新选区"按钮 ▫ 为默认选项，表示将要创建一个选区，如果创建完毕再在其他区域创建选区，那么新创建的选区将会替代已有选区。单击"添加到选区"按钮 ▫ 可继续创建选区，若新创建的选区与原有选区存在交叉，则新创建的选区将添加到原有选区中。单击"从选区减去"按钮 ▫ 可删除不需要的部分选区，若新创建的选区与原有选区存在交叉，则将新创建的选区从原有选区中删除。单击"与选区交叉"按钮 ▫ ，再创建与原有选区存在交叉的新选区，则将只保留交叉部分的选区，如图3-14所示。

图3-14

知识拓展　　位于选框工具组内的工具，其 ▫▫▫▫ 按钮组可以在选择不同选框工具的情况下运用。例如，先使用"矩形选框工具" ▣ 创建选区，单击"添加到选区"按钮 ▫ 后，再使用"椭圆选框工具" ○ 在原选区上添加新的椭圆选区，从而创造出更丰富多变的选区形状。

- **羽化**：用于实现选区边缘的柔和效果。数值越大，羽化效果越明显。
- **消除锯齿**：用于消除选区边缘的锯齿，使选区边缘与周围像素之间的过渡变得较为平滑。注意，只有在选择"椭圆选框工具" ⬭ 的情况下，该功能才被激活。
- **样式**：用于设置选区的比例和尺寸，有"正常""固定比例""固定大小"3种选项。选择"固定比例""固定大小"选项时，可以激活右侧的"宽度""高度"数值框，在数值框中输入数值来设置所要创建选区的宽度和高度，单击"高度和宽度互换"按钮 ⇄ 可交换宽度和高度数值框内的数值。
- **选择并遮住…** 按钮：创建选区后单击该按钮，可以在打开的"属性"窗口中调整选区边缘，使边缘选取更加精准。

选择"矩形选框工具" ▢，在工具属性栏中根据具体需求设置相关参数后，在图像编辑区内按住鼠标左键不放并拖曳鼠标，可创建矩形选区，如图3-15所示；在创建矩形选区时按住【Shift】键不放，可创建正方形选区，如图3-16所示。

图3-15 　　　　　　　　　　　　　图3-16

2. 其他选框工具

在创建椭圆或正圆选区时，可以使用"椭圆选框工具" ⬭。在图像编辑区内按住鼠标左键不放并拖曳鼠标即可创建椭圆选区，如图3-17所示；在创建椭圆选区的同时按住【Shift】键不放，可创建正圆选区，如图3-18所示。

在创建宽度为1像素的行或列选区时，可以选择"单行选框工具" ▭ 或"单列选框工具" ▯，在图像编辑区内单击鼠标左键便可完成创建，如图3-19所示。其他选框工具的工具属性栏与"矩形选框工具" ▢ 的基本一致，这里不再赘述。

图3-17 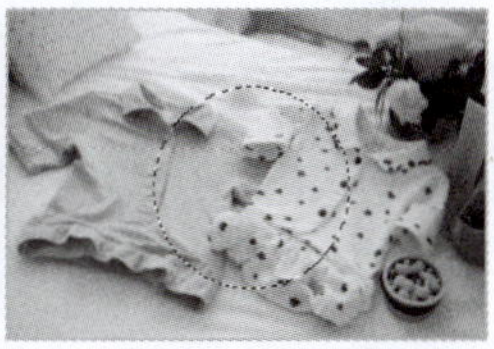　　　　　　　　　图3-18 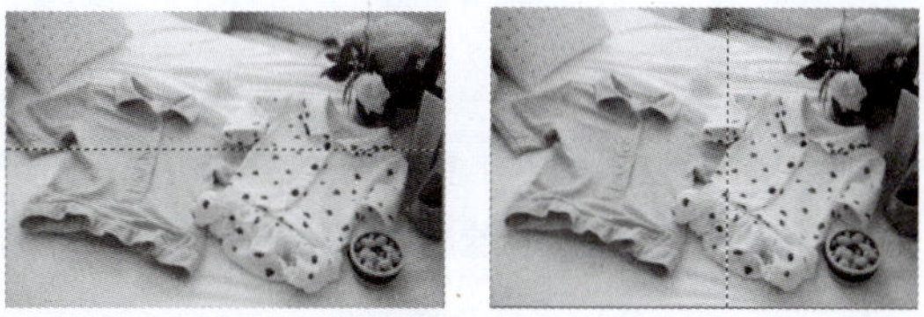　　　　　　　　　图3-19

3.1.3　套索工具组

在为不规则、边缘较为复杂的图像创建选区时，可以使用套索工具组，其包括"套索工具" ⟳、"多边形套索工具" ⟩ 和"磁性套索工具" ⟩。

1. 套索工具

当需要快速创建选区，且对所选区域的边缘精度要求不高时，可以使用"套索工具" ⟳。选择"套索工具" ⟳ 后，在图像中按住鼠标左键不放并拖曳鼠标，沿着拖曳轨迹将生成选区线，重新回到起点后释放鼠标，生成的选区线将自动闭合并形成选区，如图3-20所示。

2. 多边形套索工具

为边缘是直线或折线的图像创建选区，可以使用"多边形套索工具" 。选择"多边形套索工具" 后，先在图像中单击鼠标左键创建选区的起点，然后沿着需要选取图像的边缘移动鼠标指针，并在转折处单击鼠标左键，当鼠标指针回到起点且鼠标指针呈状态时，单击鼠标左键可闭合并形成选区，如图3-21所示。

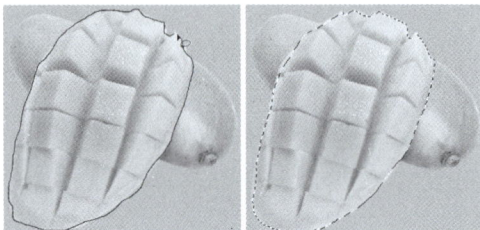

图3-20   图3-21

相较于使用"套索工具" 生成的选区边缘，使用"多边形套索工具" 生成的选区边缘更偏向于直线，并且对选取对象边缘的把控更加精准。

3. 磁性套索工具

当为边缘错综复杂，并且与周围背景色彩反差较大的图像创建选区时，可以使用"磁性套索工具" 。选择"磁性套索工具" 后，应先在工具属性栏中设置宽度、对比度、频率等参数，其中宽度用于设置选区线能够探测的边缘宽度，图像的对比度越大，设置的宽度应越大，其探测范围也就越大；对比度用于设置所选图像边缘的对比度范围，该数值越大，选择的边缘对比度越强，反之，选择的边缘对比度越弱；频率用于设置选择图像时产生的固定磁性锚点的数量。

设置参数完毕后，在图像编辑区中单击鼠标左键创建起始锚点，并沿图像轮廓拖曳鼠标，此时Photoshop将自动捕捉图像中对比度较大的边缘并自动产生磁性锚点。当鼠标指针重新回到起始锚点，并变为状态时，单击鼠标左键可闭合并形成选区，如图3-22所示。在创建选区过程中，若磁性锚点位置不符合需求，可按【Delete】键可删除磁性锚点，然后单击鼠标左键创建新的磁性锚点。

> 🔔 **提示**
>
> 使用"多边形套索工具" 时，按住【Shift】键不放，可沿水平、垂直、45°方向创建线段；按住【Delete】键不放，可删除最新创建的一条线段。

图3-22

3.2

编辑选区

创建选区后，可进行扩展与收缩选区、平滑与边界选区、存储与载入选区、填充和描边选区等编辑选区操作，使选区范围更加准确。

3.2.1 课堂案例——制作读书公众号推文首图

【制作要求】为某企业的读书公众号设计一张推文首图，用于"世界读书日"当日发布的微信公众号推文中，要求尺寸为"900像素×383像素"，要能营造朴实、自然的氛围。

【操作要点】添加素材，将文字载入选区，并扩展选区，针对主要文字填充选区增加美观度；对下方文字添加边界选区。参考效果如图3-23所示。

【素材位置】配套资源:\素材文件\第3章\课堂案例\网格.png、圆角矩形.png、次要文字.png、主要文字.png、其他文字.png、矢量素材.png

【效果位置】配套资源:\效果文件\第3章\课堂案例\读书公众号推文首图.psd

平面设计效果　　　　　　　　　　　实际应用效果

图3-23

具体操作如下。

STEP 01 新建大小为"900像素×383像素"，分辨率为"72像素/英寸"，颜色模式为"RGB颜色"，名称为"读书公众号推文首图"的文件。

STEP 02 依次打开"网格.png""圆角矩形.png"素材文件，使用"移动工具" ⊕，将它们拖到"读书公众号推文首图"文件中，适当调整其大小和位置，如图3-24所示。

STEP 03 选择圆角矩形所在图层，选择【选择】/【载入选区】命令，打开"载入选区"对话框，保持默认设置不变，单击 确定 按钮，圆角矩形被自动选中，如图3-25所示。

视频教学:
制作读书公众号
推文首图

图3-24　　　　　　　　　　　　　　图3-25

STEP 04 选择【选择】/【修改】/【收缩】命令，打开"收缩选区"对话框，设置收缩量为"8"，单击 确定 按钮，如图3-26所示。

STEP 05 选择【编辑】/【描边】命令，打开"描边"对话框，设置宽度为"3像素"，颜色为"#ffffff"，单击 确定 按钮，如图3-27所示。

图3-26   图3-27

🔔 **提示**

在载入选区后，发现上下文任务栏中提示了后续可能会进行的操作，如修改选区、反向选区、变换选区、从选区创建蒙版、创建新的调整图层、填充选区等，平面设计师可直接选择"修改选区"选项，在打开的下拉列表中选择"收缩选区"选项，打开"收缩选区"对话框，进行收缩设置。

STEP 06 依次打开"次要文字.png""矢量素材.png"素材，使用"移动工具" ✛ 将它们拖到"读书公众号推文首图"文件中，适当调整其大小和位置，如图3-28所示。

STEP 07 选择文字所在图层，按【Ctrl+J】组合键复制图层，选择原始文字所在图层，按住【Ctrl】键不放并单击文字所在图层前的缩略图载入选区。

STEP 08 选择【选择】/【修改】/【扩展】命令，打开"扩展选区"对话框，设置扩展量为"5"，单击 确定 按钮，如图3-29所示。

图3-28   图3-29

STEP 09 设置前景色为"#ffffff"，选择原始文字所在图层，选择【编辑】/【填充】命令，打开"填充"对话框，在"内容"下拉列表中选择"前景色"选项，单击 确定 按钮确认填充，如图3-30所示。

STEP 10 打开"图层"面板，设置复制前的文字图层的不透明度为"15%"，此时发现文字周围有淡白色的边框，如图3-31所示。

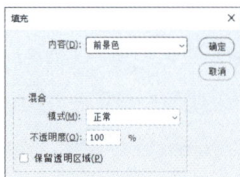　　　　　　　　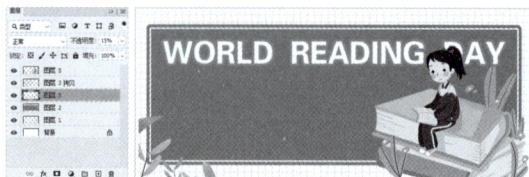

图3-30   图3-31

STEP 11 依次打开"主要文字.png""其他文字.png"素材，使用"移动工具" ✛ 将它们拖到"读书公众号推文首图"文件中，适当调整其大小和位置，如图3-32所示。

STEP 12 选择"主要文字"所在图层，按【Ctrl+J】组合键复制图层，按住【Ctrl】键不放单击复制前的"主要文字"所在图层前的缩略图载入选区。

STEP 13 选择【选择】/【修改】/【扩展】命令，打开"扩展选区"对话框，设置扩展量为"5"，单击 确定 按钮，如图3-33所示。

图 3-32　　　　　　　　　　　　　　图 3-33

STEP 14 选择【选择】/【变换选区】命令，此时图像编辑区中的选区上出现定界框，将定界框向右上方拖动少许，形成错位效果，如图3-34所示，按【Enter】键确认变换。

STEP 15 选择【编辑】/【描边】命令，打开"描边"对话框，设置宽度为"3像素"，填充颜色"#ffffff"，单击 确定 按钮，如图3-35所示。

图 3-34　　　　　　　　　　　　　　图 3-35

> **知识拓展**
>
> 　　使用"变换选区"菜单命令后，其选区内的图像没有变化的原因是，"变换选区"菜单命令只是针对选区进行变换，对选区里的图像没有影响。"变换"菜单命令主要是针对图层中的图像进行变换，在变换时不仅可以变换选区，还可以变换选区里的图像。

STEP 16 按【Ctrl+D】组合键取消选区，效果如图3-36所示。

STEP 17 选择"#你，需要这份优质攻略#"文字所在图层，使用"矩形选框工具" ▢ 在其周围绘制长方形选区。

STEP 18 选择【选择】/【修改】/【边界】命令，打开"边界选区"对话框，设置宽度为"3像素"，单击 确定 按钮，如图3-37所示。

图 3-36　　　　　　　　　　　　　　图 3-37

STEP 19 设置前景色为"#ffffff"，选择【编辑】/【填充】命令，打开"填充"对话框，在"内容"下拉列表中选择"前景色"选项，单击 确定 按钮确认填充，效果如图3-38所示。

STEP 20 观察整个效果发现文字显得拥挤，可按住【Shift】键依次选择所有文字内容，按【Ctrl+T】组合键进入自由变换状态缩小文字，然后分别调整文字位置，最后按【Ctrl+S】组合键保存文件，如图3-39所示。

图 3-38

图 3-39

行业知识

推文首图是用户对推文的第一印象，一般在完成推文撰写后便进行设计。推文首图的效果一定要与微信公众号的定位相符，二者风格保持统一；尺寸标准为 900 像素 ×383 像素，比例为 2.35∶1（若超过该尺寸，则超出部分的图片将无法显示）。虽然推文标题最多可以有 64 个中文字符，但在设计推文首图时，字数控制在 20 以内较为合适，因此我们只需要提炼标题的重要信息，将更简洁的关键词放置在推文首图中即可。

3.2.2 扩展与收缩选区

若对创建的选区大小不满意，则可通过扩展与收缩选区来重新修改选区大小，而不需要再次建立选区。

1. 扩展选区

创建选区后，如果感觉创建的选区略小，则选择【选择】/【修改】/【扩展】命令，打开"扩展选区"对话框，在"扩展量"数值框中输入选区扩展的像素值，如输入"20"，单击 确定 按钮，选区将向外扩展20像素，如图3-40所示。

图 3-40

2. 收缩选区

收缩选区与扩展选区效果相反。创建选区后，选择【选择】/【修改】/【收缩】命令，打开"收缩选区"对话框，在"收缩量"数值框中输入选区收缩的像素值，如输入"20"，单击 确定 按钮，选区将向内收缩20像素，如图3-41所示。

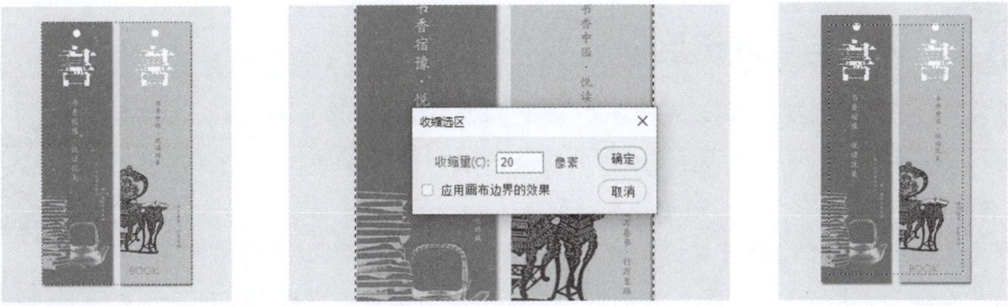

图3-41

3.2.3 平滑与边界选区

创建选区后，如果选区边缘存在不够平滑的情况，则需要平滑选区。此外，通过边界选区操作还可以创建线框，得到更丰富的效果。

1. 平滑选区

使用"平滑"命令可以让生硬的边界变得平滑。选择【选择】/【修改】/【平滑】命令，打开"平滑选区"对话框，在"取样半径"数值框中输入选区平滑的像素值，如输入"20"，单击 确定 按钮，选区将以该数值进行平滑，如图3-42所示。

图3-42

2. 边界选区

创建选区后，如果需要为选区的虚线再创建选区，则选择【选择】/【修改】/【边界】命令，打开"边界选区"对话框，在"宽度"数值框中输入像素值，如输入"20"，单击 确定 按钮，距选区20像素处将新建一个选区，如图3-43所示。

图3-43

3.2.4 存储与载入选区

针对需要长期使用的选区，可以先将选区存储起来，下次需要时再直接载入，这样不但节省了重复绘制选区的时间，而且避免了再次创建选区时出现差异。

1. 存储选区

选择【选择】/【存储选区】命令，或在选区上单击鼠标右键，在弹出的快捷菜单中选择【存储选区】命令，打开"存储选区"对话框，在其中可设置选区的存储位置、名称和方式等，单击 确定 按钮，选区将被存储，存储后可在"通道"面板中查看，如图3-44所示。

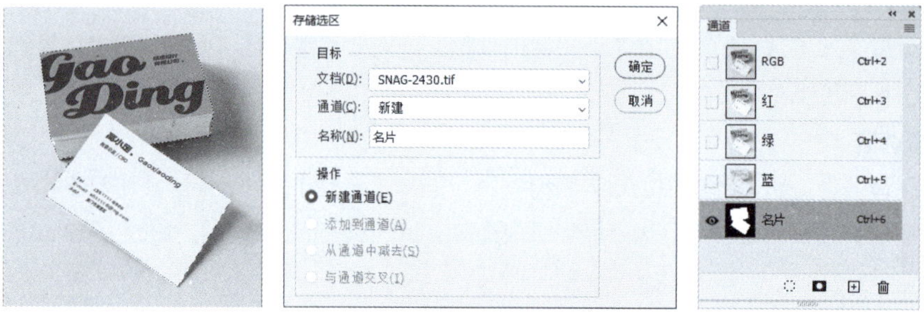

资源链接：
"存储选区"
对话框参数详解

图3-44

2. 载入选区

若需要使用之前存储的选区，则选择【选择】/【载入选区】命令，打开"载入选区"对话框，在其中选择需要载入的选区及载入方式，单击 确定 按钮，可将已存储的选区载入图像中。其中"文档"用于选择载入已存储的选区图像；"通道"用于选择已存储的选区通道；单击选中"反相"复选框，可以反向选择存储的选区；若当前图像中已包含选区，则可在操作栏中设置合并载入选区方式，如图3-45所示。

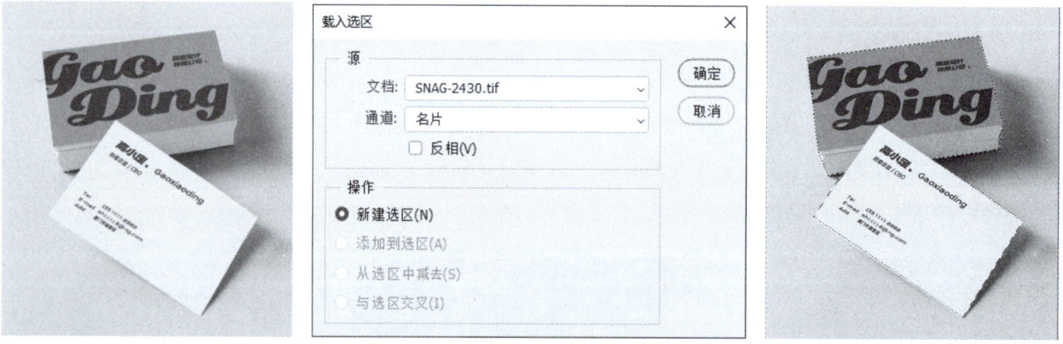

图3-45

3.2.5 填充和描边选区

在制作图像效果时，有时需要填充选区，或为创建的选区描边，这时可使用Photoshop提供的填充和描边功能进行操作。

1. 填充选区

填充选区是指在创建的选区内部填充颜色或图案。单击工具箱底部的"设置前景色""设置背景色"色块，在打开的"拾色器"对话框中设置颜色后，按【Alt+Delete】组合键可用前景色填充选区；按【Ctrl+Delete】组合键可用背景色填充选区。除此之外，也可选择【编辑】/【填充】命令，打开"填充"对话框，在其中设置好填充内容（用于设置填充的具体内容，包括前景色、背景色、颜色、内容识别、图案、历史记录、黑色、50% 灰色、白色8个选项）、混合模式、不透明度等后，单击 确定 按钮，即可填充选区，如图3-46所示。

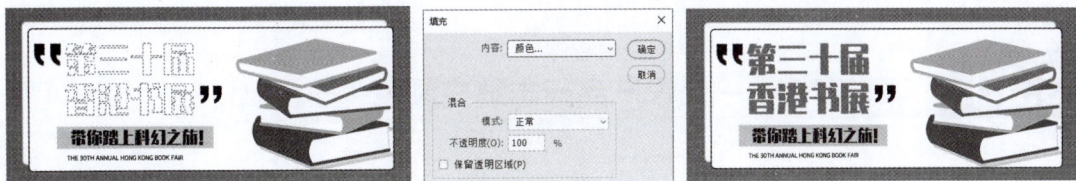

图3-46

> **提示**
>
> 除了使用以上方法填充选区外，还可以使用"油漆桶工具" 🖌、"渐变工具" ▉ 填充选区，具体方法将在下一节介绍。

2. 描边选区

描边选区是指使用一种颜色沿选区边界填充。创建完成需要填充的选区后，选择【编辑】/【描边】命令，打开"描边"对话框，在其中可设置描边宽度、颜色，位置和混合模式，单击 确定 按钮，即可填充选区边界，如图3-47所示。

图3-47

在"描边"对话框中，宽度用于设置描边的宽度，单位为像素；单击颜色右侧的色块，在打开的"拾色器（描边颜色）"对话框中可以设置用于描边选区的颜色；位置用于设置描边所处的位置；混合用于设置描边颜色的混合模式；不透明度用于设置填充后的不透明度；单击选中"保留透明区域"复选框，将只对选区中存在像素的区域描边，不对选区中的透明区域描边。

> **提示**
>
> 在操作过程中，常常会用到描边选区和边界选区两种操作，而且有时候会出现效果相同的情况，实际上两者并不相同。描边选区是直接为选区边缘描绘颜色，且比较光滑；边界选区则是新建一个中空的选区，且选区边缘自带羽化效果。

3.3 填充颜色

在平面设计中，单一颜色的图形和文字会显得设计效果过于单调，若对这些图形和文字填充不同颜色，则可以增强图形的立体感和视觉效果，使其更加生动、丰富、鲜明。

3.3.1 课堂案例——为农产品标志填充颜色

【制作要求】为"农场家园"农产品专卖店的标志重新填充颜色，要求标志的颜色更符合店铺绿色、健康、环保、安全的定位。

【操作要点】添加用于颜色参考的图片，使用吸管工具吸取颜色，然后填充颜色，为了增强美观性，还可填充渐变颜色。参考效果如图3-48所示。

【素材位置】配套资源:\素材文件\第3章\课堂案例\农产品标志.psd、绿色系色彩参考.png

【效果位置】配套资源:\效果文件\第3章\课堂案例\农产品标志.psd

图3-48

具体操作如下。

STEP 01 按【Ctrl+O】组合键，依次打开"农产品标志.psd""绿色系色彩参考.png"素材文件，如图3-49所示。切换到"绿色系色彩参考"素材文件，选择"吸管工具" ，在"翠绿"色块中单击吸取颜色，如图3-49所示。

STEP 02 切换到"农产品标志"素材文件，选择"图层1"，按住【Ctrl】键不放，单击"图层1"前的缩略图，载入选区，按【Alt+Delete】组合键填充前景色，如图3-50所示。按【Ctrl+D】组合键可取消选区。

视频教学:
为农产品店铺
标志填充颜色

STEP 03 切换到"绿色系色彩参考"素材文件，选择"吸管工具" ![icon]，在"铜绿"色块中单击吸取颜色。

STEP 04 切换到"农产品标志"素材文件，选择"图层2"，按住【Ctrl】键不放，单击"图层2"前的缩略图，载入选区，按【Alt+Delete】组合键填充前景色，按【Ctrl+D】组合键可取消填充，如图3-51所示。

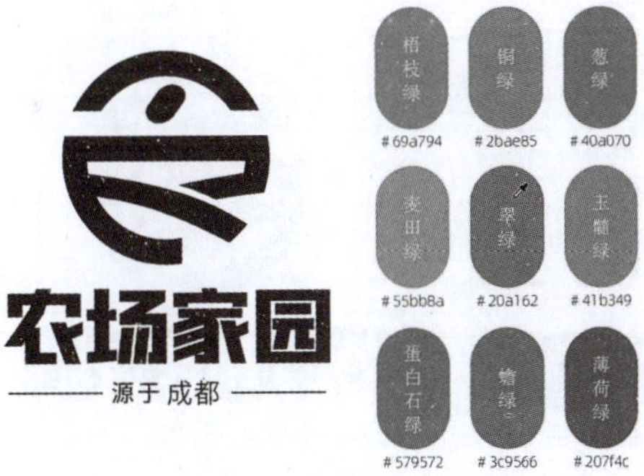

图 3-49 　　　　　　　　　　　　图 3-50 　　　　　　　　　图 3-51

STEP 05 选择"图层3"，按住【Ctrl】键不放，单击"图层 3"前的缩略图，载入选区，选择"渐变工具" ![icon]，在工具属性栏的"渐变"下拉列表中选择"经典渐变"选项，单击右侧的渐变颜色条，打开"渐变编辑器"对话框，单击色标起点，打开"拾色器（色标颜色）"对话框，设置颜色为"#3e9f6e"，单击 确定 按钮，如图3-52所示。

STEP 06 返回"渐变编辑器"对话框，在色标起点右侧单击添加色标，双击该色标打开"拾色器（色标颜色）"对话框，设置颜色为"#19663e"，单击 确定 按钮；在色标中间区域单击添加色标，并设置色标颜色为"#2bac85"；在色标右侧区域单击添加色标，并设置色标颜色为"#28804b"；单击结尾色标，设置色标颜色为"#1fa060"，单击 确定 按钮，完成渐变颜色的设置，如图3-53所示。

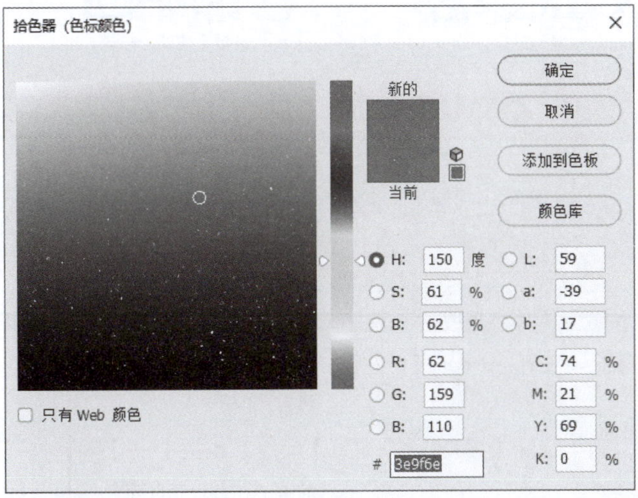

图 3-52 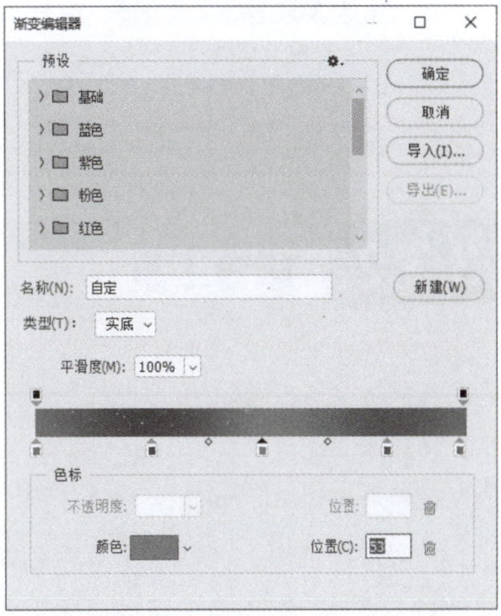　　　　　　　　　　　　　　　　　　　　图 3-53

STEP 07 返回图像编辑区，在工具属性栏中单击"线性渐变"按钮![icon]，在标志上从左至右拖曳鼠标，为标志的中间部分填充线性渐变，按【Ctrl+D】组合键可取消填充，效果如图3-54所示。

STEP 08 选择"图层4"，按住【Ctrl】键不放，单击"图层4"前的缩略图，载入选区。切换到"绿色系色彩参考"素材文件，选择"吸管工具" ✐，在"梧枝绿"色块中单击吸取颜色。返回"农产品标志"素材文件，选择"油漆桶工具" ◑，在"农"字的上半部分单击鼠标左键填充颜色，效果如图3-55所示。

图3-54   图3-55

STEP 09 依次在"农场家园"文字的部分笔画上单击鼠标左键填充颜色；将前景色设置为"#68b68c"，使用"油漆桶工具" ◑在其他笔画上单击填充前景色；将前景色设置为"#19663e"，使用"油漆桶工具" ◑在"——源于 成都——"文字上单击填充前景色，如图3-56所示。完成后保存图像，完成农产品标志的颜色填充。

图3-56

3.3.2 吸管工具

"吸管工具" ✐可以在图像中吸取样本颜色，并将吸取的颜色显示在"设置前景色""设置背景色"色块中。选择工具箱中的"吸管工具" ✐，在图像中单击鼠标左键，如图3-57所示，前景色成为变成了单击处的颜色，如图3-58所示。

在吸取颜色时，若需要了解颜色信息，则可选择【窗口】/【信息】命令，或按【F8】键，打开"信息"面板，在图像中移动鼠标指针的同时，"信息"面板会显示当前鼠标指针处的颜色信息，如图3-59所示。

图 3-57 图 3-58 图 3-59

在获取颜色时，可选择【窗口】/【颜色】命令，或按【F6】键打开"颜色"面板，单击"设置前景色""设置背景色"色块，再拖动右边的R、G、B三个滑块或直接在右侧的数值框中分别输入颜色值，即可设置需要的颜色，如图 3-60 所示。单击 ≡ 按钮，在打开的下拉列表中罗列了常用的颜色模式、颜色拷贝方式等内容，平面设计师可根据需要选择，如图 3-61 所示。

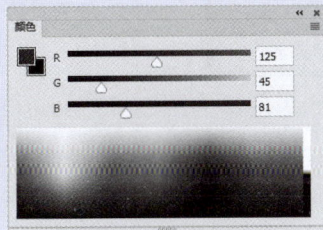

图 3-60

图 3-61

3.3.3　渐变工具

"渐变工具" ▣可以为整个图像或为选区填充渐变颜色，使其颜色更为丰富。选择"渐变工具" ▣，在工具属性栏设置好渐变颜色和渐变模式等参数后，将鼠标指针移动到图像窗口中的适当位置，单击鼠标左键并拖曳鼠标到另一位置后，释放鼠标即可进行渐变填充，如图3-62所示。拖曳的方向和长短不同，得到的渐变效果也不相同。在设置渐变时通常有渐变、经典渐变两种模式。

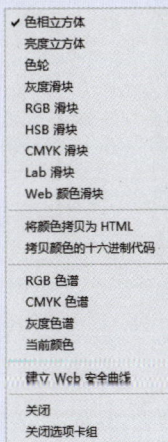

图 3-62

1. 渐变

　　渐变模式会使用画布上的渐变构件创建渐变调整图层。选择"渐变工具" ▣，在工具属性栏中选择"渐变"选项，单击右侧的渐变颜色条，在打开的下拉列表中罗列了不同颜色预设的渐变方式，如图3-63所示，在图像上拖曳鼠标可创建渐变。在创建渐变的过程中，拖动左右两侧的调整点，可调整渐变的角度，如图3-64所示。在调整点上单击鼠标右键，将打开颜色调整面板，将鼠标指针移动到颜色调整面板中可选择要调整的颜色，如图3-65所示。

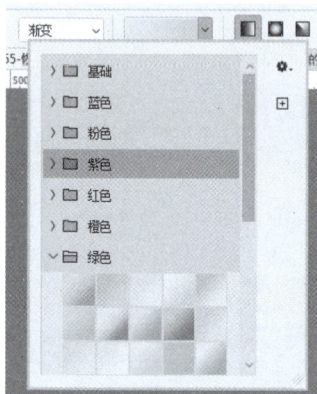

| 图 3-63 | 图 3-64 | 图 3-65 |

　　双击调整点，将打开"拾色器"对话框，在其中可选择要调整的颜色，如图3-66所示；创建完渐变颜色后，打开"图层"面板，在其中显示了创建的渐变调整图层，如图3-67所示；双击该图层前的缩略图，可打开"渐变填充"对话框，在其中也可设置渐变颜色、样式、角度、缩放等参数，参数的具体信息与"渐变工具"的工具属性栏相同，如图3-68所示。

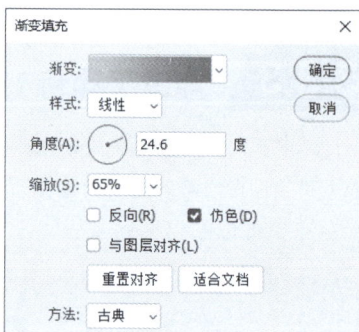

| 图 3-66 | 图 3-67 | 图 3-68 |

2. 经典渐变

　　经典渐变用于对当前图层应用渐变。选择"渐变工具" ▣，在工具属性栏的"渐变"下拉列表中选择"经典渐变"选项，单击右侧的渐变颜色条，打开"渐变编辑器"对话框，在其中可自定义渐变颜色，如图3-69所示。设置好渐变颜色和渐变模式等参数后，将鼠标指针移动到图像窗口中的适当位置单击并拖曳鼠标到另一位置后释放鼠标即可进行渐变填充，拖曳的方向和长短不同，得到的渐变效果也不相同。

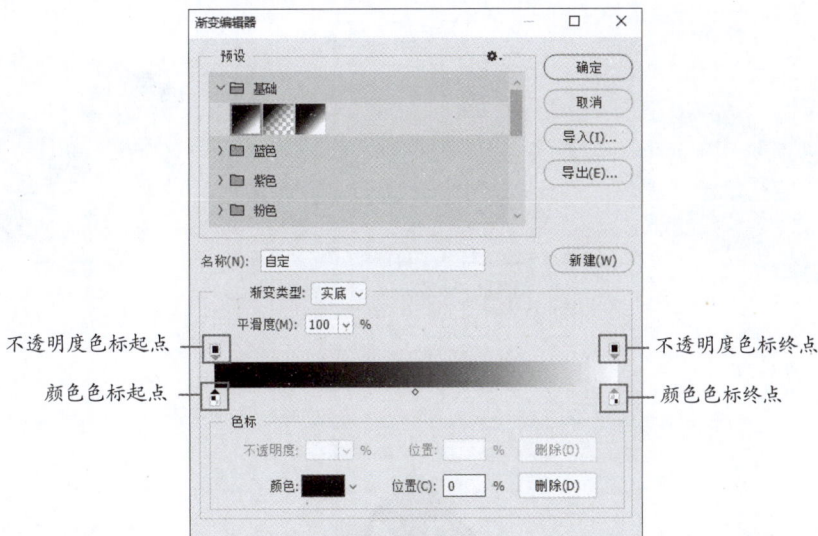

图3-69

在"渐变编辑器"对话框的"预设"栏中可以选择Photoshop预设的渐变样式，以节省时间和精力，使设计工作更加高效和便捷。此外，也可以在"预设"栏下方自定义渐变色，如可在"名称"栏中重命名当前渐变颜色名称；在"渐变类型"下拉列表中选择渐变的类型，包含"实底"和"杂色"两种类型，其中"实底"是默认的渐变效果，"杂色"包含了指定范围内随机分布的颜色，可使颜色变化更加丰富；在"平滑度"下拉列表中选择渐变色的平滑程度；在"色标"栏中调整渐变颜色的不透明度和颜色。

"渐变编辑器"对话框的渐变颜色条中主要有两种色标，一是不透明度色标，拖动不透明度色标可以调整不透明度在渐变上的位置，选择该色标后，在"色标"栏中可精确设置不透明度色标的不透明度和位置，单击 删除(D) 按钮可将不透明度色标删除。二是颜色色标，拖动颜色色标可以调整颜色在渐变上的位置，选择该色标后，在"色标"栏中可精确设置颜色色标的位置和颜色，单击 删除(D) 按钮可将颜色色标删除。无论是哪种色标，将鼠标指针移至渐变颜色条上，当鼠标指针变为 形状时，单击鼠标左键都可添加色标。

3.3.4　油漆桶工具

"油漆桶工具" 用于在选区或图层中填充颜色或图案，常用于制作纯色背景或更换选区内容。选择"油漆桶工具" ，在工具属性栏（见图3-70）中可设置图像的填充模式，选择"前景"填充模式，将鼠标指针移到要填充的区域中，当鼠标指针变成 形状时，单击鼠标左键填充前景色，如图3-71所示；在工具属性栏中选择"图案"填充模式，并设置图案样式，将鼠标指针移到要填充的区域中，当鼠标指针变成 形状时，单击鼠标左键填充该图案，如图3-72所示。

资源链接：
"油漆桶工具"
工具属性栏常用
参数详解

图3-70

图 3-71   图 3-72

3.4 综合实训

3.4.1 制作中秋节推文首图

随着中秋节的到来，某公司准备在公众号中推出以"中秋共赏月"为主题的中秋活动推文，现在需要为该推文制作首图，首图内容需要以中秋节元素为主，以便让用户直观地了解文章主题。表3-1所示为中秋节推文首图制作任务单，任务单给出了明确的实训背景、制作要求、设计思路和参考效果。

表 3-1　中秋节推文首图制作任务单

实训背景	为某公司制作中秋节推文首图，用于提升公司形象，宣传中秋节
尺寸要求	900 像素 ×383 像素，分辨率为 72 像素 / 英寸
数量要求	1 张
制作要求	1. 风格 采用中式风格，并运用月亮、月饼、孔明灯、兔子等素材，充分体现中秋主题 2. 色彩 色彩以代表宁静、祥和、深沉的蓝色为主，整体设计富有中秋节氛围 3. 文案 中秋共赏月、花好月圆夜情暖中秋节
设计思路	打开素材，使用工具为月饼、月亮创建选区，方便后期调用；新建图像文件，置入背景，然后添加月饼、月亮图像

参考效果	中秋节推文首图效果
素材位置	配套资源 :\ 素材文件 \ 第 3 章 \ 综合实训 \ 月饼 .jpg、月亮 .jpg、中秋节背景 .jpg
效果位置	配套资源 :\ 效果文件 \ 第 3 章 \ 综合实训 \ 中秋节推文首图 .psd

本实训的操作提示如下。

STEP 01 打开"月饼.jpg"素材，选择"磁性套索工具" ，在工具属性栏中设置宽度为"1像素"，对比度为"70%"，频率为"60"，将鼠标指针移至月饼图像左上角处，单击鼠标左键创建第一个磁性锚点。

STEP 02 沿着月饼边缘拖曳鼠标，Photoshop将自动生成磁性锚点，若磁性锚点与月饼边缘位置不贴合，则可按【Delete】键删除磁性锚点再重新创建，重回第一个磁性锚点处再单击鼠标左键完成选区的创建。

视频教学：制作中秋节推文首图

STEP 03 打开"月亮.jpg"素材，选择"椭圆选框工具" ，在工具属性栏中设置样式为"固定大小"，宽度和高度均为"500像素"，再将鼠标指针移至月亮中心，按住【Alt】键不放，同时单击鼠标左键创建月亮选区。

STEP 04 保持"椭圆选框工具" 的选择状态，将鼠标指针移至月亮选区内，当鼠标指针变为 形状时，拖曳鼠标移动选区位置，使选区位于月亮中间。

STEP 05 选择【选择】/【修改】/【扩展】命令，打开"扩展选区"对话框，设置扩展量为"6像素"，单击 确定 按钮完成选区的扩展。

STEP 06 选择【选择】/【修改】/【羽化】命令，打开"羽化选区"对话框，设置羽化半径为"12像素"，单击 确定 按钮完成羽化。

STEP 07 新建名称为"中秋节推文首图"，大小为"900像素×383像素"，分辨率为"300像素/英寸"的文件，置入"中秋节背景.jpg"素材文件。

STEP 08 切换到"月亮.jpg"文件，选择"移动工具" ，将鼠标指针移至选区内，按住鼠标左键不放并拖曳鼠标至"中秋节推文首图"文件的标题栏处，Photoshop将自动切换到"中秋节推文首图"文件中，此时释放鼠标，发现羽化后的月亮图像已移动到该文件中，并且选区已自动消失。调整月亮图像的大小和位置。

STEP 09 切换到"月饼.jpg"文件中，将月饼选区移至"中秋节推文首图"文件中，并调整图像的大小和位置。

STEP 10 选择"椭圆选框工具" 🔘 ，按住【Shift】键不放，在"秋"文本上方绘制正圆选区，然后单击鼠标右键，在弹出的快捷菜单中选择【填充】命令，打开"填充"对话框，设置内容为"颜色"，打开"拾色器（填充颜色）"对话框，设置颜色为"#f77909"，单击 确定 按钮返回"填充"对话框，再单击 确定 按钮并取消选区。

STEP 11 按照与步骤10相同的方法，绘制颜色为"#e31642"的正圆；重复操作，继续绘制其他正圆。

STEP 12 按【Ctrl+S】组合键保存文件，完成推文首图的制作。

行业知识

中秋节又称月夕、秋节、月娘节、月亮节、团圆节，是中国四大传统节日之一。中秋节有赏月、吃月饼、看花灯、赏桂花、饮桂花酒等习俗。设计师在设计与中秋节相关的作品时，可在作品中添加与习俗相关的元素，如月亮、兔子、月饼、桂花等；在色彩选择上可使用与月亮相关的黄色或者代表宁静、祥和、深沉的蓝色等。设计师应主动承担宣传中国传统文化的责任，传承与发扬节日所代表的文化习俗和精神内涵。

3.4.2 制作茶具宣传 Banner

某陶瓷店铺为了提升一款新款茶具的销量，计划制作宣传Banner，该茶壶的整体颜色为淡绿色，具有美观、淡雅的特点，深受清茶爱好者的喜欢。表3-2所示为茶具宣传Banner制作任务单，任务单给出了明确的实训背景、制作要求、设计思路和参考效果。

表 3-2　茶具宣传 Banner 制作任务单

实训背景	为某陶瓷店铺的茶具制作宣传 Banner
尺寸要求	1920 像素 ×700 像素，分辨率为 72 像素 / 英寸
数量要求	1 张
制作要求	1. 风格 采用清新的风格，营造出简约、清新、明快的视觉氛围，给人清爽的感觉 2. 色彩 选择绿色为主色调，该颜色与茶壶的颜色相符，颜色更加统一 3. 文案 ①小清新白瓷茶具；②带你感受清清茗香；③新品上市 4. 构图 左右构图方式，文字展示在左侧，商品展示在右侧

续 表

设计思路	新建图层填充前景色，使用多边形套索工具绘制形状并填充颜色，使用矩形选框工具绘制矩形，并对矩形填充渐变颜色，分别添加茶壶、水果、文字等素材，然后为茶壶添加投影效果
参考效果	 茶具宣传Banner效果
素材位置	配套资源：\素材文件\第3章\综合实训\"茶具宣传Banner素材"文件夹
效果位置	配套资源：\效果文件\第3章\综合实训\茶具宣传Banner.psd

本实训的操作提示如下。

STEP 01 新建大小为"1920像素×700像素"，分辨率为"72像素/英寸"，颜色模式为"RGB颜色"，名称为"茶具宣传Banner"的文件。

STEP 02 新建图层，设置前景色为"#9fcd62"，按【Alt+Delete】组合键填充前景色。

STEP 03 新建图层，选择"多边形套索工具"，在图像右侧绘制梯形选区，设置前景色为"#8dbd3c"，然后使用"油漆桶工具"为梯形选区填充颜色。

STEP 04 新建图层，选择"矩形选框工具"绘制矩形选区，选择"渐变工具"，在工具属性栏中设置渐变颜色为"#b7df7c"~"#9acf54"，然后自上而下拖曳鼠标填充渐变颜色。

STEP 05 打开"茶壶.png"素材，使用"矩形选框工具"框选完整的茶壶图像，复制选区中的内容。切换到"茶具宣传Banner"文件，粘贴选区中的内容，然后适当调整其大小和位置。

STEP 06 打开"水果.png"素材，使用"移动工具"将其拖到"茶具宣传Banner"文件中，调整其大小和位置。

STEP 07 在"茶壶"图层下方新建图层，选择"椭圆选框工具"，在图像底部绘制椭圆选区，并填充颜色"#5b7c2d"，设置不透明度为"40%"。

STEP 08 打开"文字.png"素材，使用"移动工具"将其拖到"茶具宣传Banner"文件中，调整其大小和位置，完成后保存文件。

视频教学：
制作茶具宣传
Banner

3.5 课后练习

练习 1 制作店铺横幅广告

【制作要求】利用提供的素材为闹钟店制作一个横幅广告，要求画面美观，并展示出店铺热销商品的卖点和促销价格。

【操作提示】运用选框工具组、套索工具组来创建和编辑选区，并将选取后的图像和提供的其他素材添加到店铺横幅广告中，丰富广告内容，使其更加美观，参考效果如图3-73所示。

【素材位置】配套资源:\素材文件\第3章\课后练习\房间.psd、背景.jpg

【效果位置】配套资源:\效果文件\第3章\课后练习\店铺横幅广告.psd

图3-73

练习 2 制作原汁机主图

【制作要求】为一款原汁机制作主图，要求在主图中展现出该产品的卖点与优势，并添加作为装饰的水果，在表现产品功能的同时，使画面更加美观。

【操作提示】使用快速选择工具和魔棒工具为原汁机、水果和形状创建选区，然后组装，参考效果如图3-74所示。

【素材位置】配套资源:\第3章\课后练习\原汁机\

【效果位置】配套资源:\第3章\课后练习\原汁机主图.psd

图3-74

第 **4** 章 应用图层与文字

一个美观的平面设计作品常常由多个叠加的图层组合而成。这些图层类似于独立的透明胶片，每一张胶片上都呈现图像的一部分内容，将所有胶片按顺序叠加起来观察，便可以看到完整的图像。平面设计师可以通过新建不同类型的图层、复制与删除图层等基本操作，改变图像的显示效果，然后在图像上添加和编辑文字，从而丰富平面设计作品的效果。

📖 学习要点

◎ 掌握图层的基本操作方法。

◎ 使用图层样式、图层混合模式调整图层。

◎ 掌握创建与编辑文字的方法。

◇ 素养目标

◎ 养成良好的图层使用习惯，提高设计效率。

◎ 深入理解传统文化在App启动页、宣传册封面等设计作品中的运用。

◈ 扫码阅读

案例欣赏   课前预习

4.1 图层的应用

默认情况下，使用Photoshop创建的新文件只有"背景"图层，平面设计师可自行创建图层。完成创建后，还需要对单个图层进行编辑与管理，使图层满足制作的需要。

4.1.1 课堂案例——制作"冬至"App启动页

【制作要求】随着冬至的到来，某外卖App准备设计以冬至为主题，尺寸为"1125像素×2436像素"的启动页，要求色彩明亮且具有视觉吸引力，能够凸显冬至节日氛围。

【操作要点】添加素材，用作启动页背景，然后对素材进行合并，添加其他素材，对素材进行重命名，并调整图层的位置，创建图层组。参考效果如图4-1所示。

【素材位置】配套资源:\素材文件\第4章\课堂案例\"冬至素材"文件夹

【效果位置】配套资源:\效果文件\第4章\课堂案例\"冬至"App启动页.psd

平面设计效果　　　　　　实际应用效果

图4-1

具体操作如下。

STEP 01 新建大小为"1125像素×2436像素"，分辨率为"72像素/英寸"，颜色模式为"RGB颜色"，名称为"'冬至'App启动页"的文件。

STEP 02 选择【图层】/【新建填充图层】/【纯色】命令，打开"新建图层"对话框，单击 确定 按钮，打开"拾色器"对话框，设置颜色为"#f7f3e8"，单击 确定 按钮新建填充图层，效果如图4-2所示。

STEP 03 选择【文件】/【置入嵌入对象】命令，打开"置入嵌入的对象"对话框，在"冬至素材"文件夹中双击鼠标左键选择"冬至背景.jpg"文件，按【Enter】键确认置入，如图4-3所示。

视频教学:
制作"冬至"App
启动页

STEP 04 打开"图层"面板,设置"冬至背景"图层的不透明度为"80%",如图4-4所示。

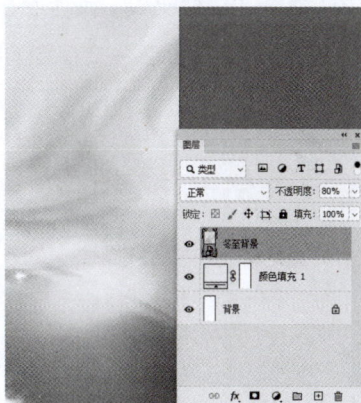

图4-2   图4-3   图4-4

STEP 05 打开"饺子.psd"素材文件,使用"移动工具" ⊕将其中的所有素材拖到"'冬至'App启动页"文件中,按【Ctrl+T】组合键,调整图像的大小和位置,如图4-5所示,"图层"面板中将自动增加"图层1""图层2"。

STEP 06 在"图层"面板中选择"图层1",按住【Ctrl】键选择"图层2",将同时选择"图层1"和"图层2",在图层上单击鼠标右键,在弹出的快捷菜单中选择【合并图层】命令,将其合并为一个图层,以减少图层数量,更便于查看图层,如图4-6所示。

STEP 07 在"图层"面板中选择"图层1",选择【图层】/【重命名图层】命令(或在图层名称上双击鼠标左键),此时所选图层名称呈可编辑状态,在其中输入新名称"饺子",便于后续查找,如图4-7所示。

STEP 08 在"图层"面板中选择除"背景"图层外的其余所有图层,单击"锁定全部"按钮🔒锁定图层,避免在后续操作过程中误移动图层,如图4-8所示。

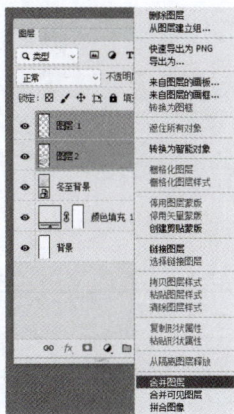

图4-5   图4-6   图4-7   图4-8

STEP 09 打开"冬至文字.psd"素材文件,使用"移动工具" ⊕将其中的所有素材拖到"'冬至'App启动页"图像中,按【Ctrl+T】组合键,调整图像的大小和位置,使用"移动工具" ⊕分别选择添加的素材,并调整各个素材的位置,效果如图4-9所示。

STEP 10 选择"雪花"图层，将其向上拖到图层顶部，如图4-10所示。

STEP 11 选择"印章"图层，按住【Shift】键不放再次选择"冬"图层，此时同时选择中间的多个图层，单击"链接图层"按钮 ∞ 链接选择的图层，如图4-11所示。

图4-9　　　　　　　　　　图4-10　　　　　　　　　　图4-11

STEP 12 选择"雪花"图层，按住【Shift】键不放再次选择"冬"图层，此时同时选择中间的多个图层，按【Ctrl+G】组合键创建图层组，在图层组右侧的空白区域双击鼠标左键使图层组名称呈可编辑状态，在其中输入新名称"文字部分"，如图4-12所示。

STEP 13 选择"冬至背景"图层，单击"图层"面板底部的"创建新图层"按钮 ⊞，新建图层，如图4-13所示。选择"椭圆选框工具" ○，将鼠标指针移动到碗图像底部，绘制一个椭圆选区，如图4-14所示。设置前景色为"#000000"，按【Alt+Delete】组合键填充前景色，按【Ctrl+D】组合键取消选区，并设置不透明度为"30%"，效果如图4-15所示。

STEP 14 保存文件，并查看完成后的效果。

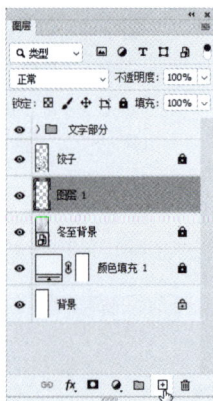

图4-12　　　　　　图4-13　　　　　　图4-14　　　　　　图4-15

🔔 **提示**

在创建图层时，按住【Ctrl】键不放再单击"创建新图层"按钮 ⊞，可在当前图层下方新建一个图层。

冬至又称日南至、冬节、亚岁等，既是二十四节气中一个重要的节气，又是中国民间的传统祭祖节日。冬至习俗因地域不同又存在习俗内容或细节上的差异。在我国南方地区，冬至有祭祖、宴饮的习俗；在我国北方地区，每年冬至有吃饺子的习俗。因此在设计与冬至相关的平面设计作品时，可以吃饺子、宴席、团聚等场景作为设计点，并添加相应的文字介绍，使更多人了解节日。

4.1.2　认识图层和"图层"面板

Photoshop中的图层是用于组织和编辑图像的一种功能。每个图层都相当于一个透明的薄膜，可以独立地添加、编辑和调整，而不会影响其他图层上的内容。每个图层都可以包含图像、文本、形状、效果等元素，并且能够单独地编辑和控制这些元素，如可轻松地添加或删除图像的某个部分，调整图像的亮度、对比度、色彩等。另外，通过图层还可以在不破坏原始图像的情况下，对图像进行的编辑，使操作更加灵活和可控。

若想查看和管理图层，则需要在"图层"面板中进行相关操作，如图4-16所示，在该面板中可以清晰展现各个图层的类型和状态。

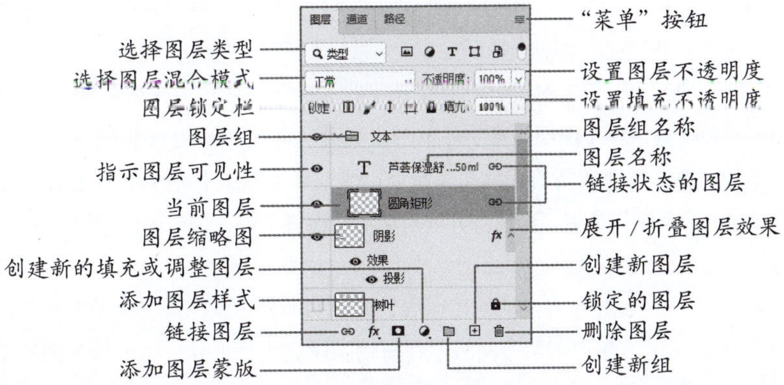

图 4-16

资源链接：
"图层"面板各选项和按钮的含义详解

4.1.3　新建图层

图层中可以包含的元素非常多，其对应的图层类型也很多，而且不同类型图层的新建方法也会有所区别。图4-17所示为常用的图层类型。

1. 新建文本图层

在Photoshop中输入文本时将自动生成文本图层，并且文本的属性和内容可以二次编辑。使用文字工具组中的"横排文字工具" T.或"直排文字工具" T.，在图像编辑区输入文本，"图层"面板将自动新建文本图层。

2. 新建普通图层

新建的普通图层一般是空白图层，用户可以对图层进行任意编辑，如调整透明度、删除和调整顺序等。单击"图层"面板底部的"创建新图层"按钮⊞，或者选择【图层】/【新建】/【图层】命令，打开"新建图层"对话框，在其中设置图层参数后单击 确定 按钮，如图4-18所示，便可新建一个普通图层。

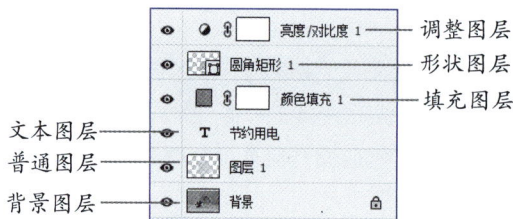

文本图层————

普通图层————

背景图层————

图 4-17

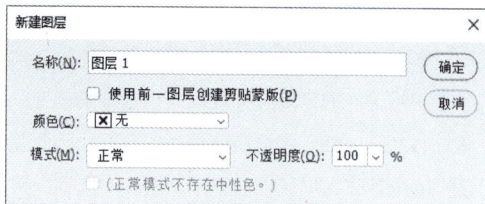

图 4-18

3. 新建背景图层

新建文件时，Photoshop将自动新建一个背景图层，该图层始终位于"图层"面板底层且被锁定。Photoshop只允许一个文件存在一个背景图层，当文件中没有背景图层时，选择一个图层，再选择【图层】/【新建】/【图层背景】命令，可将当前图层转换为背景图层。

> **知识拓展**　由于Photoshop中的背景图层默认被锁定，因此不能进行重命名、移动等操作。若需要对背景图层进行编辑，则需要先将其转换为普通图层，其操作方法为：在"图层"面板中双击最下方的"背景"图层，打开"新建图层"对话框，保持设置不变，单击 确定 按钮。

4. 新建调整图层

如果要调整图层中图像的颜色和色调，但不对图层中的像素有实质影响，则可以创建调整图层，此时位于调整图层下方的所有图层都会受到该调整图层的影响。单击"图层"面板底部的"创建新的填充或调整图层"按钮 ●，在弹出的下拉列表中选择所需的调整图层命令；或选择【图层】/【新建调整图层】命令，在弹出的子菜单中选择所需的调整图层类型，再在打开的对话框中设置参数，最后单击 确定 按钮。

5. 新建形状图层

使用绘制矢量图形的工具时，Photoshop将自动创建图层，该图层即为形状图层。使用形状工具组或钢笔工具组中的工具绘制矢量形状后，在"图层"面板中将自动新建名为"形状 1"的形状图层（后续建立的形状图层将自动命名为"形状 2""形状 3""形状 4"等，以此类推），并且绘制的形状会自动填充前景色。

6. 新建填充图层

Photoshop中有3种填充图层，分别是纯色、渐变、图案。其中，纯色填充图层使用一种颜色来填充图层；渐变填充图层使用渐变色来填充图层；图案填充图层使用一种图案来填充图层。

选择【图层】/【新建填充图层】命令，在打开的子菜单中可选择新建的图层类型；或单击"图层"面板底部的"创建新的填充或调整图层"按钮 ●，在弹出的下拉列表中同样可以选择对应的填充图层命令。创建填充图层后，"图层"面板中的填充图层都自动带有一个图层蒙版。

> 🔔 **提示**
>
> 新建填充图层后，在"图层"面板中双击填充图层的"预览图"，在打开的相应对话框中可重新调整纯色、渐变和图案。

4.1.4 移动图层顺序

在"图层"面板中，图层是按创建的先后顺序堆叠在一起的，并且上方图层中的内容会遮盖下方图层中的内容，将上方图层移动到下方图层下方，可使下方图层变可见。移动图层顺序可直接在"图层"面板中选择图层进行上下拖拽；也可以选择要移动的图层，选择【图层】/【排列】命令，在打开的子菜单中选择需要的命令，如图4-19所示。

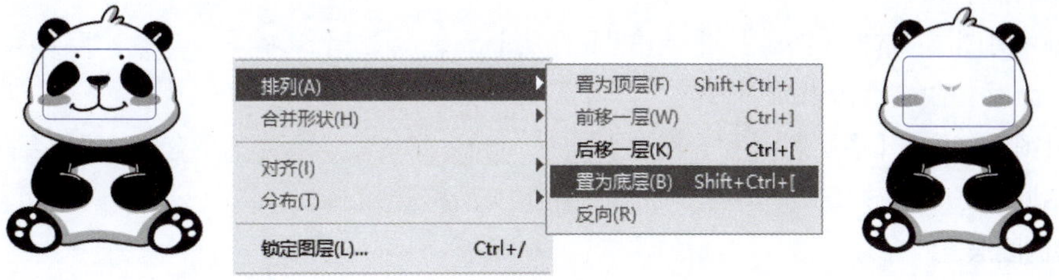

图4-19

4.1.5 锁定与链接图层

为限制对某些图层的操作，平面设计师可锁定这些图层；如果想对多个图层进行相同的操作，如移动、缩放等，则可以先链接这些图层，再进行操作。

1. 锁定图层

Photoshop提供的锁定图层方式主要有以下5种，需要锁定时，只需在"图层"面板中单击需要的锁定按钮即可。

- 锁定透明像素：单击"锁定透明像素"按钮☒，将只能对图层的图像区域进行编辑，而不能对透明区域进行编辑。
- 锁定图像像素：单击"锁定图像像素"按钮✐，将只能对图像进行移动、变形等操作，而不能对图层使用画笔、橡皮擦、滤镜等工具。
- 锁定位置：单击"锁定位置"按钮✛，图层将不能被移动。将图像移动到指定位置并锁定图层位置后，不用担心图像的位置发生改变。
- 防止在画板和画框内外自动嵌套：单击"防止在画板和画框内外自动嵌套"按钮▣后，在将画板内的图层或图层组移出画板的边缘时，被移动的图层或图层组将不会脱离画板。
- 锁定全部：单击"锁定全部"按钮🔒，该图层的透明像素、图像像素、位置都将被锁定，不能编辑。

2. 链接图层

将多个图层链接成一组后，可以同时对链接的多个图层进行移动、变换和复制操作。选择两个或两个以上的图层，在"图层"面板中单击"链接图层"按钮∞或选择【图层】/【链接图层】命令，可将所选的图层链接起来。

4.1.6 合并与复制图层

制作一个较为复杂的平面设计作品时，一般都会产生大量的图层，从而使图像文件变大，系统处理速度变慢。这时可根据需要合并图层，以减少图层的数量。而复制图层可以使一个图层中的内容在多处位置使用，并且复制所得图层会继承原图层名称并在后方添加"拷贝"文本，以便区分原图层和复制所得图层。

1. 合并图层

合并图层就是将两个或两个以上的图层合并为一个图层。合并图层的操作主要有以下3种方式。

- **合并图层**：在"图层"面板中选择两个或两个以上要合并的图层，选择【图层】/【合并图层】命令，或按【Ctrl+E】组合键。
- **合并可见图层**：选择【图层】/【合并可见图层】命令，或按【Shift+Ctrl+E】组合键，可将"图层"面板中的所有可见图层合并。
- **拼合图像**：选择【图层】/【拼合图像】命令，可将"图层"面板中的所有可见图层合并，并打开对话框询问是否扔掉隐藏的图层，同时以白色填充所有透明区域。

2. 复制图层

在Photoshop中选择需要复制的图层后，可以通过以下3种方式进行复制。

- **通过按钮复制**：按住鼠标左键不放将其拖曳到"图层"面板底部的"创建新图层"按钮 ⊞ 上，释放鼠标后可得到复制的图层。
- **通过快捷键复制**：按【Crtl+J】组合键，可在该图层上方得到一个复制图层。
- **通过命令复制**：选择【图层】/【复制图层】命令，或单击鼠标右键，在弹出的快捷菜单中选择【复制图层】命令，打开"复制图层"对话框，设置参数后单击 确定 按钮。若需要跨文件复制图层，则需要在"目标"下拉列表中选择目标文件，然后单击 确定 按钮。需要注意的是，跨文件复制图层得到的图层并不会在原图层名称后出现"拷贝"文本；若选择"新建"选项，则将新建一个文件，并且该文件与选择图层所在文件的大小一致。

4.1.7 创建与编辑图层组

当图层越来越多时，可创建图层组来进行管理，从而方便、快速地找到需要的图层。图层组以文件夹的形式显示，可以像普通图层一样执行移动、复制、链接等操作。

1. 创建图层组

创建图层组有两种方法，一种是创建空白图层组，后续需要自行将图层移动到图层组中；另一种是依据所选图层创建图层组，可快速将所选图层放置在一个图层组中。

（1）创建空白图层组

选择【图层】/【新建】/【组】命令，打开"新建组"对话框，如图4-20所示，在该对话框中可以设置图层组的名称、颜色、模式、不透明度，单击 确定 按钮，便可在面板中创建一个空白图层组；或直接单击"图层"面板底部的"创建新组"按钮 ▢，快速创建一个空白图层组，如图4-21所示。

（2）依据所选图层创建图层组

选择图层，然后选择【图层】/【图层编组】命令，或按【Ctrl+G】组合键进行编组，编组后将快速新建一个图层组，并将所选图层放置其中。若要取消图层编组，则可以选择该图层组，再选择【图层】/【取消图层编组】命令，或按【Shift+Ctrl+G】组合键。

选择图层，选择【图层】/【新建】/【从图层建立组】命令，打开"从图层新建组"对话框，如

图4-22所示，在其中设置图层组的名称、颜色、模式等属性，单击 确定 按钮，可将其创建在设置特定属性的图层组内。

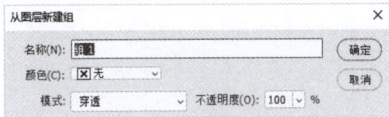

图 4-20　　　　　　　　　　　图 4-21　　　　　　　　　　　图 4-22

🔔 提示

新建图层组后，单击图层组前面的三角图标 ⟩ ，可展开图层组，再单击图层组前方的三角图标 ⌄ ，可收缩图层组。

2. 将图层移入或移出图层组

创建图层组后，直接将一个图层拖入图层组，可将其添加到该图层组中。将一个图层拖出所在图层组，可将其从该图层组中移出。

4.1.8 课堂案例——制作网店首页"新品推荐"模块

【制作要求】某品牌准备替换网店首页中新品推荐模板中的商品，为了节省时间，将直接在提供的"新品推荐"模板素材文件中添加新品图像。

【操作要点】使用智能对象图层替换原有的图像，然后对齐与分布图像，使其平均分布，对图像进行组合，并对图层进行盖印操作。参考效果如图4-23所示。

【素材位置】配套资源:\素材文件\第4章\课堂案例\"新品推荐素材"文件夹

【效果位置】配套资源:\效果文件\第4章\课堂案例\新品推荐.psd

图 4-23

具体操作如下。

STEP 01 打开"新品推荐.psd"素材文件，如图4-24所示。

STEP 02 在"图层"面板中双击"商品素材1"图层缩览图左下角的智能对象图标 🔲，打开"商品素材1"文件，选择【文件】/【置入嵌入对象】命令，打开"置入嵌入对象"对话框，选择"1.png"素材，单击 置入(P) 按钮，按【Enter】键确认置入后，按【Ctrl+S】组合键保存，返回"新品推荐.psd"素材文件发现"商品素材1"素材效果已经更换为"1"素材，效果如图4-25所示。

视频教学：制作网店首页"新品推荐"模块

图4-24

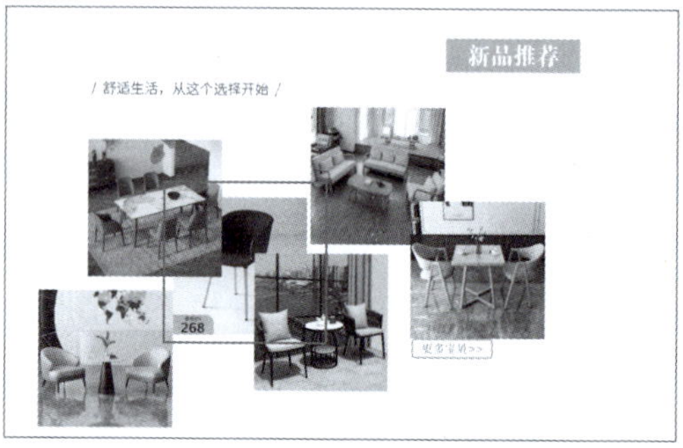

图4-25

STEP 03 使用与步骤2相同的方法依次替换"商品素材2"~"商品素材6"图层中的素材，效果如图4-26所示。

STEP 04 按住【Shift】键不放依次选择"新品推荐"图层、"更多宝贝>>"图层和文本图层，在工具属性栏中单击"水平居中对齐"按钮 ♣，使这些图层中的内容在图像编辑区内水平居中，如图4-27所示。

图4-26

图4-27

STEP 05 在"图层"面板中单击"商品素材4"~"商品素材6"图层前的 👁 图标，隐藏这3个图层。将"商品素材1"图像移动至左上位置，如图4-28所示。选择"商品素材1"~"商品素材3"3个图层，在工具属性栏中单击"顶对齐"按钮 ▔，效果如图4-29所示。

STEP 06 向右移动"商品素材2"图像至靠右位置，使其与"商品素材1"图像在同一水平线上（根据图中自动出现的辅助线来确定水平位置），然后向左拖动"商品素材3"图像，使其与"商品素材1""商品素材2"图像在同一水平线上，如图4-30所示。

STEP 07 选择"商品素材1"~"商品素材3"3个图层，在工具属性栏中单击"水平分布"按钮 ▥，效果如图4-31所示。

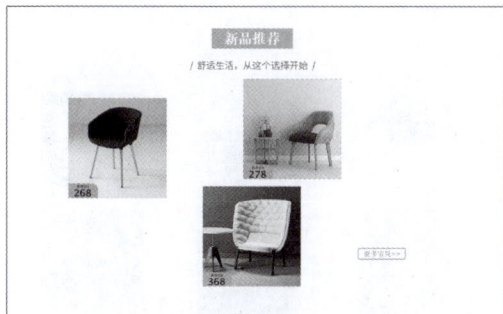

图 4-28

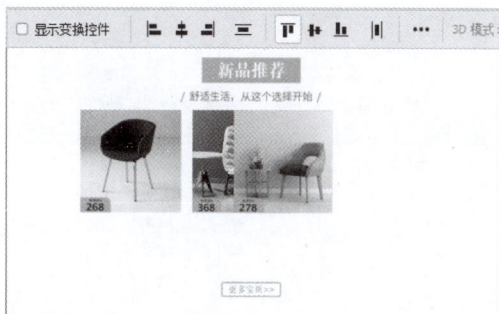

图 4-29

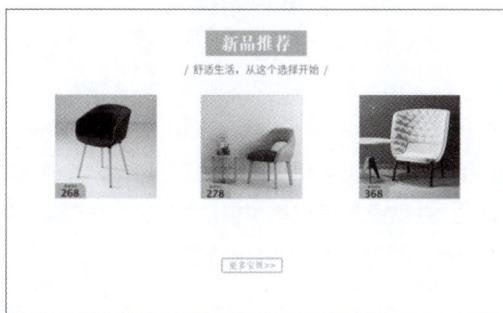

图 4-30

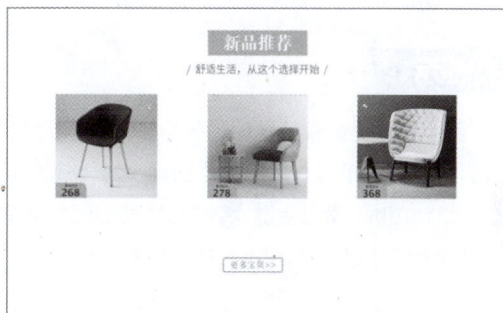

图 4-31

STEP 08 在"图层"面板中单击"商品素材4"～"商品素材6"图层前的　　图标，显示这3个图层。移动"商品素材4"图像至左下位置，并与"商品素材1"图像左对齐，如图4-32所示。调整"商品素材6"图像和"商品素材3"图像右对齐，"商品素材5"图像和"商品素材2"图像居中对齐，效果如图4-33所示。

图 4-32

图 4-33

STEP 09 在"图层"面板中选择"商品素材1"～"商品素材6"图层，向上移动这些图层中的图像至合适距离，按【Ctrl+G】组合键编组，双击图层组名称，使其呈可编辑状态，在其中输入"图片"文字，再按【Enter】键，如图4-34所示。

STEP 10 将"更多宝贝>>"图像移动到画面右下角，然后按【Shift+Ctrl+Alt+E】组合键盖印图层，然后将盖印图层名称修改为"效果"，如图4-35所示。

STEP 11 查看完成后的效果，如图4-36所示，最后按【Ctrl+S】组合键保存文件。

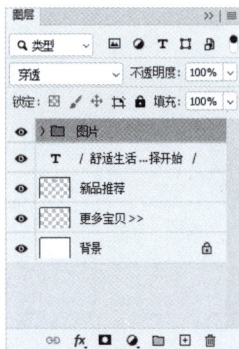  

图4-34　　　　　　　图4-35　　　　　　　　　　　图4-36

🔔 提示

　　盖印图层是比较特殊的图层合并方法，可将多个图层的内容合并到一个新的图层中，同时保留原图层。盖印图层的操作除了按【Shift+Ctrl+Alt+E】组合键盖印所有可见图层外，还可选择一个图层，按【Ctrl+Alt+E】组合键，将该图层盖印到下面的图层中，并且原图层保持不变。或选择多个图层，按【Ctrl+Alt+E】组合键，将选择的图层盖印到一个新的图层中，原图层中的内容保持不变。

4.1.9　对齐与分布图层

通过对齐与分布图层可快速调整图层内容，以实现图像间的精确移动。

1. 对齐图层

要将多个图层中的图像内容对齐，可使用"移动工具" ⊕ 选择需要对齐的图层（2个及以上），然后选择【图层】/【对齐】命令，在子菜单中选择相应的对齐命令进行对齐。需要注意的是，如果所选图层与其他图层链接，则可以对齐与之链接的所有图层。

2. 分布图层

要让更多的图层采用一定的规律均匀分布，可使用"移动工具" ⊕ 选择需要均匀分布的图层（3个及以上），然后选择【图层】/【分布】命令，在子菜单中选择相应的分布命令。

对齐与分布图层时，也可以单击"移动工具" ⊕ 工具属性栏中的按钮实现对齐与分布图层。单击工具属性栏中的"对齐与分布"按钮 ，在打开的下拉列表中可选择更多的分布和对齐操作，如图4-37所示。

图4-37

4.1.10 使用智能对象图层

智能对象图层是一种包含栅格（栅格是由像素组成的二维网格）或矢量图像数据的图层。使用智能对象图层可以保留图像的源内容及其所有原始数据，不会给原始数据造成任何影响，例如，对智能对象图层进行放大、缩小、扭曲等变换操作时，不会降低图像品质，影响图像的清晰度。在Photoshop中，可以将文件和图层中的对象，以及Illustrator创建的矢量图形或文件等对象创建为智能对象。

创建智能对象图层主要有3种方法，一是选择普通图层，选择【图层】/【智能对象】/【转换为智能对象】命令，可将选择的图层创建为智能对象；二是选择【文件】/【打开为智能对象】命令，可选择一个文件作为智能对象图层打开；三是选择【文件】/【置入嵌入对象】命令，可选择一个文件置入图像中，该文件作为智能对象图层打开。创建智能对象图层后，图层的缩略图右下角将出现智能对象图标🔲。

知识拓展 智能对象图层不能直接编辑，需要先进行栅格化操作将其转换为普通图层。其操作方法为：在"图层"面板中选择智能对象图层后，选择【图层】/【智能对象】/【栅格化】命令。另外，使用栅格化操作也可将文字、形状、矢量蒙版等图层转化为普通图层，方便编辑。

4.1.11 课堂案例——制作旅行宣传册封面

【制作要求】江南一直以来都是游客心中的旅行胜地，某旅行社准备制作以"江南"为主题的旅行宣传册封面，要求大小为"420mm×297mm"，水墨风格，能凸显江南烟雨的氛围。

【操作要点】在制作时先添加素材，并通过图层混合模式对素材效果进行叠加处理，使整体效果更加自然；然后添加文字内容，并对文字内容添加图层样式，使文字更具备识别性。参考效果如图4-38所示。

【素材位置】配套资源:\效果文件\第4章\课堂案例\"旅行宣传册封面素材"文件夹
【效果位置】配套资源:\效果文件\第4章\课堂案例\旅行宣传册封面.psd

平面设计效果　　　　实际应用效果

图4-38

具体操作如下。

STEP 01 按【Ctrl+N】组合键，新建一个名称为"旅行宣传册封面"，大小为"420mm×297mm"，分辨率为"72像素/英寸"的文件。

STEP 02 按【Ctrl+;】组合键显示参考线，拖动左侧标尺到中间添加参考线，打开"水墨.png"素材文件，使用"移动工具"将打开的素材拖到"旅行宣传册封面"文件中，调整大小和位置，如图4-39所示。

STEP 03 按【Ctrl+J】组合键复制图层，打开"图层"面板，选择"图层 1 拷贝"图层，单击"选定图层的混合模式"右侧的下拉按钮，在打开的下拉列表中选择"滤色"选项，此时发现添加的素材颜色变浅，如图4-40所示。

图4-39 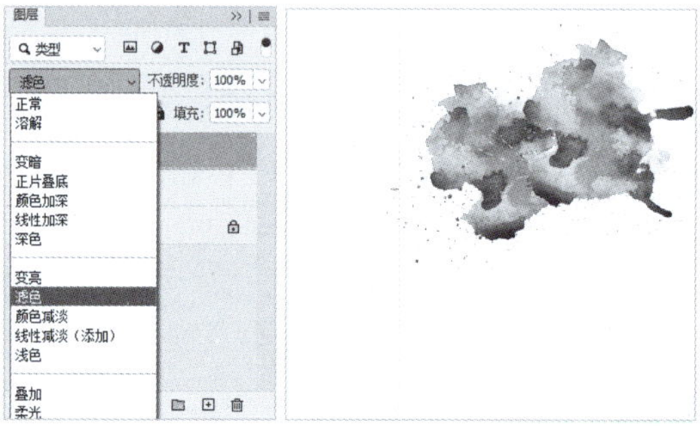　　　　　　　图4-40

STEP 04 按【Ctrl+J】组合键再次复制图层，打开"图层"面板，选择"图层1 拷贝2"图层，单击"选定图层的混合模式"右侧的下拉按钮，在打开的下拉列表中选择"正片叠底"选项，设置不透明度为"50%"，效果如图4-41所示。

STEP 05 打开"水墨2.png"素材文件，使用"移动工具"将打开的素材拖到"旅行宣传册封面"文件中，调整大小和位置，如图4-42所示。

STEP 06 打开"江南.jpg"素材文件，使用"移动工具"将打开的素材拖到"旅行宣传册封面"文件中，调整大小和位置，再按【Ctrl+Alt+G】组合键与"水墨2.png"素材所在图层一起创建剪贴蒙版，效果如图4-43所示。

图4-41 　　　　　　　图4-42 　　　　　　　图4-43

STEP 07 打开"水墨3.png"素材文件，使用"移动工具"将打开的素材拖到"旅行宣传册封面"文件中，调整大小和位置，单击"选定图层的混合模式"右侧的下拉按钮，在打开的下拉列表中选择"颜色减淡"选项，如图4-44所示。复制"水墨3"素材所在图层，再调整其位置和大小，效果如图4-45所示。

STEP 08 打开"文字.psd"素材文件,使用"移动工具" 将打开的素材拖到"旅行宣传册封面"文件中,调整大小和位置,效果如图4-46所示。

图4-44   图4-45   图4-46

STEP 09 双击"江"图层右侧的空白区域,打开"图层样式"对话框,单击选中"斜面和浮雕"复选框,设置大小为"40像素",设置阴影颜色为"#1388c3",如图4-47所示。

STEP 10 单击选中"内发光"复选框,设置不透明度为"59%",杂色为"23%",大小为"7像素",如图4-48所示。

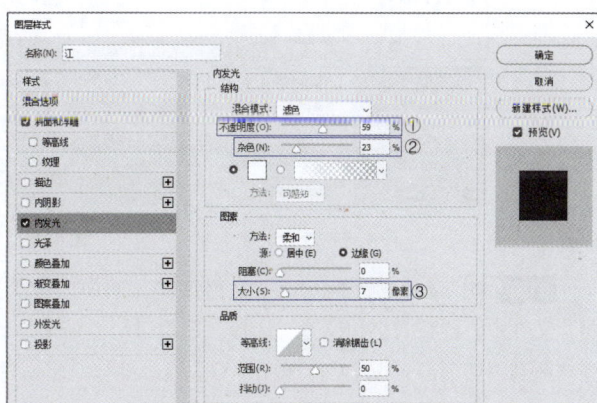

图4-47   图4-48

STEP 11 单击选中"光泽"复选框,设置颜色为"#014192",不透明度为"72%",距离为"50像素",大小为"80像素",如图4-49所示。

STEP 12 单击选中"渐变叠加"复选框,单击"渐变"右侧的色块,打开"渐变编辑器"对话框,双击左下角色块,打开"拾色器(色标颜色)"对话框,设置色标颜色为"#117fbd",单击 确定 按钮,返回"渐变编辑器"对话框,双击右下角色块,打开"拾色器(色标颜色)"对话框,设置色标颜色为"#2c6db6",依次单击 确定 按钮,返回"图层样式"对话框,单击 确定 按钮,如图4-50所示。

STEP 13 选择"江"图层,单击鼠标右键,在弹出的快捷菜单中选择【拷贝图层样式】命令,如图4-51所示。

STEP 14 选择"南"图层,单击鼠标右键,在弹出的快捷菜单中选择【粘贴图层样式】命令,如图4-52所示,粘贴图层样式后的"图层"面板如图4-53所示。

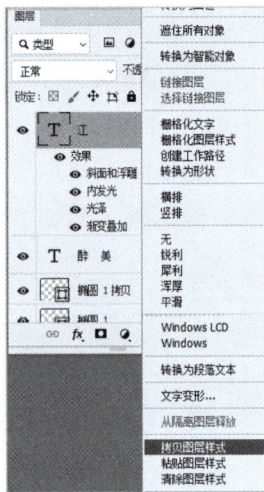

图 4-49   图 4-50

图 4-51   图 4-52   图 4-53

STEP 15 打开"帆船.png"素材文件，使用"移动工具" ⊕ 将打开的素材拖到"旅行宣传册封面"文件中，调整大小和位置。选择"图层 1"，按【Ctrl+J】组合键复制图层；选择复制后的图层，将其拖到图层顶部，按【Ctrl+Alt+G】组合键与帆船素材所在图层一起创建图层蒙版，效果如图4-54所示。

STEP 16 打开"文字2.psd"素材文件，使用"移动工具" ⊕ 将打开的素材拖到"旅行宣传册封面"文件中，调整大小和位置。最后保存文件，完成旅行宣传册封面的制作，效果如图4-55所示。

图 4-54   图 4-55

4.1.12 图层不透明度

通过调整上方图层的不透明度，使该图层中的内容呈现透明效果，可使其下方图层的内容显现。选中需要调整不透明度的图层后，在"图层"面板中调整"不透明度"数值或者"填充"数值。不透明度以百分比为单位，100%代表完全不透明，0%为完全透明，中间的数值代表半透明，即数值越低，透明度越高，如图4-56所示。

"除夕"图层不透明度为100%　　　　　"除夕"图层不透明度为70%　　　　　"除夕"图层不透明度为30%

图4-56

需要注意的是，不透明度和填充对"背景"图层中的内容不起作用，填充还对图层样式和形状图层的描边不起作用。

4.1.13 图层混合模式

Photoshop的图层混合模式能使图像合成不同的效果，从而给人不一样的视觉效果。在Photoshop预设中提供了27种图层混合模式，默认状态下为"正常"，在"图层"面板中选择一个图层，单击面板顶部左侧的 正常 按钮，在弹出的图4-57所示的下拉列表中可查看所有图层混合模式，各组模式使用划线分为6组，分别是组合模式（见图4-58）、变暗模式（见图4-59）、变亮模式（见图4-60）、饱和度模式（见图4-61）、差集模式（见图4-62）、色彩模式（见图4-63），同一组混合模式可以产生相似的效果或有着近似的用途。

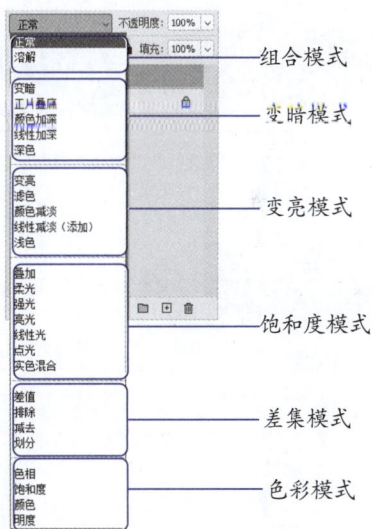

图4-57

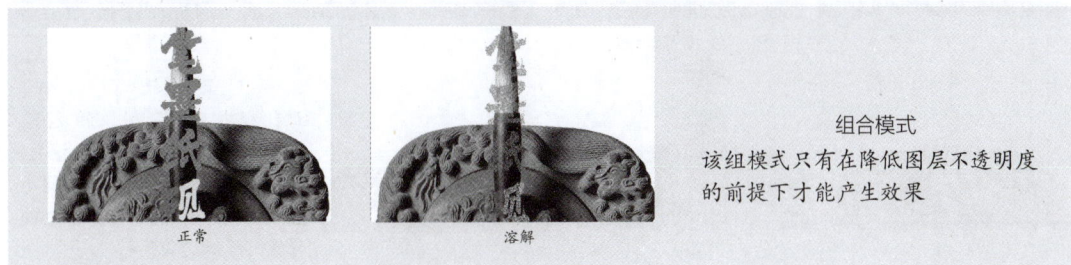

正常　　　　　　　　　　　溶解

组合模式
该组模式只有在降低图层不透明度的前提下才能产生效果

图4-58

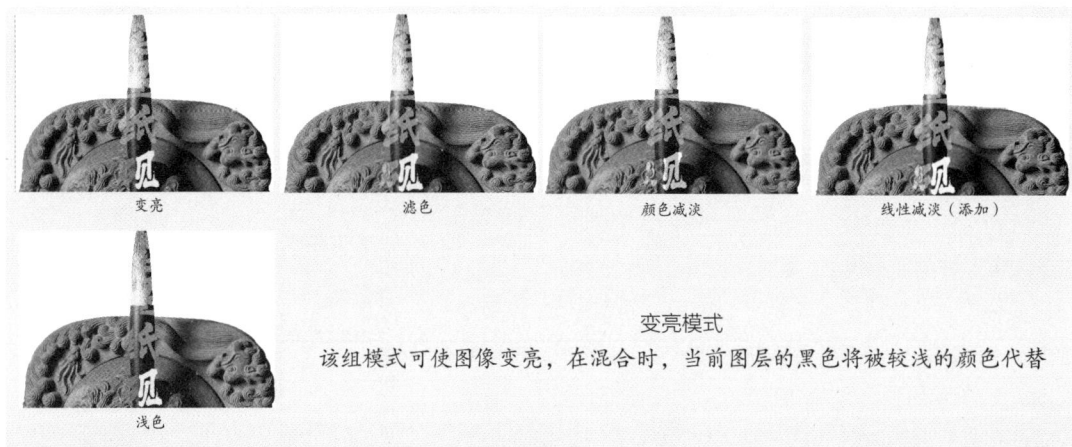

变暗　　　　　　　　　正片叠底　　　　　　　　颜色加深　　　　　　　　线性加深

变暗模式

该组模式可使图像变暗，在混合时，当前图层的白色将被较深的颜色代替

深色

图 4-59

变亮　　　　　　　　　滤色　　　　　　　　　　颜色减淡　　　　　　　线性减淡（添加）

变亮模式

该组模式可使图像变亮，在混合时，当前图层的黑色将被较浅的颜色代替

浅色

图 4-60

叠加　　　　　　　　　柔光　　　　　　　　　　强光　　　　　　　　　　亮光

饱和度模式

该组模式可增强图像的反差，在混合时，50%的灰度将会消失，亮度高于50%灰色的像素可提亮图层颜色，亮度低于50%灰色的像素可降低图层颜色

线性光　　　　　　　　点光　　　　　　　　　　实色混合

图 4-61

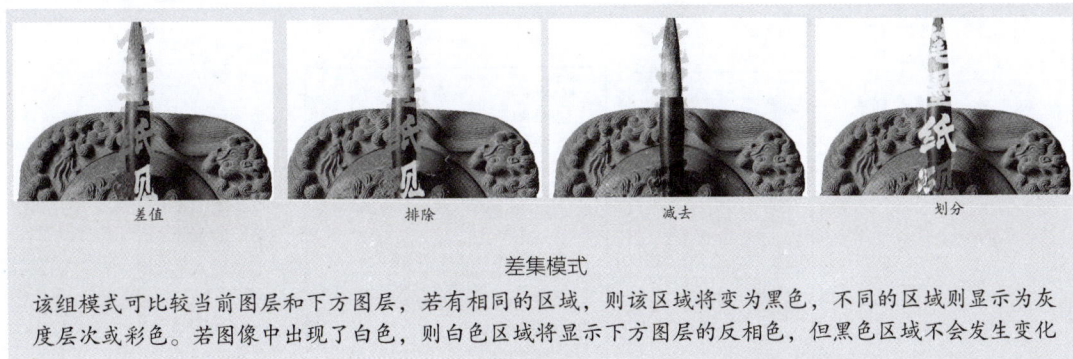

差集模式

该组模式可比较当前图层和下方图层,若有相同的区域,则该区域将变为黑色,不同的区域则显示为灰度层次或彩色。若图像中出现了白色,则白色区域将显示下方图层的反相色,但黑色区域不会发生变化

图4-62

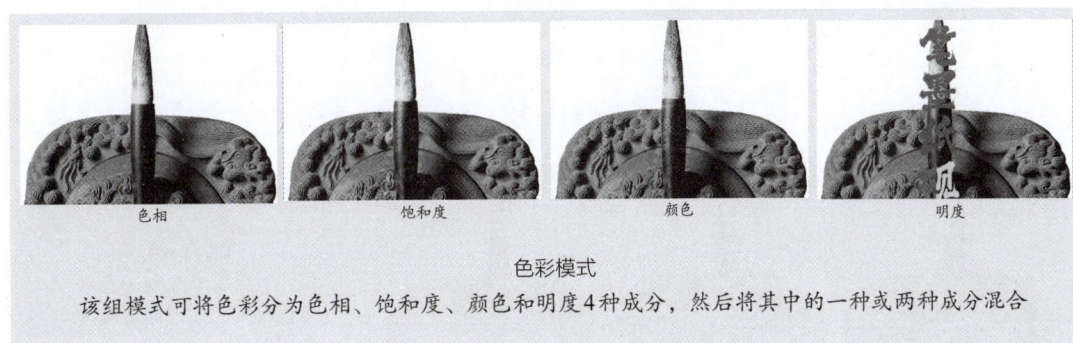

色彩模式

该组模式可将色彩分为色相、饱和度、颜色和明度4种成分,然后将其中的一种或两种成分混合

图4-63

> **提示**
>
> 在"选定图层的混合模式"下拉列表中选择一种混合模式后,可以按上、下方向键快速切换混合模式选项,图像编辑区将同步显示相应的模式效果,以便平面设计师做出选择。

4.1.14 设置图层样式

Photoshop提供了10种图层样式,它们都被列举在了"图层样式"对话框左侧的样式列表中,如图4-64所示。每个样式名称前都有个复选框,当其呈选中状态时表示图层应用了该样式,取消选中可停用该样式。平面设计师单击选中任一样式名称复选框后,右侧都将显示对应的参数设置和样式预览。在"图层样式"对话框中设置参数后,单击 确定 按钮,就可应用设置的图层样式。此时"图层"面板中设置了图层样式的图层会显示 fx 图标。单击该图层右边的 按钮,可将图层样式效果列表展开。图4-65~图4-69为对同一图像添加不同图层样式后的效果。

> **提示**
>
> 在"斜面和浮雕"图层样式中,不同等高线会对图像产生不同的效果,如果系统内置的等高线不能满足要求,则可单击等高线缩略图标 ,在打开的"等高线编辑器"对话框中编辑等高线来得到自定义等高线。

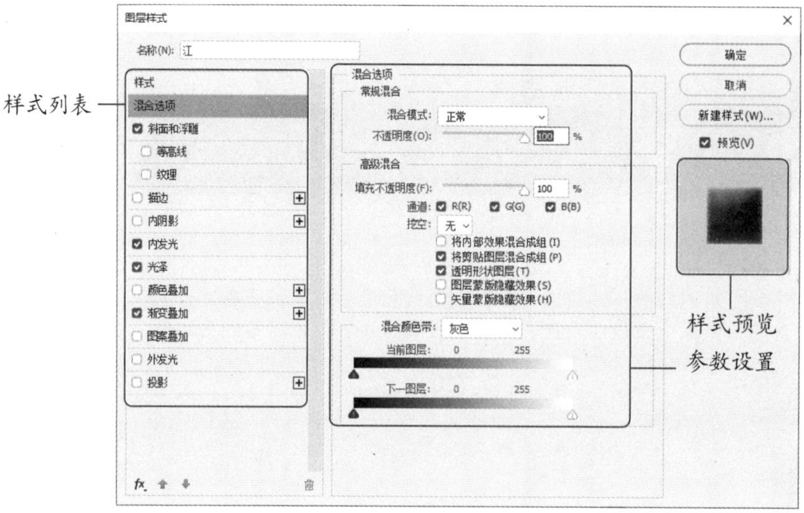
样式列表
样式预览
参数设置
图层样式
名称(N): 江
样式
混合选项
斜面和浮雕
等高线
纹理
描边
内阴影
内发光
光泽
颜色叠加
渐变叠加
图案叠加
外发光
投影
混合选项
常规混合
混合模式: 正常
不透明度(O): 100 %
高级混合
填充不透明度(F): 100 %
通道: R(R) G(G) B(B)
挖空: 无
将内部效果混合成组 (I)
将剪贴图层混合成组 (P)
透明形状图层 (T)
图层蒙版隐藏效果 (S)
矢量蒙版隐藏效果 (H)
混合颜色带: 灰色
当前图层: 0 255
下一图层: 0 255
确定
取消
新建样式(W)...
预览(V)

图 4–64

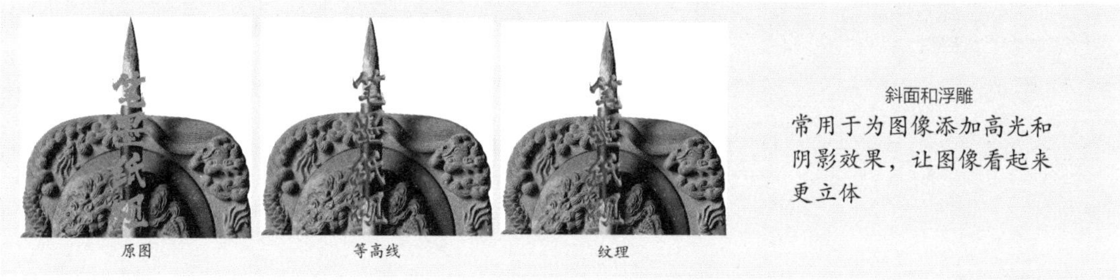
原图
等高线
纹理
斜面和浮雕
常用于为图像添加高光和阴影效果，让图像看起来更立体

图 4–65

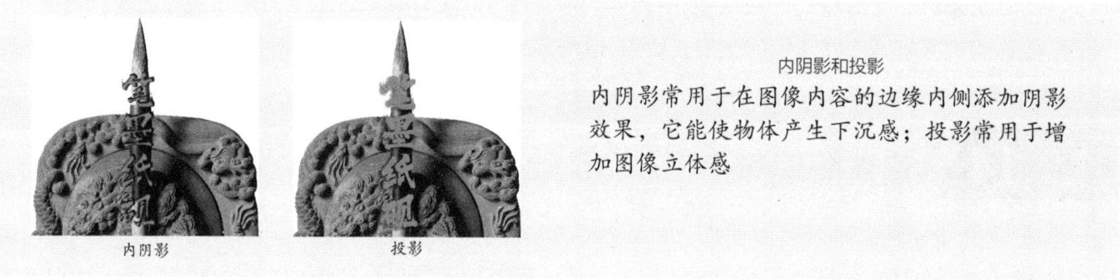
内阴影
投影
内阴影和投影
内阴影常用于在图像内容的边缘内侧添加阴影效果，它能使物体产生下沉感；投影常用于增加图像立体感

图 4–66

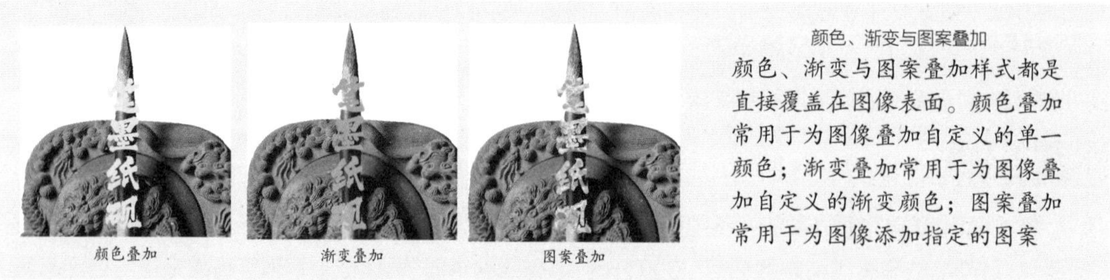
颜色叠加
渐变叠加
图案叠加
颜色、渐变与图案叠加
颜色、渐变与图案叠加样式都是直接覆盖在图像表面。颜色叠加常用于为图像叠加自定义的单一颜色；渐变叠加常用于为图像叠加自定义的渐变颜色；图案叠加常用于为图像添加指定的图案

图 4–67

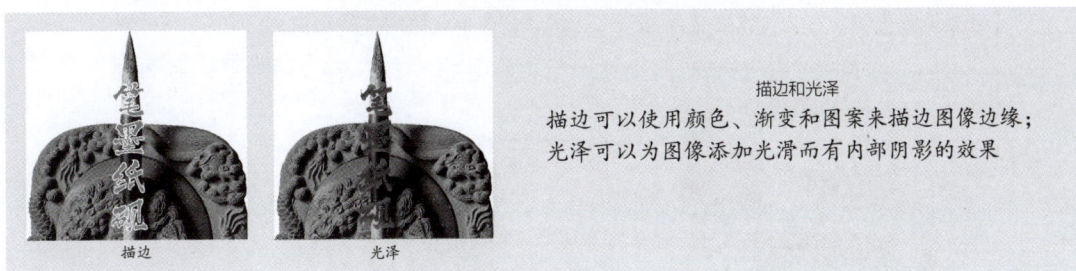

外发光

内发光

外发光和内发光

外发光常用于沿图像边缘向外创建发光效果；
内发光常用于沿图像内容的边缘内侧添加发
光效果

图 4-68

描边

光泽

描边和光泽

描边可以使用颜色、渐变和图案来描边图像边缘；
光泽可以为图像添加光滑而有内部阴影的效果

图 4-69

🔔 **提示**

在"图层"面板中，每个图层样式前都显示有 👁 图标，想要隐藏一个图层样式对应的效果，可以单击
该图层样式的 👁 图标；想隐藏该图层的所有图层样式，可单击"效果"文字前的 👁 图标；想显示已隐藏的
图层样式，可在原图标处单击鼠标左键，重新显示出图层样式效果。

**知识
拓展**

文件中应用的图层样式越多，所需存储空间越大。如果既要保留图层样式，又要缩小文件，
则选择【图层】/【栅格化】/【图层样式】命令，可在保留图层样式效果的同时，删除图层样式属性。
需要注意的是，栅格化后将不能再次修改图层样式的参数。

4.2
创建与编辑文字

　　文字在平面设计中扮演着至关重要的角色。除了通过文字传递信息，我们也可以通过字体选择、排
版布局来强化主题、明确主旨，同时丰富画面内容，增加画面的艺术效果。因此，在进行平面设计时，
平面设计师应该掌握创建与编辑文字的方法，实现更好的视觉传达效果。

4.2.1 课堂案例——制作企业招聘宣传海报

【制作要求】某企业近期准备招聘，要求制作大小为"1242像素×2208像素"的企业招聘宣传海报，内容要直观、具体，方便求职者了解招聘信息。

【操作要点】输入招聘文字，调整文字的大小和位置并添加描边样式；绘制路径并输入路径文字；输入其他文字，创建文字变形。参考效果如图4-70所示。

【素材位置】配套资源:\素材文件\第4章\课堂案例\"企业招聘宣传海报素材"文件夹

【效果位置】配套资源:\效果文件\第4章\课堂案例\企业招聘宣传海报.psd

图4-70

具体操作如下。

STEP 01 按【Ctrl+N】组合键，新建一个名称为"企业招聘宣传海报"，大小为"1242像素×2208像素"，分辨率为"72像素/英寸"的文件。

STEP 02 打开"宣传海报背景.jpg"素材文件，使用"移动工具" 将打开的素材拖到"企业招聘宣传海报"文件中，调整大小和位置。

STEP 03 选择"横排文字工具" ，在工具属性栏中设置字体为"思源黑体 CN"，字体样式为"Heavy"，文字大小为"310点"，颜色为"#ffffff"，如图4-71所示。

图4-71

STEP 04 在图像编辑区单击鼠标左键，插入鼠标光标，在光标处输入"诚聘"文字，然后按【Enter】键换行，输入"人才"文字，如图4-72所示，此时"图层"面板中出现一个文本图层。

STEP 05 在"图层"面板中选择"诚聘 人才"图层，在其上单击鼠标右键，在弹出的快捷菜单中选择【转换为形状】命令，将文字转换为形状，如图4-73所示。

STEP 06 选择"路径选择工具" ，选择"聘"文字，使其呈形状显示。选择"删除锚点工具" ，单击"聘"文字上方的"由"右侧矩形的右上角锚点，删除该锚点，再单击左上角矩形的锚点，删除该锚点。删除"聘"文字左侧的"耳"第一个矩形左上角的锚点和第三个矩形左下角的锚点，效果如图4-74所示。

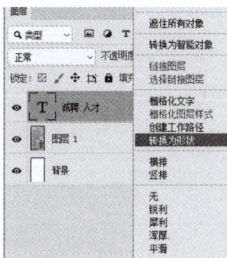

图4-72　　　　　　　　图4-73　　　　　　　　　　　　　　图4-74

STEP 07　选择"诚聘 人才"图层，按【Ctrl+J】组合键复制图层，选择"诚聘 人才 拷贝"图层并向下拖到"诚聘 人才"图层下方，双击该图层右侧的空白区域，打开"图层样式"对话框，单击选中"描边"复选框，设置大小为"5"，颜色为"#2e86c2"，单击 确定 按钮，如图4-75所示。

STEP 08　在"图层"面板中再次选择"诚聘 人才 拷贝"图层，设置填充为"0"，然后选择该图层文字并向右下角拖动，形成投影框效果，如图4-76所示。

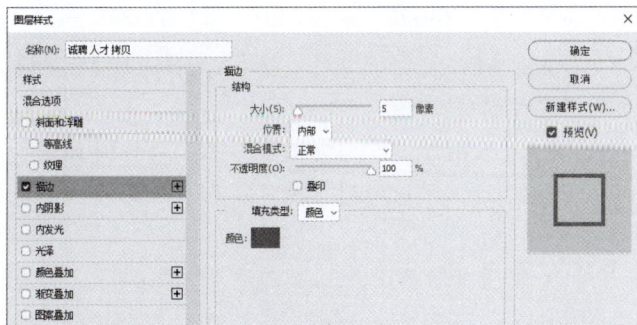

图4-75　　　　　　　　　　　　　　　　　　　　　　图4-76

STEP 09　选择"钢笔工具" ✐，在工具属性栏中设置工具模式为"路径"，在"聘"文字右上方单击鼠标左键确定一点，然后确定路径终点位置再次单击鼠标左键，发现确定的两点形成一个完整的路径，按住鼠标左键不放并向下拖曳鼠标，发现路径呈弧线显示，该弧线路径可作为文字路径。选择"横排文字工具" T，将鼠标指针移至路径上，当鼠标指针变为 ⤵ 形状时单击鼠标左键，输入"线上招聘会启动"文字，在上下文任务栏中设置字体为"思源黑体 CN"，文字大小为"60点"，向下拖动文字，调整文字的位置，效果如图4-77所示。

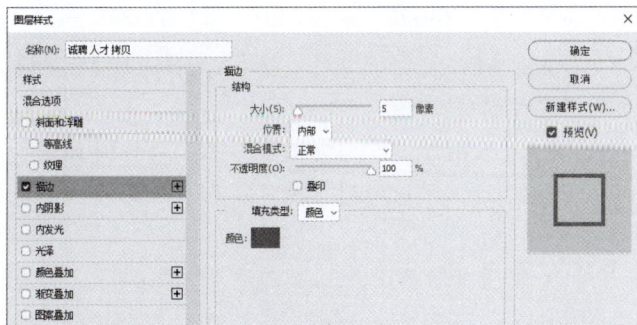

图4-77

STEP 10 再次选择"横排文字工具" T.，输入"欢迎你的加入"文字，选择【窗口】/【字符】命令，打开"字符"面板，设置字体为"思源黑体 CN"，字体样式为"Heavy"，字体大小为"75点"，颜色为"#000000"，如图4-78所示。

STEP 11 选择"欢迎你的加入！"图层，单击鼠标右键，在弹出的快捷菜单中选择【栅格化文字】命令栅格化文字，如图4-79所示。按住【Ctrl】键不放并单击"欢迎你的加入！"图层前的缩略图，载入选区。选择"多边形套索工具" ⛒.，在工具属性栏中单击"从选区中减去"按钮 ⛒，然后在"欢迎你的"文字上方绘制形状，注意"的"文字只绘制一半，这样效果更具有美观性，如图4-80所示。

图4-78	图4-79	图4-80

STEP 12 此时预留文字的后半部分选区，设置前景色为"#ffcc00"，按【Alt+Delete】组合键填充前景色，如图4-81所示，按【Ctrl+D】组合键取消选区的选择。

STEP 13 再次选择"横排文字工具" T.，输入"| 招聘岗位"文字，在"字符"面板中设置字体为"思源黑体 CN"，字体样式为"Heavy"，字体大小为"62.5点"，颜色为"#ffffff"，然后修改"|"的颜色为"#ffcc00"，如图4-82所示。

STEP 14 选择"| 招聘岗位"图层，按【Ctrl+J】组合键复制图层，拖动复制的文字到下方矩形上，然后选择"横排文字工具" T.，并单击复制的文字，重新输入"岗位职责"文字，如图4-83所示。

图4-81	图4-82	图4-83

STEP 15 选择"| 招聘岗位"文字，按【Ctrl+J】组合键复制图层，拖动复制的文字到下方，然后选择"横排文字工具" T.，并单击复制的文字，重新输入"活动创意策划（2名）"文字。

STEP 16 选择"横排文字工具" T.，将鼠标指针移动到"岗位职责"文字下方，按住鼠标左键向右下角拖曳鼠标创建文本框，如图4-84所示，输入段落文字，在上下文任务栏中设置字体为"思源黑体 CN"，字体大小为"37.5点"，向下拖动文字，调整文字的位置，如图4-85所示。

STEP 17 选择"横排文字工具" T.，在工具属性栏中设置字体为"思源黑体 CN"，字体样式为

"Heavy"，字体大小为"62点"，颜色为"#ffffff"，在段落文字右下角输入"扫这里→"文字，如图4-86所示。

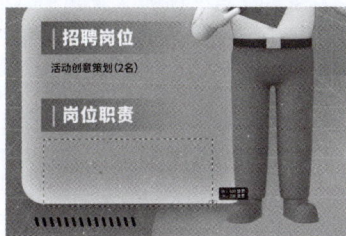
图 4-84

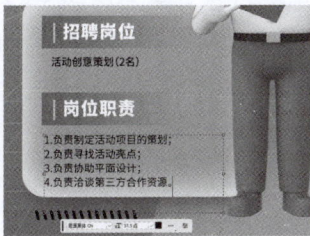
图 4-85

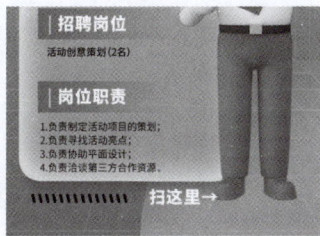
图 4-86

STEP 18 选择"扫这里→"文字，在工具属性栏中单击"创建文字变形"按钮，打开"变形文字"对话框，在"样式"下拉列表中选择"鱼形"选项，然后设置弯曲为"+27%"，水平扭曲为"+10%"，单击 确定 按钮，如图4-87所示。

STEP 19 打开"二维码.png"素材文件，使用"移动工具" 将打开的素材拖动到"企业招聘宣传海报"文件中，调整大小和位置。完成后保存文件，并查看完成后的效果，如图4-88所示。

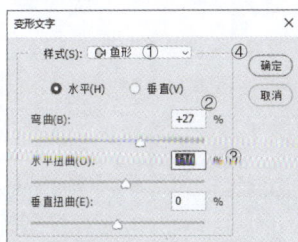

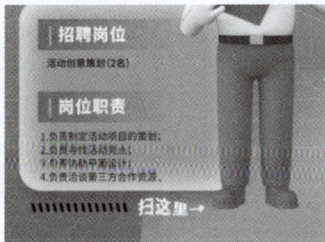

图 4-87

图 4-88

4.2.2　创建点文字

选择"横排文字工具" T.或"直排文字工具" IT.，在工具属性栏设置文本的字体、字体样式、字体大小、颜色、对齐方式等参数，如图4-89所示，在图像中需要输入文本的位置单击鼠标左键定位文本插入点，此时新建文字图层，直接输入文本，然后在工具属性栏中单击 ✔ 按钮完成点文本的创建，如图4-90所示。

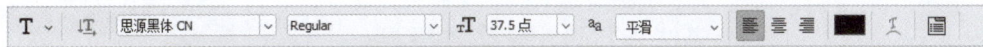

图 4-89

定位文本插入点

输入文本

完成文本创建

资源链接：
文字工具属性栏
相关参数详解

图 4-90

81

🔔 **提示**

要放弃点文字输入，可在工具属性栏中单击 ⊘ 按钮，或按【Esc】键，此时自动创建的点文字会被删除。另外，单击其他工具按钮，或按【Enter】键亦或【Ctrl+Enter】组合键也可以结束点文字的输入操作；若要换行，则按【Enter】键。

4.2.3 创建段落文字

段落文字是指在文本框中创建的文字，具有统一的字体、字号、字间距等文本格式，并且可以进行整体的修改与移动，常用于杂志的排版。在工具箱中选择"横排文字工具" **T.** 或"直排文字工具" **IT.**，在工具属性栏中设置文字的字体和颜色等参数，按住鼠标左键不放拖曳鼠标以创建文本框，输入段落文字，如图4-91所示。若绘制的文本框不能完全地显示文字，则移动鼠标指针至文本框四角的控制点，当其变为 ⊞ 形状时，可拖动控制点来调整文本框大小，使文字完全显示出来。

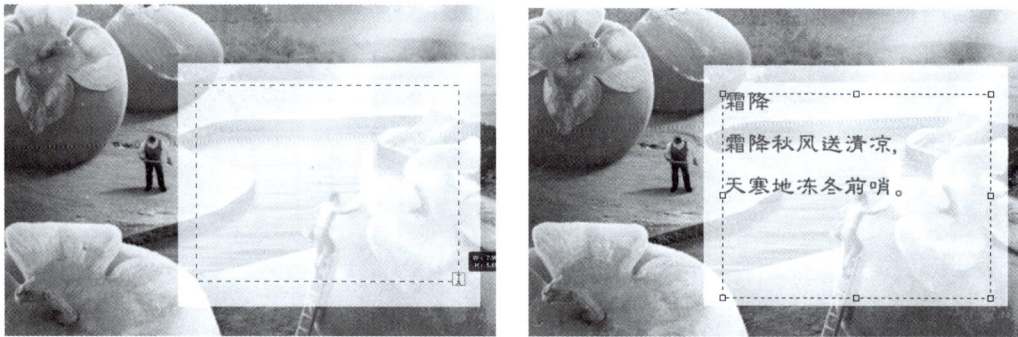

图4-91

知识拓展

在 Photoshop 中，点文字和段落文字可以互相转换。①将点文字转换为段落文字。选择点文字所在的图层，选择【文字】/【转换为段落文本】命令，或单击鼠标右键，在弹出的快捷菜单中选择【转换为段落文本】命令。②将段落文字转换为点文字。选择段落文字所在的图层，选择【文字】/【转换为点文本】命令，或单击鼠标右键，在弹出的快捷菜单中选择【转换为点文本】命令。

4.2.4 编辑字符和段落样式

在文字工具属性栏中可对字体、字体样式、字体大小、文本对齐方式等部分文字格式进行设置，若要进行更加详细的设置，则可通过"字符"面板和"段落"面板进行操作。选择文字工具后，单击工具属性栏中的"切换字符和段落"按钮 🖿，可打开"字符"面板，如图4-92所示，在"字符"面板中单击"段落"选项卡，可打开"段落"面板，如图4-93所示。

在编辑时，平面设计师只需选择要编辑的文字，通过在"字符"面板中修改文字的字体、字体大小、字体样式、颜色、对齐方式等参数来调整文字样式。图4-94所示为设置古诗中的字体、字体大小和段落前后的对比效果。

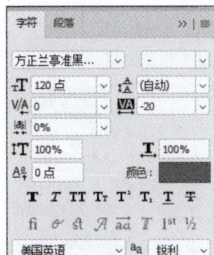 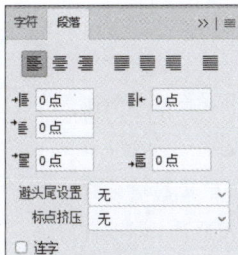 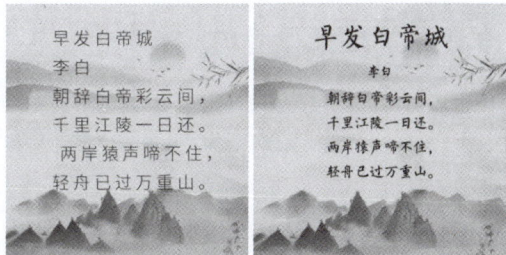

图 4-92　　　　　　图 4-93　　　　　　　　图 4-94

4.2.5　创建与编辑路径文字

使用形状工具组或"钢笔工具" ⦸.在图像中绘制一条路径，然后选择文字工具，将鼠标指针移动到路径最顶端，当鼠标指针变成 ᴵ 形状时单击鼠标左键，在路径上插入鼠标光标，如图4-95所示，输入文字内容后，文字将沿路径形状自动排列，如图4-96所示，输入完成后按【Ctrl+Enter】组合键确认。

图 4-95　　　　　　　　　　　　　　　　图 4-96

4.2.6　将文字转换为形状

若需要处理单个文字的局部区域，如变形、缩小等，可先将文字转换为形状。选择文字所在的图层，选择【文字】/【转换为形状】命令，或单击鼠标右键，在弹出的快捷菜单中选择【转换为形状】命令，如图4-97所示。转换完成后可使用"直接选择工具" ▸.选择文字上方的锚点来调整文字形状。

图 4-97

🔔 提示

转换为形状后的文字将无法修改内容，以及调整字体或间距等文字格式，并且其所在图层将变为矢量图层。建议在转换文字为形状前先复制一个文本图层作为备份。

4.2.7 栅格化文字

要对图层中的文字使用滤镜功能，或在该文本图层上进行涂抹绘画等操作，需要先将文本图层转换为普通图层，即栅格化文字。选择文本图层，选择【文字】/【栅格化文本图层】命令，或单击鼠标右键，在弹出的快捷菜单中选择【栅格化文字】命令，如图4-98所示。需要注意的是，文本图层中的文字属于矢量对象，可以随时修改文本内容、颜色、字体等属性，不会出现锯齿状边缘，但是栅格化文字后不可修改文字属性。

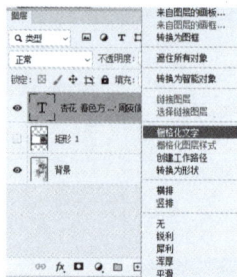

图 4-98

知识拓展

Photoshop 提供了"横排文字蒙版工具" 和 "直排文字蒙版工具"，可以帮助平面设计师快速创建文字选区，其创建方法与创建点文本的方法相似。选择"横排文字蒙版工具" 或"直排文字蒙版工具"后，在图像中需要输入文字的位置单击鼠标左键定位文本插入点，直接输入文字，然后在工具属性栏中单击 ✔ 按钮完成文字选区的创建。文字选区与普通选区一样，可以进行移动、复制、填充、描边等操作。

4.3
综合实训——制作男鞋创意广告

某男鞋品牌为了提高网店男鞋商品销量，准备开展一场以"潮流文化节"为主题的营销活动，需要围绕品牌的一款主推男鞋，制作一个尺寸为"1200像素×500像素"的创意广告，要求体现活动主题和商品透气性的卖点，带给消费者美的视觉感受，最终提升商品的点击率、转化率。表4-1所示为男鞋创意广告制作任务单，任务单给出了明确的实训背景、制作要求、设计思路和参考效果。

表 4-1 男鞋创意广告制作任务单

实训背景	某男鞋品牌为了提高网店男鞋商品销量，准备为该男鞋设计创意广告，用于提升商品的点击率和转化率
尺寸要求	1200 像素 ×500 像素，分辨率为 72 像素 / 英寸
数量要求	1 张
制作要求	1. 广告主题 要求在广告中展现出活动主题"潮流文化节"，并同步展示商品 2. 卖点展现 能够通过多种素材的搭配组合，打造具有视觉吸引力的创意画面，同时体现男鞋舒适、透气的卖点

制作要求	3. 素材选择 要求素材能丰富广告内容，可添加一些装饰元素，如光晕、飘带等
设计思路	添加素材并调整图层顺序、大小和位置；将除"背景""鞋子"图层外的其余所有图层编组并重命名；输入文字内容并添加素材内容
参考效果	 参考效果
素材位置	配套资源:\素材文件\第4章\综合实训\光晕.psd、飘带.png、"男鞋创意广告素材"文件夹
效果位置	配套资源:\效果文件\第4章\综合实训\男鞋创意广告.psd

本实训的操作提示如下。

STEP 01　新建大小为"1200像素×500像素"，分辨率为"72像素/英寸"，名称为"男鞋创意广告"的文件，分别置入"背景.png""鞋子.png"图像文件，调整位置和大小，然后将两个背景图层合并。

STEP 02　将"男鞋创意广告素材"文件夹的素材全部拖入当前编辑的文件中，并调整图层顺序、素材大小和位置。

STEP 03　将除"背景""鞋子"图层外的其余图层编组，重命名图层组为"鞋子上的元素"，然后将"鞋子"图层和"鞋子上的元素"图层组锁定。

视频教学:
制作男鞋创意
广告

STEP 04　使用"横排文字工具" T. 在画面右侧输入文字内容，并设置不同的字体和大小。打开"光晕.psd"素材文件，将其中的"光晕"图层拖到"男鞋创意广告"文件的"潮流文化新定义"文字图层上方。

STEP 05　置入"飘带.png"素材文件，调整素材大小和位置。选择钢笔工具 ∅.，在工具属性栏中选择工具模式为"路径"，在飘带上方绘制与飘带弧度相同的弧线作为路径。

STEP 06　选择"横排文字工具" T.，将鼠标指针移动到路径左侧，单击鼠标左键，输入"货到付款全场包邮"文字，设置文字字体为"方正兰亭刊黑_GBK"，字体大小为"18点"，颜色为"白色"。

STEP 07　保存文件，查看完成后的效果。

4.4 课后练习

练习 1 制作品茶广告

【制作要求】水韵茶舍准备召开品茶会，以弘扬茶文化，交流品茶心得。为了邀请更多感兴趣的顾客来参加，需要制作品茶广告，用于体现活动的主题，要求结合与茶相关的素材，展现品茶的乐趣。

【操作提示】置入"背景.jpg"素材，创建点文字，创建段落文字，最后设置字体和文字颜色，参考效果如图4-99所示。

【素材位置】配套资源:\素材文件\第4章\课后练习\素材\第4章\品茶广告\

【效果位置】配套资源:\效果文件\第4章\课后练习\品茶广告.psd

图 4-99

练习 2 制作校园安全宣传单

【制作要求】呈德学校准备展开校园安全讲座，为学生科普校园安全的重要性，需要制作主题为"校园安全"的宣传单，要求色彩鲜艳、排版美观、重点突出，方便学生阅读。

【操作提示】在制作时采用色彩鲜艳的背景色，添加生动形象的装饰图像，再变形关键文本，突出宣传单主题；使用文字工具输入段落文本，并合理调整图文布局，使用"字符"面板和"段落"面板美化文本内容，突出关键信息，参考效果如图4-100所示。

【素材位置】配套资源:\素材文件\第4章\课后练习\校园安全资料.txt、校园安全宣传单正面.jpg、校园安全宣传单背面.jpg

【效果位置】配套资源:\效果文件\第4章\课后练习\校园安全宣传单.psd

图 4-100

第 5 章　图像调色

拍摄时由于各种主观因素和客观因素，可能造成拍摄出来的照片效果差强人意，此时可以使用Photoshop的调色功能调整图像的色彩。Photoshop提供了调整图像明暗、调整图像色彩、特殊调色处理等多种调色命令，平面设计师可综合运用各种调色命令，解决图像中的色彩问题。

📖 学习要点

◎ 使用调色命令调整图像明暗。
◎ 使用调色命令校正偏色图像。
◎ 使用调色命令调整特殊色调。

◇ 素养目标

◎ 提升调色能力。
◎ 培养细心观察的能力，善于发现图像蕴含的美。

◈ 扫码阅读

案例欣赏　　　　　　　课前预习

5.1

调整图像明暗

在平面设计过程中，常会使用到拍摄的图像，但是直接拍摄的图像可能会由于外部的因素，如天气、光线等，使图像出现昏暗、不够清晰、色彩不够艳丽等问题，此时可以通过调整图像明暗关系来提升图像的视觉效果。

5.1.1 课堂案例——改善逆光照片

【制作要求】某甜品店为一款牛角面包拍摄照片时，由于拍摄时光线不佳且逆光拍摄，拍摄出的照片出现了曝光不足的情况，视觉效果不美观。要求调整照片，使光线达到较好的效果，提高美观度。

【操作要点】添加素材，使用【亮度/对比度】命令提高照片的亮度；使用【曝光度】命令提高照片的曝光度。参考效果如图5-1所示。

【素材位置】配套资源:\素材文件\第5章\课堂案例\牛角面包.jpg

【效果位置】配套资源:\效果文件\第5章\课堂案例\牛角面包.psd

调整前  调整后

图5-1

具体操作如下。

STEP 01 打开"牛角面包.jpg"素材文件，查看图像，如图5-2所示。按【Ctrl+J】组合键复制图层，避免后期调整的效果不符合需求，无法重新调整。

STEP 02 选择【图像】/【调整】/【亮度/对比度】命令，打开"亮度/对比度"对话框，单击 自动(A) 按钮，Photoshop将自动调整图像的亮度和对比度，并在左侧文本框中显示调整后的参数，若调整后仍不满意，则可拖动滑块再次调整，完成后单击 确定 按钮，如图5-3所示。

视频教学:
改善逆光照片

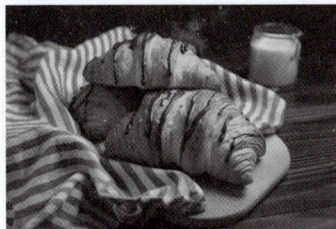

图 5-2   图 5-3

STEP 03 选择【图像】/【调整】/【曝光度】命令，打开"曝光度"对话框，设置曝光度、位移、灰度系数校正分别为"+0.43""0""1.02"，单击 确定 按钮，如图5-4所示。

STEP 04 按【Ctrl+L】组合键打开"色阶"对话框，设置输入色阶为"5""1.39""255"，单击 确定 按钮，效果如图5-5所示。

STEP 05 打开"图层"面板，单击"创建新的填充或调整图层"按钮 ◐，在打开的下拉列表中选择"亮度/对比度"选项，如图5-6所示。打开"亮度/对比度"属性面板，设置亮度为"43"，对比度为"23"，如图5-7所示。

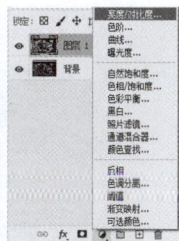

图 5-4   图 5-5   图 5-6

STEP 06 返回"图层"面板，设置图层混合模式为"线性减淡（添加）"，不透明度为"15%"，效果如图5-8所示。

STEP 07 按【Ctrl+S】组合键保存文件。

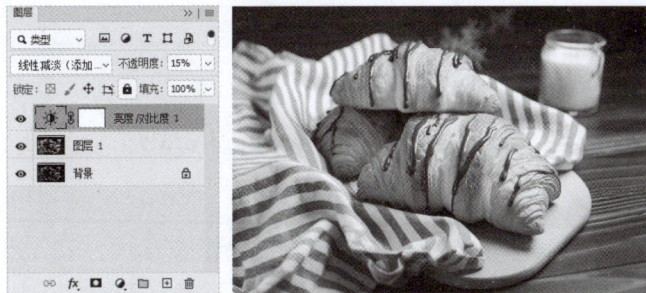

图 5-7   图 5-8

5.1.2　亮度 / 对比度

"亮度/对比度"命令主要用于调整图像的亮度和对比度。选择【图像】/【调整】/【亮度/对比度】命令，打开"亮度/对比度"对话框，在其中可以调整参数。亮度用于调整图像的明亮程度，数值越小，图像越暗，数值越大，图像越亮。对比度用于调整图像的明暗对比度，数值越小，明暗对比越弱，数值越大，明暗对比越强。单击 自动(A) 按钮，Photoshop将根据图像自动调整其亮度和对比度。完成后单击 确定 按钮，如图5-9所示。

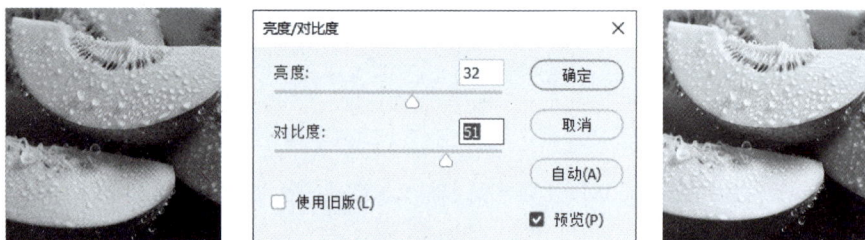

图5-9

5.1.3 曝光度

"曝光度"命令主要用于调整图像的曝光不足或曝光过度。选择【图像】/【调整】/【曝光度】命令，打开"曝光度"对话框，通过对曝光度、位移和灰度系数的控制，可以调整图像的明亮程度，使图像变亮或变暗，完成后单击 确定 按钮，如图5-10所示。

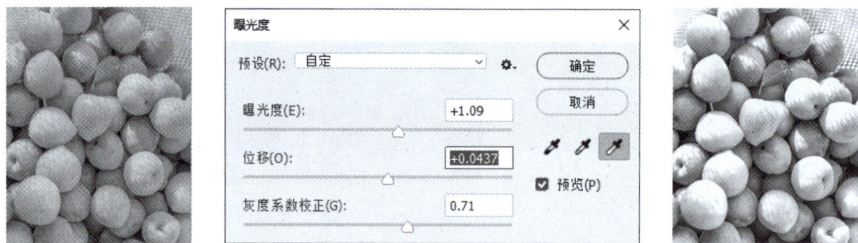

图5-10

在"曝光度"对话框中，曝光度用于调整图像曝光度，数值越小，曝光效果越弱，数值越大，曝光效果越强；位移用于调整图像的阴影和中间调，数值越小，光线越暗，数值越大，光线越亮；灰度系数校正用于调整图像的灰度，数值越大，灰度越强。"预设"下拉列表中提供了4种曝光度选项，可直接选择需要的选项以应用相应效果。

5.1.4 课堂案例——制作暖色调照片

【制作要求】某网店为一款香水拍摄商品图素材时，由于光线和背景的原因，拍摄出的香水照片偏冷，不能凸显画面的温馨感，要求对整个色调进行调整，使照片以暖色调的方式展现。

【操作要点】添加素材，使用【曲线】命令使冷色调的照片变为暖色调，然后使用"色阶"命令、"阴影/高光"命令调整照片的明暗对比度。参考效果如图5-11所示。

【素材位置】配套资源:\素材文件\第5章\课堂案例\护肤品.jpg

【效果位置】配套资源:\效果文件\第5章\课堂案例\护肤品.psd

调整前 调整后

图5-11

具体操作如下。

STEP 01 打开"护肤品.jpg"素材文件,查看图像,如图5-12所示。按【Ctrl+J】组合键复制图层。

STEP 02 选择【图像】/【调整】/【曲线】命令,打开"曲线"对话框,将鼠标指针移动到曲线下段,单击鼠标左键增加一个控制点,然后向上拖动该控制点,如图5-13所示。

视频教学:
制作暖色调照片

图5-12

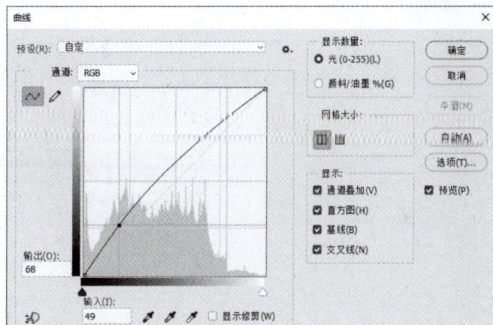

图5-13

STEP 03 在"通道"下拉列表中选择"红"选项,将鼠标指针移动到曲线顶端,单击鼠标左键并向上拖动控制点,再在曲线底端单击鼠标左键,增加一个控制点,然后向上拖动该控制点,如图5-14所示。

STEP 04 在"通道"下拉列表中选择"绿"选项,将鼠标指针移动到曲线中上段,单击鼠标左键并向下拖曳鼠标减少冷色,如图5-15所示。

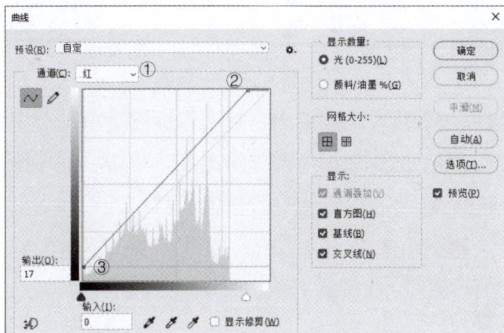

图5-14

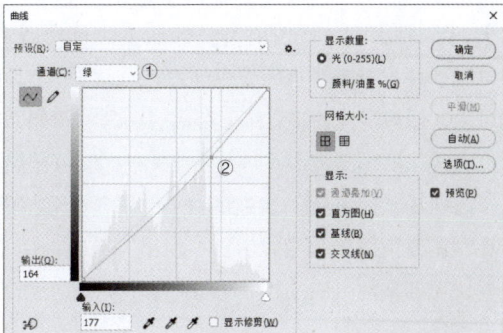

图5-15

STEP 05 单击 确定 按钮，效果如图5-16所示，此时图像整体色调已经发生变化。

STEP 06 选择【图像】/【调整】/【色阶】命令，打开"色阶"对话框，设置输入色阶为"8" "1.14" "231"，单击 确定 按钮，如图5-17所示。

图5-16　　　　　　　　　　　　　　　　　图5-17

STEP 07 选择【图像】/【调整】/【阴影/高光】命令，打开"阴影/高光"对话框，设置"阴影"栏中的数量为"29%"，色调为"33%"，半径为"155像素"，设置"高光"栏中的数量为"0%"，色调为"50%"，半径为"30像素"，单击 确定 按钮，如图5-18所示。

STEP 08 按【Ctrl+J】组合键复制图层，在"图层"面板中设置"图层 1 拷贝"图层的图层混合模式为"叠加"，不透明度为"20%"，如图5-19所示。按【Ctrl+S】组合键保存文件。

图5-18　　　　　　　　　　　　　　　　　图5-19

5.1.5　曲线

"曲线"命令主要用于综合调整图像的色彩、亮度和对比度，使图像的色彩更具质感。选择【图像】/【调整】/【曲线】命令，或按【Ctrl+M】组合键，打开"曲线"对话框，在"通道"下拉列表中可选择要查看或调整的颜色通道，默认为"RGB"选项，表示调整图像的所有通道，在其中调整曲线可以让图像整体明暗对比分布更加合理。例如，将鼠标指针移动到曲线上，单击鼠标左键增加一个控制点，按住鼠标左键不放向上方拖曳鼠标即可调整亮度，向下拖曳鼠标可调整对比度。单击"通过绘制来修改曲线"按钮 ✐，可在图表中绘制自由形状的色调曲线，并激活 平滑(M) 按钮。"输入"数值框用于显示调整前图像的像素值。"输出"数值框用于显示调整后图像的像素值。拖动光谱条下方的三角形滑块可调整输出值，从而调整图像的色彩、亮度和对比度，完成设置后单击 确定 按钮，如图5-20所示。

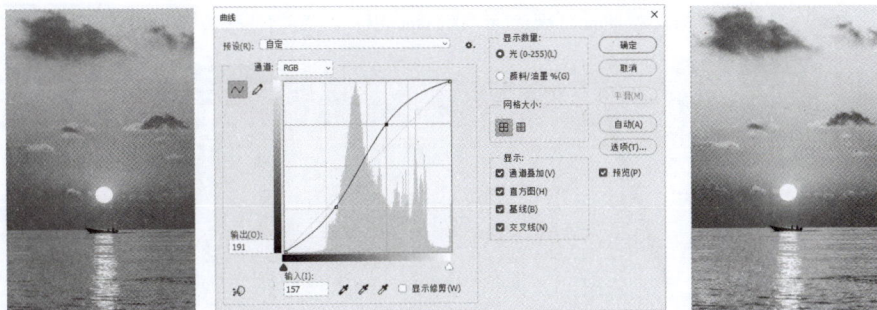

图 5-20

5.1.6 色阶

"色阶"命令主要用于调整图像的明暗对比效果、阴影、高光和中间调。选择【图像】/【调整】/【色阶】命令，或按【Ctrl+L】组合键，打开"色阶"对话框，通过色阶可以调整图像的阴影、中间调和高光的强度级别，校正色调范围和色彩平衡，完成设置后单击 确定 按钮，如图5-21所示。

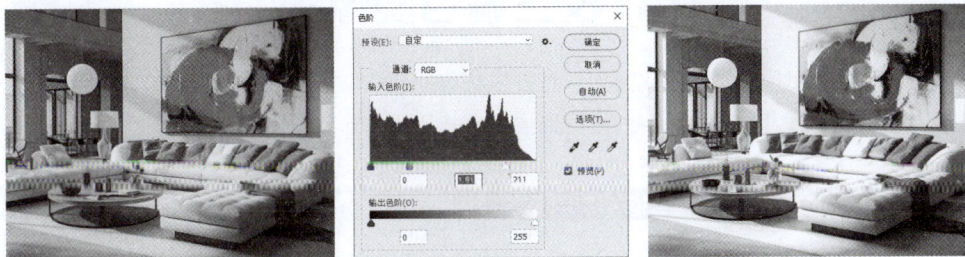

图 5-21

注意：在"输入色阶"栏中，当阴影滑块位于色阶值为"0"处时，对应的像素是纯黑色，向右移动阴影滑块，Photoshop会将当前阴影滑块位置的像素值映射为色阶"0"，即滑块所在位置左侧的所有像素都为黑色；中间调滑块默认位于色阶值为"1.00"处，主要用于调整图像中的灰度系数，可以改变灰色调中间范围的强度值，但不会明显改变高光和阴影；高光滑块位于色阶值为"255"处时，对应的像素是纯白色，若向左移动高光滑块，则高光滑块所在位置右侧的所有像素都会变为白色。

📢 提示

"输出色阶"栏主要用于限定图像的亮度范围，拖动黑色滑块时，左侧的色调都会映射为滑块当前位置的灰色，图像中最暗的色调将变为灰色；拖动白色滑块的作用与拖动黑色滑块的作用相反。

5.1.7 阴影/高光

如果需要调整包含特别暗或特别亮的区域的图像，如由强逆光形成的剪影图像、太接近相机闪光灯而亮度过高的图像，则可以使用"阴影/高光"命令。选择【图像】/【调整】/【阴影/高光】命令，打开"阴影/高光"对话框，阴影用于增加或降低图像中的暗部色调，高光用于增加或降低图像中的高光色调，从而使图像尽可能显示更多的细节。单击选中"显示更多选项"复选框，将显示全部的阴影和高光选项；取消选中该复选框，则隐藏详细选项。完成设置后单击 确定 按钮，如图5-22所示。

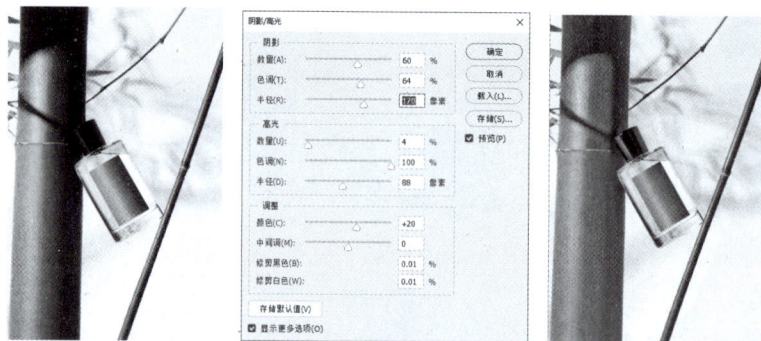

图 5-22

5.2 校正偏色图像

当平面设计中的图片出现偏色问题时，可通过调整图片的亮度、对比度、颜色等方法，有效校正偏色，使图片色彩更自然、真实，从而提升其视觉效果和吸引力。

5.2.1 课堂案例——修饰偏色照片

【制作要求】某旅行社近期需要发布一张新景点的图片，但由于拍摄的图片存在颜色过暗、偏色等问题，因此需要先修饰该图片，完成后再在左上角添加Logo，避免照片被盗用。

【操作要点】使用"色相/饱和度""色彩平衡"命令校正偏色图片；添加Logo素材。参考效果如图5-23所示。

【素材位置】配套资源:\素材文件\第5章\课堂案例\拱桥.jpg

【效果位置】配套资源:\效果文件\第5章\课堂案例\拱桥.psd

调整前   调整后

图 5-23

具体操作如下。

STEP 01 打开"拱桥.jpg"素材文件，查看图像，如图5-24所示。按【Ctrl+J】组合键复制图层。

STEP 02 选择【图像】/【调整】/【亮度/对比度】命令，打开"亮度/对比度"对话框，设置亮度为"55"，对比度为"24"，单击 确定 按钮，如图5-25所示。

视频教学：
修饰偏色照片

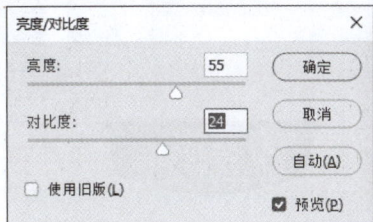

图5-24　　　　　　　　　　　　　　　　　　图5-25

STEP 03 选择【图像】/【调整】/【色阶】命令，打开"色阶"对话框，设置输入色阶为"6""1.2""231"，单击 确定 按钮，如图5-26所示。

STEP 04 选择【图像】/【调整】/【色彩平衡】命令，打开"色彩平衡"对话框，设置色阶为"+29""+21""+26"，单击 确定 按钮，如图5-27所示。

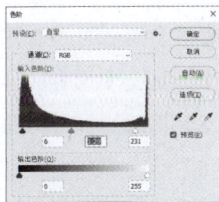
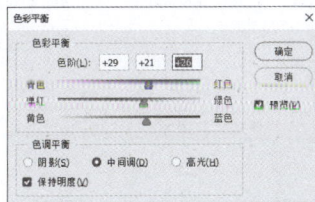

图5-26　　　　　　　　　　　　　　　　　图5-27

STEP 05 选择【图像】/【调整】/【色相/饱和度】命令，打开"色相/饱和度"对话框，设置色相为"+21"，饱和度为"+30"，单击 确定 按钮，如图5-28所示。

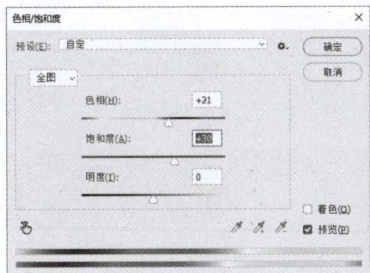

图5-28

STEP 06 选择【图像】/【调整】/【阴影/高光】命令，打开"阴影/高光"对话框，调整其参数，单击 确定 按钮，如图5-29所示。

STEP 07 选择"横排文字工具" T ，在照片左上角输入"——自然旅行——"文本，在工具属性栏中设置字体为"方正超粗黑简体"，字体大小为"250点"，颜色为"#ffffff"，完成后保存文件，效果如图5-30所示。

图 5-29   图 5-30

行业知识

　　版权，又称"著作权"，是指作者或其他人（包括法人）依法对某一著作物享受的权利。为了减少或避免出现版权被盗用的情况，可先将平面设计作品中的图片、图案等在第三方平台登记备案或进行版权登记，如阿里巴巴原创保护平台等，也可在处理图片时为图片添加水印等。

5.2.2　色相/饱和度

　　"色相/饱和度"命令主要用于调整图像中不协调的单个颜色，或者调整图像全图或单个通道的色相、饱和度和明度。选择【图像】/【调整】/【色相/饱和度】命令，或按【Ctrl+U】组合键，打开"色相/饱和度"对话框，"预设"下拉列表中提供了8种"色相/饱和度"选项，可直接选择提供的饱和度效果，也可以在"色相、饱和度、明度"栏中拖动对应的滑块，或在对应文本框中输入数值，分别调整图像的色相、饱和度和明度。除此之外，若想对单个颜色色相、饱和度和明度进行调整，则还可以在"全图"下拉列表中选择调整范围，也可以选择红色、黄色、绿色、青色、蓝色和洋红这6个选项，对图像中的单个颜色进行调整，完成设置后单击 确定 按钮，如图5-31所示。

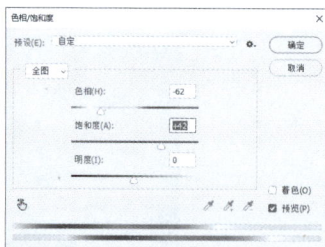

图 5-31

提示

　　在"色相/饱和度"对话框中单击 按钮，再单击图像中的一点进行取样，接着按住鼠标左键不放向右拖曳鼠标，可增加图像的饱和度，向左拖曳鼠标可降低图像的饱和度。按住【Ctrl】键不放，再单击图像中的一点进行取样，按住鼠标左键不放再左右拖曳鼠标，可调整图像的色相。单击选中"着色"复选框，图像会整体偏向单一的颜色，拖动"色相""饱和度""明度"3个滑块可以调整图像的色调。

5.2.3　色彩平衡

　　"色彩平衡"命令主要是在图像原色彩的基础上根据需要调整不同颜色的占比，通过增加某种颜色的补色来减少该颜色的数量，从而改变图像的原色彩，常用于调整明显偏色的图像。选择【图像】/【调整】/【色彩平衡】命令，或按【Ctrl+B】组合键，打开"色彩平衡"对话框，拖动3个滑块或在数值框中输入相应的值，可使图像增加或减少相应的颜色。单击选中"阴影""中间调""高光"单选项，会对相应色调的像素进行调整。单击选中"保持明度"复选框，可保持图像的色调不变，防止亮度值随颜色变化而发生改变，完成后单击 确定 按钮，如图5-32所示。

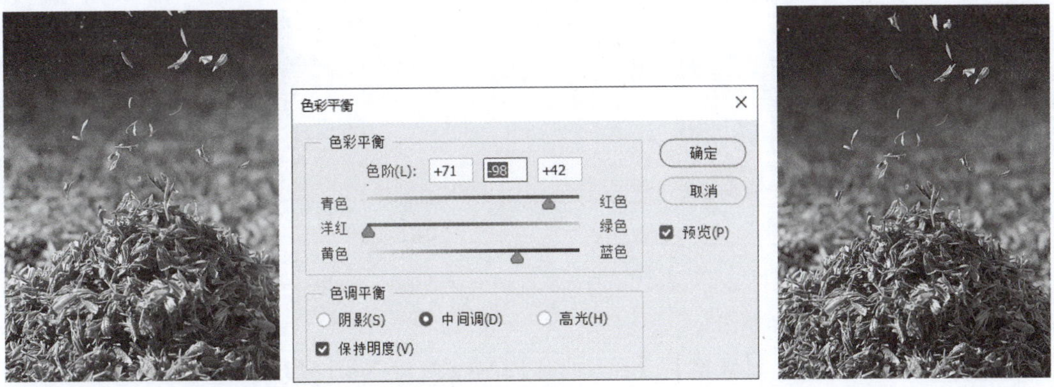

图 5-32

5.2.4　课堂案例——制作茶叶全屏 Banner

　　【制作要求】某茶叶店铺准备针对春茶制作茶叶海报，为了使整个海报富有春天的气息和茶叶的古韵氛围，先对提供素材的色调进行调整，使其更加符合茶叶海报的制作要求。

　　【操作要点】在制作时先使用"可选颜色"命令对图像背景的颜色进行调整，然后使用"照片滤镜""自然饱和度"等命令对茶叶素材进行调整，并替换"品鉴"印章部分的颜色，参考效果如图5-33所示。

　　【素材位置】配套资源:\素材文件\第5章\课堂案例\"茶叶全屏Banner素材"文件夹

　　【效果位置】配套资源:\效果文件\第5章\课堂案例\茶叶全屏Banner.psd

图 5-33

具体操作如下。

STEP 01 打开"茶叶背景.jpg"素材文件，发现整个素材偏灰色，如图5-34所示，要使其具有春天的氛围，需要先对整个色调进行调整，按【Ctrl+J】组合键复制图层。

STEP 02 选择【图像】/【调整】/【可选颜色】命令，打开"可选颜色"对话框，在"颜色"下拉列表中选择"中性色"选项，然后设置青色为"+37%"，洋红为"-51%"，黄色为"-11%"，单击 确定 按钮，效果如图5-35所示。

 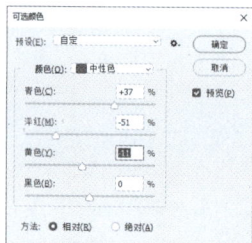

图5-34 图5-35

STEP 03 打开"茶叶素材.jpg"素材文件，发现整个素材偏黄，如图5-36所示，需要先对偏色进行调整，按【Ctrl+J】组合键复制图层。

STEP 04 选择【图像】/【调整】/【照片滤镜】命令，打开"照片滤镜"对话框，在"滤镜"下拉列表中选择"Cooling Filter (80)"选项，单击 确定 按钮，效果如图5-37所示。

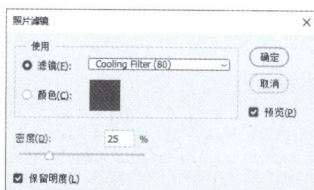

图5-36 图5-37

STEP 05 选择【图像】/【调整】/【自然饱和度】命令，打开"自然饱和度"对话框，设置自然饱和度为"-23"，饱和度为"-10"，单击 确定 按钮，效果如图5-38所示。

STEP 06 选择【窗口】/【调整】命令，打开"调整"面板，在其中选择"色阶"选项，如图5-39所示。

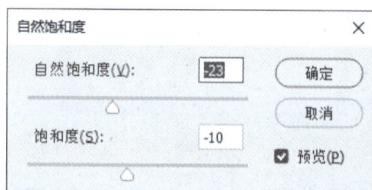  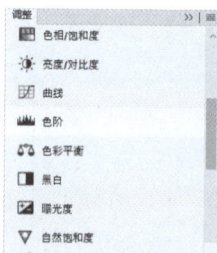

图5-38 图5-39

STEP 07 打开"色阶"属性面板，设置色阶值为"0""1.3""255"，如图5-40所示，返回"图层"面板，并设置调整图层的不透明度为"80%"，效果如图5-41所示。

STEP 08 使用"套索工具" ⌒ 框选人手中的茶叶，在"调整"面板中选择"色彩平衡"选项，打开"色彩平衡"属性面板，设置数值为"-33""+22""-25"，如图5-42所示。按【Shift+Ctrl+Alt+E】组合键盖印图层方便后期调用。

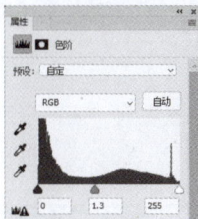

图 5-40　　　　　　　　图 5-41　　　　　　　　　　　图 5-42

> **知识拓展**
>
> "调整"面板的作用与"调整"命令相同，在该面板罗列了常用的调整选项，如色相/饱和度、亮度/对比度、曲线、色阶、色彩平衡、黑白、曝光度、自然饱和度等，平面设计师只需要选择对应的选项，进入对应的调整面板，如选择"曲线"选项，打开"曲线"属性面板，在其中可进行明暗对比度的调整，完成后将以调整图层的方式显示。

STEP 09 打开"茶叶文字.png"素材文件，发现印章的颜色为黄色，需要将黄色替换为红色，以贴合古典风格。

STEP 10 选择【图像】/【调整】/【替换颜色】命令，打开"替换颜色"对话框，在印章黄色部分单击鼠标左键吸取颜色，此时发现"替换颜色"对话框中的颜色色块变为黄色，如图5-43所示。设置色相为"-52"，饱和度为"+100"，单击 确定 按钮，效果如图5-44所示。

图 5-43　　　　　　　　　　　　　　　　　　图 5-44

STEP 11 按【Ctrl+N】组合键，新建一个名称为"茶叶全屏Banner"，大小为"1920像素×900像素"，分辨率为"72像素/英寸"的文件。

STEP 12 切换到"茶叶背景"素材文件，使用"移动工具" ⊹ 拖动调整后的图像到"茶叶全屏Banner"文件中，调整大小和位置，并设置图层不透明度为"20%"，效果如图5-45所示。

STEP 13 使用"椭圆工具" ⬭ 绘制大小为"1270像素×1270像素"的正圆，然后将其拖到图像右侧，如图5-46所示。

图 5-45　　　　　　　　　　　　　　　　　　图 5-46

STEP 14 切换到"茶叶素材"素材文件，使用"移动工具" ✥ 拖动调整后的图像到"茶叶全屏Banner"文件中，调整大小和位置，再将其移动到圆的上方，按【Ctrl+Alt+G】组合键与形状图层创建剪贴蒙版，效果如图5-47所示。

STEP 15 切换到"茶叶文字"素材文件，使用"移动工具" ✥ 拖动图像到"茶叶全屏Banner"文件中，调整大小和位置，再将其移动到图像编辑区左侧，按【Ctrl+S】组合键保存文件，完成海报的制作，如图5-48所示。

图 5-47　　　　　　　　　　　　　　　　　　图 5-48

5.2.5　照片滤镜

　　"照片滤镜"命令能模拟传统光学滤镜特效，使图像呈暖色调、冷色调或其他颜色色调。选择【图像】/【调整】/【照片滤镜】命令，打开"照片滤镜"对话框，在"滤镜"下拉列表中可以选择滤镜类型。单击"颜色"右侧的色块，可自定义滤镜的颜色。拖动"密度"滑块或输入数值可调整滤镜颜色的浓度，完成后单击 确定 按钮，如图5-49所示。

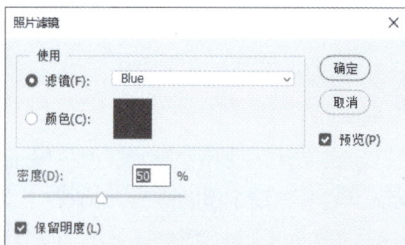

图 5-49

5.2.6 自然饱和度

"自然饱和度"命令常用于增加饱和度时防止颜色过于饱和而出现溢色的情况，尤其适用于处理人物图像。选择【图像】/【调整】/【自然饱和度】命令，打开"自然饱和度"对话框，其中自然饱和度用于调整颜色的自然饱和度，避免色调失衡，该值越小，自然饱和度越低，该值越大，自然饱和度越高。饱和度用于调整所有颜色的饱和度，该值越小，饱和度越低，该值越大，饱和度越高。完成后单击 确定 按钮，如图5-50所示。

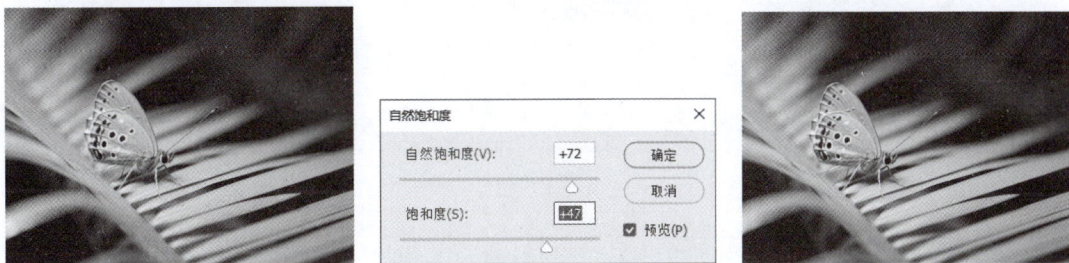

图 5-50

5.2.7 可选颜色

"可选颜色"命令可以在改变RGB、CMYK、灰度等颜色模式中的某种颜色时不影响其他颜色。选择【图像】/【调整】/【可选颜色】命令，打开"可选颜色"对话框，其中，颜色用于设置要调整的颜色，拖动下面的各个颜色色块或在数值框中输入相应的值，即可调整所选颜色中青色、洋红、黄色、黑色的含量。该方法还可用于调整颜色模式，设置完成后单击 确定 按钮，如图5-51所示。

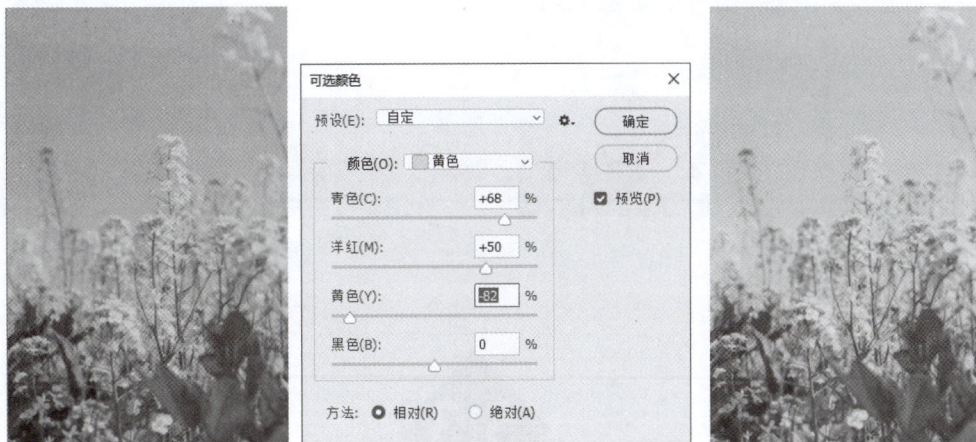

图 5-51

5.2.8 替换颜色

"替换颜色"命令通过改变图像中某些区域颜色的色相、饱和度、明暗度，来达到改变图像色彩的目的。选择【图像】/【调整】/【替换颜色】命令，打开"替换颜色"对话框，将鼠标指针移至要替换的颜色处，单击鼠标左键进行取色，然后在对话框中调整颜色容差、色相、饱和度、明度等参数，设置完成后单击 确定 按钮，效果如图5-52所示。

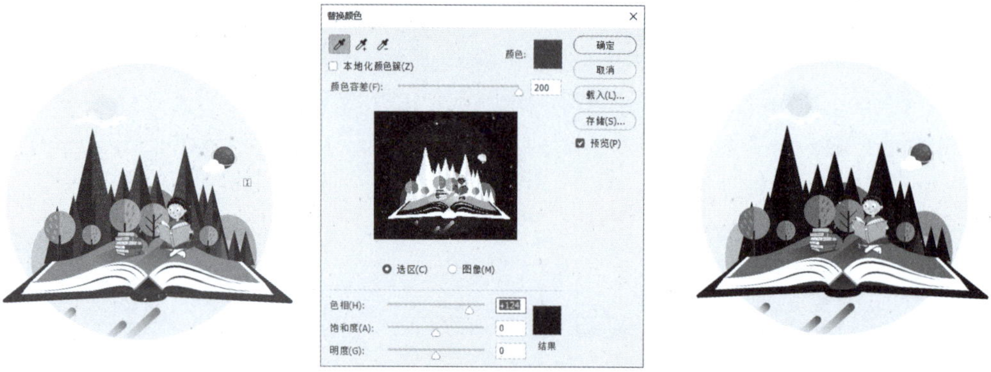

图 5-52

知识拓展

在平面设计过程中，若使用的素材颜色与其他素材不适配，则可使用"匹配颜色"命令匹配多个图像颜色，使其形成叠加效果。匹配颜色多指不同图像之间、多个图层之间或者多个颜色选区之间的匹配颜色。打开两张图像（见图5-53），选择【图像】/【调整】/【匹配颜色】命令，打开"匹配颜色"对话框，在"图像统计"栏设置匹配来源，然后在"图像选项"栏调整明亮度、颜色强度、中和等来控制匹配程度，图像编辑区还可以实时预览匹配效果，如图5-54所示。

图 5-53    图 5-54

5.3
调整特殊色调

调整图像色彩时，除了对图像的明暗度和色彩进行调整外，常常还需要对一些特殊的色调，如黑白色调、暗黑色调、复古色调等进行调整，使其具备特殊的视觉效果。在Photoshop中可以使用"反相""色调分离""阈值""渐变映射"等命令进行特殊色调的调整。

5.3.1 课堂案例——制作水墨版画

【制作要求】某企业准备制作一套风格独特的水墨版画，并将其运用到企业的休闲区中用作装饰画，要求视觉效果美观，且有设计感。

【操作要点】使用"黑白"命令将彩色的图片变为黑白；然后分离色调，并使用"阈值""渐变映射"命令使图片明暗变化明显。参考效果如图5-55所示。

【素材位置】配套资源:\素材文件\第5章\课堂案例\"装饰画照片"文件夹

【效果位置】配套资源:\效果文件\第5章\课堂案例\水墨版画.psd

水墨版画效果　　　　　　　　　　　　　　　　　　　运用效果

图5-55

具体操作如下。

STEP 01 打开"动物1.jpg"素材文件，选择【图像】/【调整】/【黑白】命令，打开"黑白"对话框，设置参数后，单击 确定 按钮，如图5-56所示。

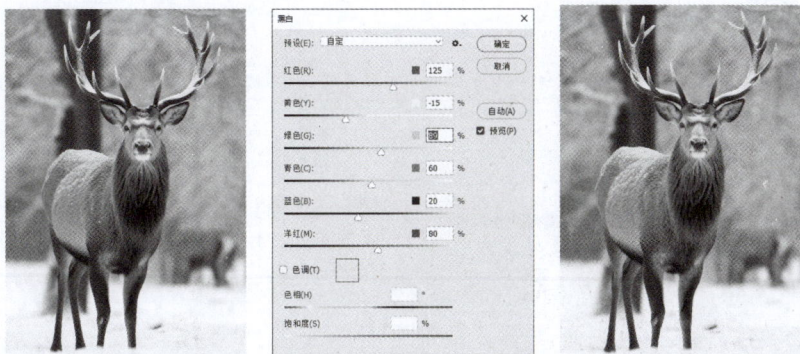

图5-56

STEP 02 按【Ctrl+L】组合键，打开"色阶"属性面板，设置调整值为"26""0.61""225"，单击 确定 按钮，如图5-57所示。

STEP 03 选择【图像】/【调整】/【色调分离】命令，打开"色调分离"对话框，设置色阶为"2"，单击 确定 按钮，如图5-58所示。

视频教学:
制作水墨版画

图 5-57   图 5-58

STEP 04 打开"照片2.jpg"素材文件，如图5-59所示。选择【图像】/【调整】/【阈值】命令，打开"阈值"对话框，设置阈值色阶为"46"，单击 确定 按钮，如图5-60所示。

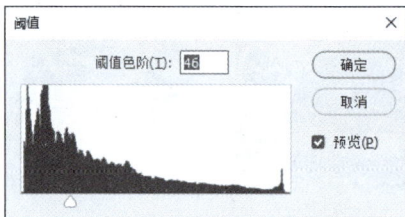

图 5-59   图 5-60

STEP 05 打开"照片3.jpg"素材文件，如图5-61所示。选择【图像】/【调整】/【渐变映射】命令，打开"渐变映射"对话框，设置灰度映射所用的渐变为"黑，白渐变"，如图5-62所示，单击 确定 按钮。

STEP 06 选择【图像】/【调整】/【曝光度】命令，打开"曝光度"对话框，设置曝光度、位移、灰度系数校正分别为"+0.74""-0.0627""0.78"，单击 确定 按钮，如图5-63所示。

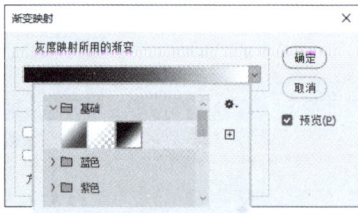
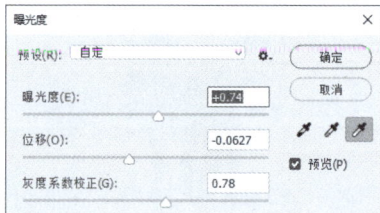

图 5-61   图 5-62   图 5-63

STEP 07 选择【图像】/【调整】/【阈值】命令，打开"阈值"对话框，设置阈值色阶为"203"，单击 确定 按钮，如图5-64所示。

STEP 08 打开"画框.jpg"素材文件，依次将调整后的照片拖入画框中，调整照片的大小和位置，然后按【Ctrl+S】组合键保存文件，效果如图5-65所示。

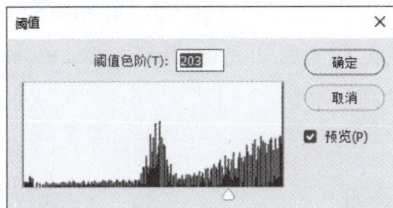

图 5-64 图 5-65

行业知识

版画是传统绘画：国画、油画、版画、雕塑四大门类之一，自 1931 年鲁迅倡导新兴木刻起，开始有了我国创作的版画，如鲁迅《仿徨》的封面。当代版画主要是指由艺术家构思创作，并通过制版和印刷程序产生的艺术作品。现今，版画逐渐成为一种设计风格，在很多广告设计中与波普风格结合运用，多采用凝练的轮廓与高饱和度的色彩，以引起用户的注意。

在 Photoshop 中，使用"阈值"命令可直接模拟出黑白版画效果；使用"色调分离"命令将色阶减少至"2"时，可直接模拟出波普风格效果和木刻版画效果；使用"渐变映射"命令可以为图像叠加高饱和度、对比度的渐变颜色，模拟波普风格（也被称为"新写实主义"和"新达达主义"，是一种强调明亮色彩、夸张图案的写实主义风格）效果，然后搭配相关命令制作出版画效果。

5.3.2 黑白

"黑白"命令可将彩色图像转换为黑白图像，并通过控制图像中各个颜色的深浅，使黑白图像更有层次感。选择【图像】/【调整】/【黑白】命令，或按【Alt+Shift+Ctrl+B】组合键打开"黑白"对话框，"预设"下拉列表中提供了12种黑白预设效果，可根据需要选择相应选项，然后调整红色、黄色、绿色、青色、蓝色和洋红等颜色的深浅来确定整个色调的深浅，其值越大，颜色越深。单击选中"色调"复选框并设置右侧色块的颜色后，将激活"色相""饱和度"栏，用于调整色块的色调，完成后单击 确定 按钮，效果如图5-66所示。

图 5-66

🔔 **提示**

选择【图像】/【调整】/【去色】命令，或按【Shift+Ctrl+U】组合键可去除图像中的所有颜色信息，也能将彩色图像转换为黑白图像。与"黑白"命令不同的是，使用"去色"命令时，无法调整红色、黄色、绿色、青色、蓝色和洋红等颜色的色调深浅，也无法保留图像色调。

5.3.3　阈值

"阈值"是基于图像亮度的黑白临界点，即过了这个临界点的是白色，没过的是黑色。在Photoshop中，平面设计师可以通过"阈值"命令自定义这个临界点，并通过调节阈值滑块来改变图像上的黑白分布。

选择【图像】/【调整】/【阈值】命令，打开"阈值"对话框，调整其中的参数可以将彩色或灰度图像转换为只有黑白两种颜色的高对比度图像，即去除图像的彩色信息，只保留黑白颜色，并提高图像对比度。其中，直方图显示了像素的亮度级别和分布情况（亮度级别为1~255），可作为调整的参照物。拖动直方图底部的滑块，或在"阈值色阶"文本框中输入数值（将一个亮度值定义为阈值后，所有比阈值高的像素会转换为白色，比阈值低的像素则转换为黑色）可调整阈值，参数设置完成后单击 确定 按钮，效果如图5-67所示。

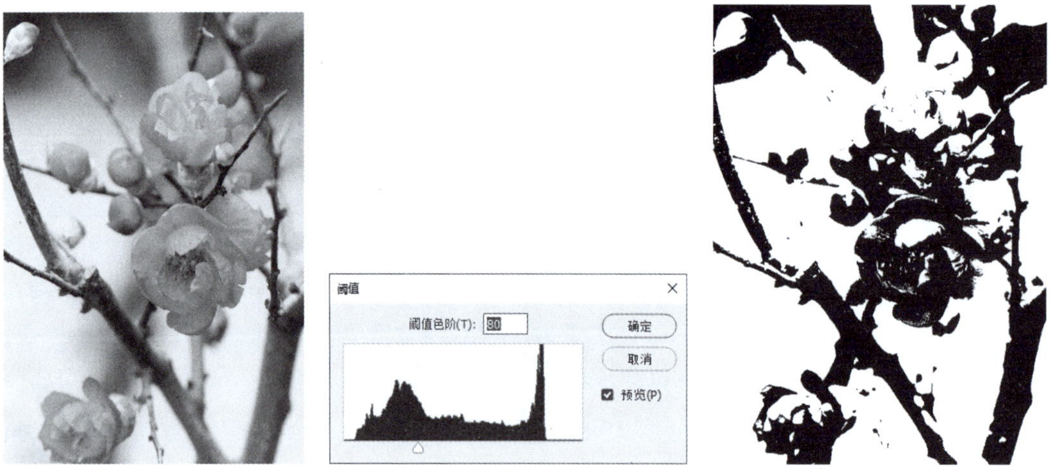

图5-67

5.3.4　渐变映射

"渐变映射"命令可使图像颜色根据指定的渐变颜色改变。选择【图像】/【调整】/【渐变映射】命令，打开"渐变映射"对话框，单击"灰度映射所用的渐变"右边的下拉按钮，在打开的下拉列表中将出现一个包含预设效果的选择面板，在其中可选择需要的渐变样式。单击选中"仿色"复选框，可以添加随机的杂色来平滑渐变填充的外观，让渐变更加平滑。单击选中"反向"复选框，可以反转渐变颜色的填充方向，完成后单击 确定 按钮，效果如图5-68所示。

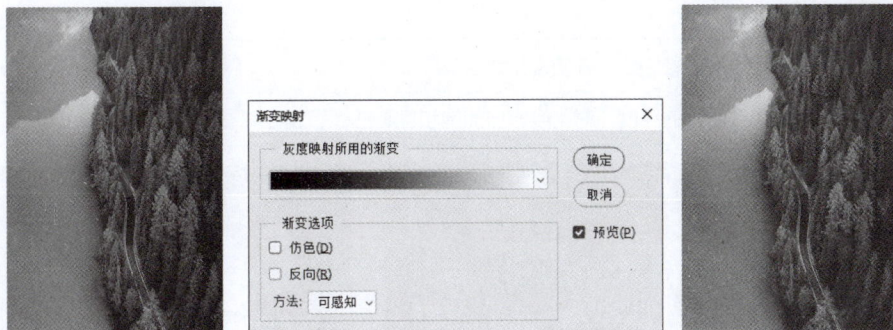

图5-68

5.3.5 色调分离

"色调分离"命令可按照指定的色阶数减少彩色图像中的颜色或降低灰度图像中的色调,从而简化图像内容,该命令适合创建大的单调区域,或者在彩色图像中生成有趣的效果。选择【图像】/【调整】/【色调分离】命令,打开"色调分离"对话框,在其中可以指定图像的色调级数,即在"色阶"数值框中设置色阶值(色阶值越小,色阶数目越少,色调级数就会减少),简化图像细节,并按照设置将图像的像素映射为较为接近的颜色,完成后单击 确定 按钮,如图5-69所示。

图5-69

5.4
综合实训——调整休闲鞋图片色调

某男鞋品牌准备对一款休闲鞋开展促销活动,为了避免用户收到商品后由于色差问题出现纠纷,需要先对休闲鞋图片的色调进行调整。表5-1所示为调整休闲鞋图片色调任务单,任务单给出了明确的实训背景、制作要求、设计思路和参考效果。

表5-1 调整休闲鞋图片色调任务单

实训背景	为某男鞋品牌的休闲鞋图片调整色调,使其与实物色调保持一致
数量要求	1张

续 表

制作要求	尽量还原休闲鞋原色，并使视觉效果美观
设计思路	通过调整图片的亮度、对比度、自然饱和度、曲线等属性调整休闲鞋图片的色调
参考效果	 参考效果
素材位置	配套资源:\素材文件\第5章\综合实训\休闲鞋.png
效果位置	配套资源:\效果文件\第5章\综合实训\休闲鞋.psd

本实训的操作提示如下。

STEP 01 打开"休闲鞋.png"素材文件，按【Ctrl+J】组合键复制图层。

STEP 02 选择【图像】/【调整】/【亮度/对比度】命令，打开"亮度/对比度"对话框，设置亮度为"65"，对比度为"20"，单击 确定 按钮。

STEP 03 选择【图像】/【调整】/【自然饱和度】命令，打开"自然饱和度"对话框，设置自然饱和度为"+20"，饱和度为"0"，单击 确定 按钮。

STEP 04 选择【图像】/【调整】/【曲线】命令，打开"曲线"对话框，在曲线中段单击并向上拖曳鼠标，调整图像亮度，单击 确定 按钮。

STEP 05 按【Ctrl+L】组合键打开"色阶"对话框，在下方的数值框中分别输入"12""0.9""235"，单击 确定 按钮。

STEP 06 在"图层"面板底部单击"创建新的填充或调整图层"按钮 ⊘，在打开的下拉列表中选择"纯色"选项，打开""拾色器（纯色）"对话框，设置颜色为"白色"，单击 确定 按钮，在"图层"面板中设置该图层的图层混合模式为"柔光"，图层不透明度为"20%"，增加图像亮度。保存文件并查看完成后的效果。

视频教学：
调整休闲鞋图片
色调

5.5 课后练习

练习 1 制作美丽乡村宣传画册

【制作要求】某乡村响应政策大力发展本村旅游业，准备制作以本地春季油菜花田为封面的宣传画册，要求封面尺寸为"42cm×28.5cm"。

【操作提示】先分析与调整提供的油菜花田图像素材，然后添加文本 、置入装饰素材、布局画册封面，参考效果如图5-70所示。

【素材位置】配套资源:\素材文件\第5章\课后练习\油菜花1.jpg、油菜花2.jpg、装饰.psd

【效果位置】配套资源:\效果文件\第5章\课后练习\"美丽乡村"宣传画册封面.psd

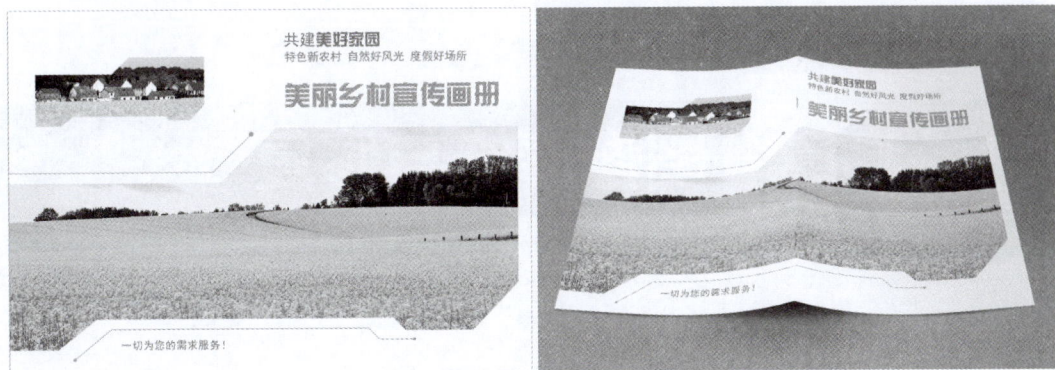

图5-70

练习 2　处理风景宣传照片

【制作要求】近期内蒙古成为热门的旅行打卡地，某旅行社准备处理内蒙古风景图片，用于宣传使用，要求提升照片视觉美观程度，充分展示自然风光。

【操作提示】首先适当提高照片的亮度与对比度，然后使用"可选颜色"命令提升背景中绿色的饱和度，参考效果如图5-71所示。

【素材位置】配套资源:\素材文件\第5章\课后练习\风景宣传照片.jpg

【效果位置】配套资源:\效果文件\第5章\课后练习\风景宣传照片.psd

图5-71

第6章 图像修饰与修复

在平面设计作品中常使用不同的图像，这些图像常因为各种原因存在不同类型的瑕疵，如商品有污点、褶皱，或存在多余物体等。平面设计师在进行平面设计前，需要先修饰或修复这些图像中的瑕疵，使图像达到更好的效果，再进行后续操作。

📖 学习要点

◎ 掌握加深和减淡处理的方法。

◎ 掌握模糊和锐化处理的方法。

◎ 掌握修复图像瑕疵的方法。

✧ 素养目标

◎ 提升修图时的审美能力，学会欣赏美。

◎ 合理运用各种修图工具进行艺术创作，提升设计能力。

◈ 扫码阅读

案例欣赏　　　　　　课前预习

6.1 加深和减淡处理

在进行平面设计时，面对一些主体物和背景无法区分、层次不明的图片，加深主体物和减淡背景是常用的修饰方法，这种方法可以营造主体物与背景间的一种虚实效果，避免背景喧宾夺主，从而使整体效果更加统一。

6.1.1 课堂案例——处理家居图片

【制作要求】某家居图片由于拍摄时光线的原因，存在主体花瓶过暗，背景过亮的情况，要求处理这张图片，增加家居图片的层次感。

【操作要点】使用减淡工具处理花瓶和窗户部分，使用海绵工具增加花朵的饱和度，使用加深工具加深背景的颜色。参考效果如图6-1所示。

【素材位置】配套资源:\素材文件\第6章\课堂案例\家居图片.jpg

【效果位置】配套资源:\效果文件\第6章\课堂案例\家居图片.jpg

调整前   调整后

图6-1

具体操作如下。

STEP 01 打开"家居图片.jpg"素材文件，如图6-2所示，从图中可以看出花瓶部分过暗，背景部分过亮。

STEP 02 选择"减淡工具"，在工具属性栏中设置画笔大小为"1000像素"，画笔样式为"柔边圆"，范围为"中间调"，曝光度为"50%"，然后在花瓶、窗户、玻璃瓶部分拖曳鼠标，减淡这些部分的颜色，如图6-3所示。

视频教学:
处理家居图片

图6-2   图6-3

STEP 03 选择"海绵工具" ，在工具属性栏中设置画笔大小为"200像素"，画笔样式为"柔边圆"，模式为"加色"，流量为"50%"，然后在鲜花部分拖曳鼠标，加深整个鲜花部分的色调，效果如图6-4所示。

STEP 04 选择"加深工具" ，在工具属性栏中设置画笔大小为"800像素"，画笔样式为"柔边圆"，范围为"中间调"，曝光度为"30%"，然后在左侧背景部分拖曳鼠标，加深背景的色调，提升整体效果的统一感，效果如图6-5所示，完成后保存文件。

图6-4   图6-5

6.1.2 加深工具

在平面设计中，当需要使图像中的指定区域变暗时，可以使用"加深工具" 。选择"加深工具" ，在工具属性栏中可设置工具参数，其中范围主要用于选择要修改的色调区域，分为阴影、中间调、高光3个部分，选择"阴影"选项可加深图像的暗色调；选择"中间调"选项可加深图像的中间色调；选择"高光"选项可加深图像的亮色调。曝光度用于控制加深效果。设置参数完成后在图像中单击鼠标左键，或按住鼠标左键不放并拖曳鼠标，可加深拖曳位置的色调，如图6-6所示。

调整前   调整后

图6-6

6.1.3　减淡工具

在平面设计中，当需要增加特定画面的亮度时，可以使用"减淡工具" 。选择"减淡工具" ，在工具属性栏中根据具体需求设置相关参数后，在图像中单击鼠标左键，或按住鼠标左键不放并拖曳鼠标，可使图像颜色减淡，效果如图6-7所示。

调整前　　　　　　　　　　　　　调整后

图6-7

6.1.4　海绵工具

在平面设计中，要调整图像整体或局部的饱和度时，可使用"海绵工具" 。选择"海绵工具" ，在工具属性栏中根据具体需求设置相关参数，其中模式用于设置编辑区域的饱和度变化方式，选择"加色"选项可增强色彩的饱和度；选择"去色"选项可降低色彩的饱和度。流量用于设置吸取颜色或加色的强度，数值越大，指定图像区域的饱和度变化程度越大。单击选中"自然饱和度"复选框，可防止颜色过于饱和而产生溢色。在图像中单击鼠标左键，或按住鼠标左键不放并拖曳鼠标，即可改变指定图像区域的饱和度，如图6-8所示。

调整前　　　　　　　　　　　　　调整后

图6-8

> **知识拓展**
>
> 在调整图像饱和度时，"自然饱和度""色相/饱和度"命令适用于调整图像整体的饱和度，或调整图像某一色调的饱和度；而"海绵工具" 更适用于调整图像局部区域的饱和度，调整范围更加灵活，并且可以不同程度地改变各个区域的饱和度，以处理小范围的图像细节。

6.2
模糊和锐化处理

在平面设计中，若需要柔化图像细节，营造朦胧的美感，可使用"模糊工具"来处理。若需要突出图像的边缘，增强细节表现，则可以使用"锐化工具"来完成。

6.2.1 课堂案例——制作元宵节海报

【制作要求】随着元宵节的到来，某企业准备制作一张元宵节海报，要求海报尺寸为"1242像素×2208像素"，设计时以元宵节吃汤圆为场景搭配文字，展现节日的氛围。

【操作要点】使用"锐化工具"对汤圆进行锐化，然后使用"涂抹工具"使布料过渡更加自然、丝滑，使用"减淡工具"减淡背景颜色，最后添加文字内容。参考效果如图6-9所示。

【素材位置】配套资源:\素材文件\第6章\课堂案例\元宵节汤圆.jpg、文字.psd、印章.png

【效果位置】配套资源:\效果文件\第6章\课堂案例\元宵节海报.psd

调整前   完成后的效果   运用效果

图6-9

具体操作如下。

STEP 01 打开"元宵节汤圆.jpg"素材文件，如图6-10所示，从图像中可以看出背景不够美观、色彩黯淡、细节不足。

STEP 02 选择"套索工具"⍉，在图片中沿着底部轮廓绘制碗和勺子部分的选区，如图6-11所示。在为图片创建选区时，最好使选区与图片边缘之间有一定的距离，避免在绘制选区的过程中出错。

STEP 03 选择"锐化工具"△，在工具属性栏中设置画笔大小为"401像素"，强度为"50%"，然后在选区内拖曳鼠标，增加细节，效果如图6-12所示。

图6-10

图6-11

图6-12

STEP 04 选择"涂抹工具"⍉，在工具属性栏中设置画笔大小为"55像素"，强度为"50%"，然后在选区底部拖曳鼠标，使布料过渡更加自然、丝滑，效果如图6-13所示。

STEP 05 按【Shift+Ctrl+I】组合键反选选区，选择"模糊工具"◌，在工具属性栏中设置画笔大小为"1000像素"，强度为"100%"，在背景处拖曳鼠标，模糊背景，效果如图6-14所示。

STEP 06 选择"减淡工具"⍉，在工具属性栏中设置画笔大小为"1000像素"，曝光度为"50%"，在背景处拖曳鼠标，减淡背景颜色，效果如图6-15所示。

图6-13

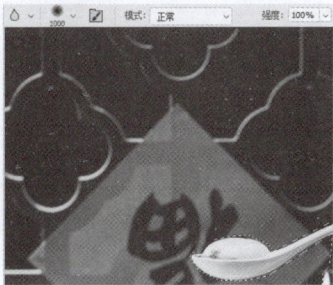

图6-14

图6-15

STEP 07 按【Ctrl+N】组合键，新建一个名称为"元宵节海报"，大小为"1242像素×2208像素"，分辨率为"150像素/英寸"的文件。

STEP 08 切换到"元宵节汤圆"素材文件，使用"移动工具"⊕将修饰后的背景图像拖到"元宵节海报"文件中，再调整大小和位置，效果如图6-16所示。

STEP **09** 打开"文字.psd"素材文件，使用"移动工具" ⊕ 将所有素材拖到"元宵节海报"文件中，再调整大小和位置，效果如图6-17所示。

STEP **10** 打开"印章.png"素材文件，使用"移动工具" ⊕ 将素材拖到"元宵节海报"文件中，再调整大小和位置，效果如图6-18所示。完成后保存文件，完成元宵节海报的制作。

图6-16

图6-17

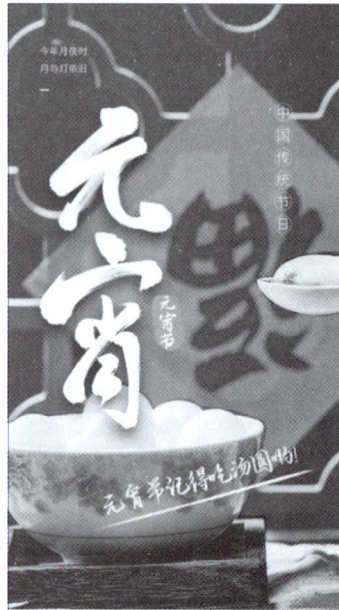

图6-18

6.2.2　模糊工具

要突出图像主体、模糊图像背景或减少主体细节，可以使用"模糊工具" ◌ 。选择"模糊工具" ◌ ，在工具属性栏中根据具体需求设置相关参数，其中画笔预设用于设置画笔笔尖形状、大小、硬度、间距、角度、圆度等参数。单击"画笔设置"按钮 ⊠ ，打开"画笔设置"面板，在该面板中可以设置画笔大小和样式。强度用于设置锐化强度，数值越大，被涂抹的图像区域锐化强度越强。完成设置后，在图像中单击鼠标左键，或按住鼠标左键不放并拖曳鼠标，使图像产生模糊效果，如图6-19所示。

调整前　　　　　　调整后

图6-19

6.2.3　锐化工具

要使图像变得更加清晰，细节鲜明，可使用"锐化工具" △ 。选择"锐化工具" △ ，在工具属性栏中设置相关参数，其参数内容与"模糊工具" 相同，再在图像中单击鼠标左键，或按住鼠标左键不放并拖曳鼠标，使图像产生锐化效果，如图6-20示。需要注意的是，反复锐化图像易造成图像失真。

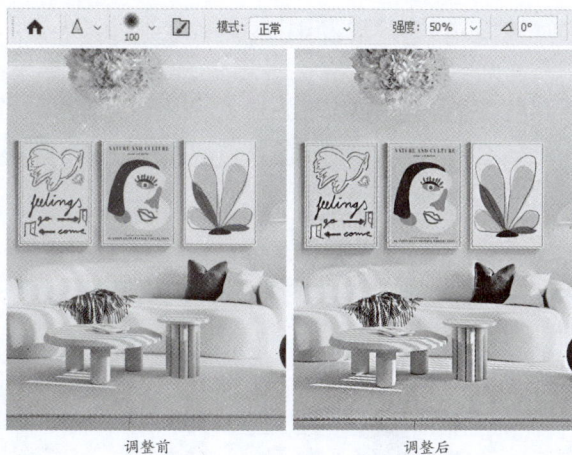

调整前　　　　　调整后

图6-20

6.2.4　涂抹工具

如果图像中不同颜色之间的边界生硬，或颜色之间过渡不佳，则可以使用"涂抹工具"。它可使图像颜色柔和化，并模拟出手指在图像中涂抹产生的颜色流动效果。选择"涂抹工具"，在工具属性栏中设置相关参数，其中模式用于设置涂抹后的混合模式，包括"正常""变暗""变亮""色相""饱和度""颜色""明度"7种模式。强度用于设置涂抹强度。单击选中"手指绘画"复选框，可为涂抹的图像叠加前景色。在图像中按住鼠标左键不放并拖曳鼠标，能朝拖曳鼠标的方向涂抹画面内容，如图6-21所示。

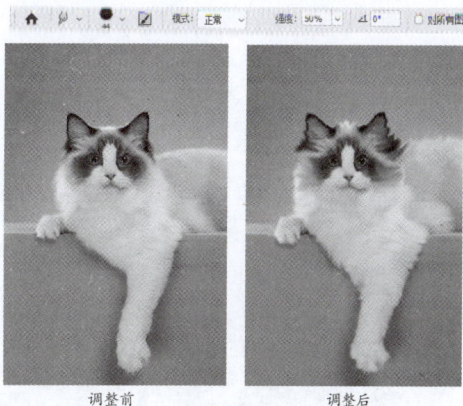

调整前　　　　　调整后

图6-21

6.3 瑕疵修复

在平面设计中常会使用拍摄的人物、商品等图像，然而这些图像往往存在各种瑕疵，如人物面部有鱼尾纹、毛孔粗大等，商品、装饰等有多余杂物、斑点等，此时可使用仿制图章工具、污点修复工具、修补工具等瑕疵修复工具修复图像，以消除图像中的缺陷，提升平面设计作品的吸引力。

6.3.1 课堂案例——修复食物图片中的污渍和瑕疵

【制作要求】某食品店铺拍摄了一张馒头图片用于宣传，但是馒头蒸出一段时间后会出现回缩的情况，使表面形成坑洞和褶皱，并且商品图片还存在污渍，视觉效果不佳，要求先去除污渍，然后修复表面坑洞，使整个商品图片更加美观。

【操作要点】使用"修补工具"修补污渍，使用"修复画笔工具"修复褶皱，使用"修补工具"修复坑洞。参考效果如图6-22所示。

【素材位置】配套资源:\素材文件\第6章\课堂案例\馒头.jpg

【效果位置】配套资源:\效果文件\第6章\课堂案例\馒头.psd

调整前 　　　　　　　　　　　　　　调整后

图6-22

具体操作如下。

STEP 01 打开"馒头.jpg"素材文件，如图6-23所示，按【Ctrl+J】组合键复制图层。

STEP 02 选择"修补工具" ，在工具属性栏中的"修补"下拉列表中选择"内容识别"选项，沿着右上侧馒头的污渍部分绘制选区，如图6-24所示。

STEP 03 按住鼠标左键不放并向左拖曳鼠标，发现污渍区域被移动后的区域覆盖，释放鼠标，按【Ctrl+D】组合键取消选区，如图6-25所示。

视频教学:
修复食物图片中的污渍和瑕疵

图6-23

图6-24

图6-25

STEP 04 选择"污点修复画笔工具" ，在工具属性栏中设置画笔大小为"100像素"，然后单击"内容识别"，在右侧馒头的坑洞区域单击鼠标左键并向右拖曳鼠标，如图6-26所示，释放鼠标后发现拖曳区域中的坑洞已被修复。

STEP 05 使用与步骤4相同的方法修复其他坑洞，效果如图6-27所示。

STEP 06 选择"修复画笔工具" ，在工具属性栏中设置画笔大小为"100像素"，按住【Alt】键不放，在褶皱右侧的空白处单击鼠标左键，然后在左下方馒头的褶皱处拖曳鼠标，发现褶皱逐渐消失。重复操作，依次在未消除的褶皱处拖曳鼠标修复褶皱，如图6-28所示。

图6-26 　　　　　　　　　　　图6-27　　　　　　　　　　　图6-28

STEP 07 选择"修补工具" ，在工具属性栏中的"修补"下拉列表中选择"内容识别"选项，在右上角馒头凸出部分拖曳鼠标创建选区，然后向下拖曳鼠标修补凸出部分，如图6-29所示。

STEP 08 使用相同的方法修复其他瑕疵部分，效果如图6-30所示，最后保存文件。

图6-29 　　　　　　　　　　　　　　　　　　图6-30

行业知识

　　图像修复是指利用图像处理软件智能修复有缺陷图像，以提升图像整体质量，满足不同平面设计师的使用需求。修复图像的第一步是观察图像是否存在色调和色彩问题，需要先调整图像的色调、光影，即调整好画面整体层次感，再修复图像的细节，如去除图像中不需要的遮挡物、修复污渍和瑕疵等。

6.3.2　修复工具组

　　如果图像有缺失或多余的部分需要遮盖，则可以使用修复工具组进行修补。修复工具组由"污点修复画笔工具" 、"修复画笔工具" 、"修补工具" 、"内容感知移动工具" 、"红眼工具" 组成。

- 使用"污点修复画笔工具" 修复图像。该工具可以快速去除图片中的污点、划痕和其他不需要的部分。打开要修的图像，选择"污点修复画笔工具" ，在工具属性栏中设置画笔大小、模式、类型等参数，然后在需要修复的区域拖曳鼠标，可以发现不需要的区域逐渐被去除，并自动填充周围图像，如图6-31所示。

图6-31

● 使用"移除工具" ⚫ 修复图像。该工具可以轻松移除对象、人物和瑕疵等干扰因素。打开要修复的图像，选择"移除工具" ⚫，在工具属性栏中设置大小等参数，然后在需要修复的区域拖曳鼠标，发现拖曳后的区域呈紫色，该区域即为修复区域，释放鼠标后将自动填充周围图像（若一次未能全部移除可多次修复），如图6-32所示。

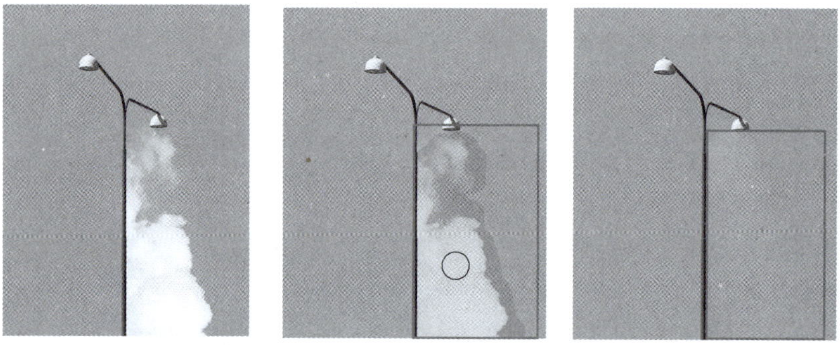

图6-32

● 使用"修复画笔工具" ⚫ 修复图像。该工具可以用图像中与被修复区域相似的颜色修复图像，使用方法与"仿制图章工具" ⚫ 基本相同，但是该工具会根据被修复区域周围的颜色被取样点的透明度、颜色、明暗来进行调整，这样修复出的图像效果更加柔和。打开要修复的图像，选择"修复画笔工具" ⚫，在工具属性栏中设置适合的画笔大小，按住【Alt】键，在图像中用于确定要复制的取样点处单击鼠标左键，这时鼠标指针变成空心圆圈，将其移动到要修复的位置反复拖动，将取样点周围的图像复制到修复区域，如图6-33所示。

● 使用"修补工具" ⚫ 修复图像。该工具可以使用指定图像或图案来修复所选区域。打开要修复的图像，选择"修补工具" ⚫，在工具属性栏中设置修补方式，在图像上拖曳鼠标，为需要修复的图像区域建立选区，将鼠标指针移动到选区上，按住鼠标左键不放将选区朝取样区域移动，发现修复区域逐渐被取样区域的效果覆盖，若没有被完全覆盖，则可重复操作，如图6-34所示。

图6-33

图6-34

● 使用"内容感知移动工具" ✂ 修复图像。该工具可以在移动或扩展图像时，使新图像与原图像较为自然地融合。打开要修复的图像，选择"内容感知移动工具" ✂，在工具属性栏中设置模式，选择"移动"模式，然后沿着需要移动的图像绘制选区，按住鼠标左键不放，将选区拖动到目标位置，发现框选的图像将移动到需要的位置，原位置将自动填充，如图6-35所示；选择"扩展"模式，沿着需要移动的图像绘制选区，按住鼠标左键不放，将选区拖动到目标位置，发现框选的图像将复制到需要的位置，原位置的图像不变。

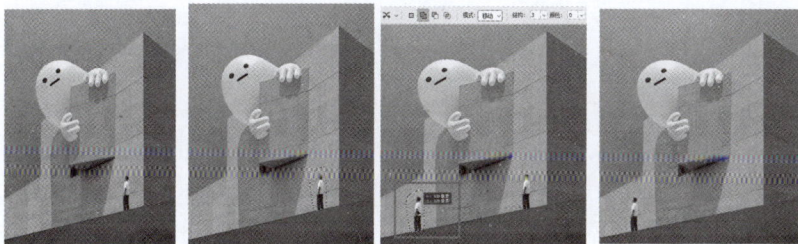

图6-35

● 使用"红眼工具" ⊙ 修复图像。该工具用于快速去掉图像中人物眼睛由于闪光灯引发的红色、白色、绿色反光斑点。打开要修复的图像，选择"红眼工具" ⊙，在工具属性栏中设置瞳孔大小、变暗量等参数，在红眼部分单击鼠标左键，可快速去除红眼效果，可重复操作，如图6-36所示。

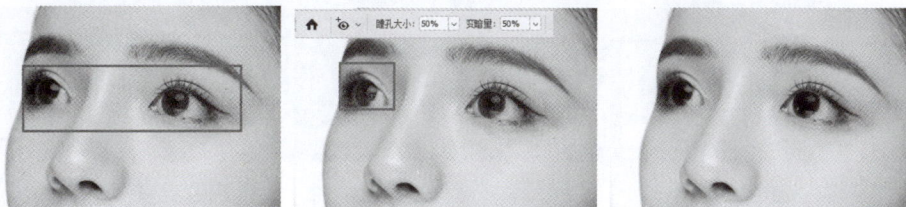

图6-36

6.3.3 课堂案例——制作精油广告

【制作要求】某企业准备为近期一款热销产品——精油，制作一张尺寸为"1242像素×2208像素"的美妆广告，要求广告内容直观，文案内容表述明确，广告图像美观、无瑕疵。

【操作要点】使用仿制图章工具修复瑕疵，然后使用内容识别修复的方法修复其他区域，完成后输入文字。参考效果如图6-37所示。

【素材位置】配套资源:\素材文件\第6章\课堂案例\精油.jpg

【效果位置】配套资源:\效果文件\第6章\课堂案例\精油广告.psd

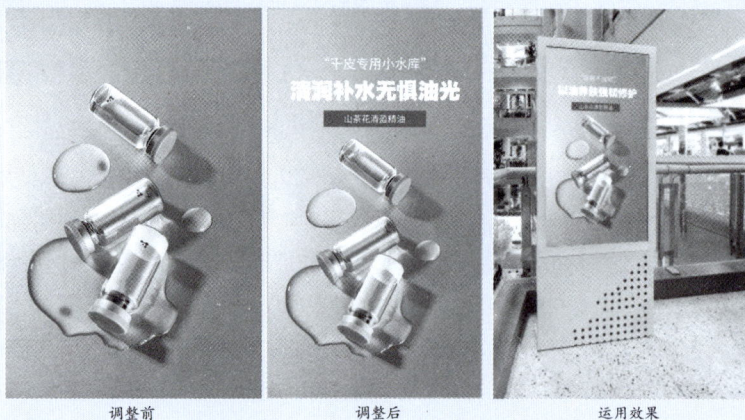

调整前　　　　　　　　　调整后　　　　　　　　运用效果

图6-37

具体操作如下。

STEP 01 打开"精油.jpg"素材文件，如图6-38所示，按【Ctrl+J】组合键复制图层。

STEP 02 选择"仿制图章工具" ，在工具属性栏中设置画笔大小为"30像素"，按住【Alt】键不放并单击污点的左侧部分进行取样，释放【Alt】键后，在污点处涂抹，发现污点逐渐消失，如图6-39所示。

图6-38　　　　　　　　　　　　　　图6-39

STEP 03 使用与步骤2相同的方法，使用"仿制图章工具" 去除其他水渍中的污点，如图6-40所示。

STEP 04 使用"矩形选框工具" 在瓶身的污点处绘制选区，选择【编辑】/【内容识别填充】命令，打开"内容识别填充"界面，此时原图像中默认叠加显示Photoshop智能识别的取样区域（默认显示为半透明的绿色），这里保持默认，单击 确定 按钮，返回图像编辑区，发现框选区域自动填充了取样区域，如图6-41所示。

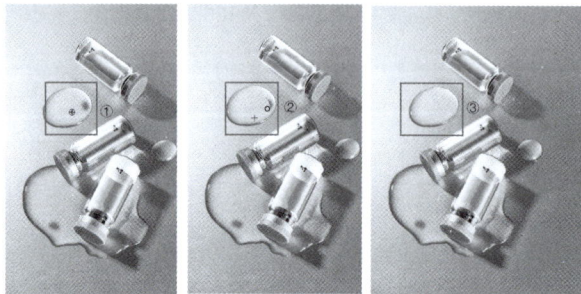

视频教学:
制作精油广告

STEP 05 使用与步骤4相同的方法，对另一个瓶身的污点进行内容识别填充，效果如图6-42所示。

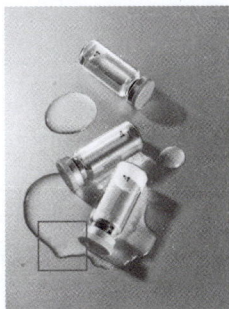

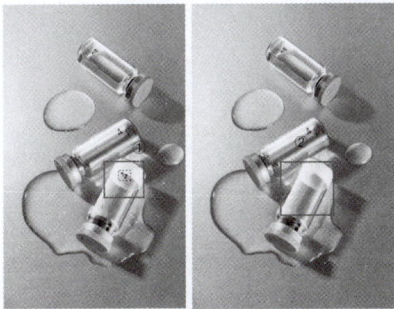

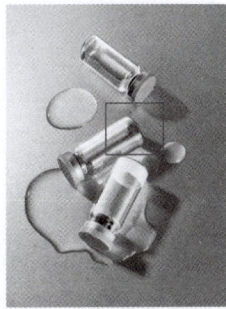

图6-40　　　　　　　　　　　图6-41　　　　　　　　　　　图6-42

> **知识拓展**
>
> 使用"仿制图章工具"🔖和"修复画笔工具"✏时，按住【Alt】键在图像中单击鼠标左键进行取样后，将鼠标指针移至其他位置，拖曳鼠标进行涂抹的同时，图像中会出现一个圆形指针和一个十字指针，圆形指针是正在涂抹的区域，该区域的内容是从十字指针所在位置的图像上复制得来的。在操作时，两个指针始终保持相同间距，只要观察十字指针位置的图像内容，便可知道即将涂抹出来的图像内容。

STEP 06 按【Ctrl+Alt+C】组合键，打开"画布大小"对话框，设置高度为"2208"，然后在"定位"栏中单击中间下方的箭头，确定画布向上方增大，单击 确定 按钮，效果如图6-43所示。

STEP 07 选择"矩形选框工具"⬚，选择"图层 1"，然后在图像顶部绘制选区，注意选区的范围为上方无精油图像区域，按【Ctrl+T】组合键使选区处于可变形状态，按住【Shift】键不放，并拖动上方的调整点，使整个背景铺满图像编辑区，如图6-44所示。

STEP 08 选择"横排文字工具"🅃，输入文字，其中"以油养肤强韧修护"文字的字体为"方正超粗黑简体"，文字颜色为"#ffffff"。其他文字的字体为"思源黑体 CN"，字体样式为"Regular"，文字颜色为"#ffffff"，然后调整文字大小和位置。新建图层，设置前景色为"#a27638"，使用"矩形选框工具"⬚在"山茶花清盈精油"文字下方绘制矩形选区，按【Alt+Delete】组合键填充前景色，再取消选区，效果如图6-45所示，完成后保存文件。

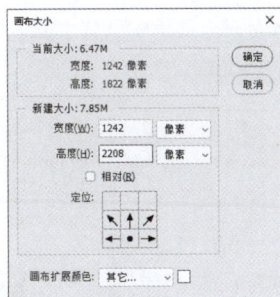

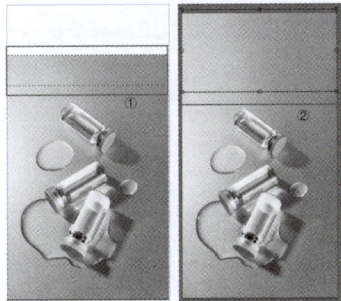

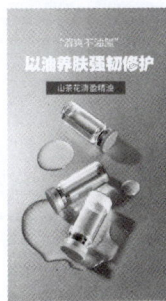

图6-43　　　　　　　　　图6-44　　　　　　　　图6-45

6.3.4　图章工具组

在平面设计中，若需要对其中的某个图像进行复制或修复某个图像区域，则可以使用图章工具组，该工具组由"仿制图章工具"🔖和"图案图章工具"🔖组成。

● 使用"仿制图章工具" 🔖 修复图像。该工具可将图片的一部分复制到同一图像的另一位置。打开要修复的图像，选择"仿制图章工具 🔖，在工具属性栏设置合适的画笔大小，按住【Alt】键不放，此时鼠标指针变成中心带有十字准星的圆圈，在图像中单击鼠标左键以确定取样点，这时鼠标指针变成空心圆圈，将鼠标指针移动到图像中需要修复的区域反复拖曳，即可将取样点周围的图像复制到拖曳点周围，如图6-46所示。

图6-46

● 使用"图案图章工具" 🔖 修复图像。该工具的作用与"仿制图章工具" 🔖 类似，只是该工具不需要建立取样点，而是使用指定的图案填充鼠标涂抹的区域。打开要修复的图像，选择"图案图章工具" 🔖，在工具属性栏中设置画笔大小和画笔图案，然后在需要填充图案的区域拖曳鼠标，即可使用选择的图案修复，如图6-47所示。

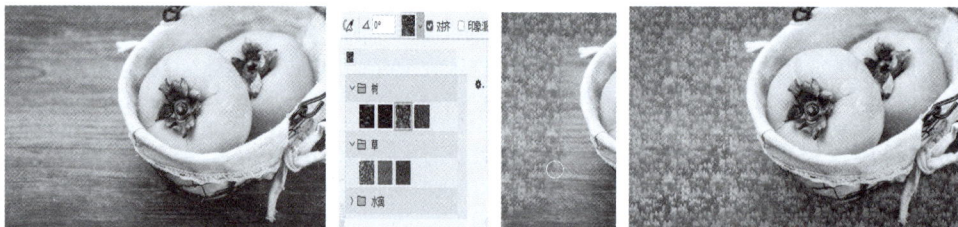

图6-47

🔔 **提示**

　　选择"图案图章工具" 🔖，在工具属性栏中单击 🔳 按钮，在弹出的快捷菜单中选择【载入图案】命令，可载入新的图案；选择【存储图案】命令，可将已绘制的图案储存到现有图案中。

6.3.5　内容识别修复

　　内容识别修复功能可使Photoshop自动识别修复图像，是一个非常省力、便捷和人性化的修复方法。只需先使用选区工具对需要修复的区域建立选区（或者用钢笔工具创建路径后将路径转换为选区），如图6-48所示，然后选择【编辑】/【内容识别填充】命令，打开"内容识别填充"界面，此时原图像会默认叠加显示Photoshop智能识别的取样区域（默认显示为半透明的绿色），取样区域的内容将用于填充原选区。在"内容识别填充"界面左侧将显示内容识别后的选区填充效果，此时可根据预览效果在界面右侧调整参数，完成后单击 确定 按钮，如图6-49所示。如果还有多余的、重

资源链接：
"内容识别填充"
界面中各选项
的含义详解

复的或不自然的细节部分，则可以结合其他修图工具，如"仿制图章工具" 🖊 来进一步修复。

图 6-48 　　　　　　　　　　　　　　　图 6-49

知识拓展

　　为需要修复的区域建立选区后，也选择【编辑】/【填充】命令，打开"填充"对话框，在"内容"下拉列表中选择"内容识别"选项，然后单击 确定 按钮进行内容识别修复。但与"内容识别填充"命令相比，"填充"命令中的"内容识别"选项没有那么多参数设置。

6.4 综合实训——制作书籍封面

　　某出版社准备上新一本百科类书籍《四川地理》，目前已进入封面设计环节，需要根据提供的书籍封面素材，制作一张以展示风景地貌为主的书籍封面，以突出《四川地理》的主要内容和精彩看点。表6-1所示为书籍封面制作任务单，任务单给出了明确的实训背景、制作要求、设计思路和参考效果。

表 6-1　书籍封面制作任务单

实训背景	为出版社的《四川地理》书籍制作封面，以突出书籍的主要内容和精彩看点
尺寸要求	21cm×29.7cm，分辨率为 300 像素 / 英寸
数量要求	2 张
制作要求	1. 风格 视觉效果典雅、大气 2. 色彩 以白色为主色，搭配蓝色、绿色和黄色，效果简洁、美观 3. 文案 ①四川地理；②四川地理百科、小相岭：冰川的作品、民族系列：西南布依族等

设计思路	用多种修饰工具和修复工具美化风景图片，封面以风景图片为主，搭配书名、作者、出版社等文字，完成封面的制作
参考效果	 素材效果　　　　　　　　　参考效果
素材位置	配套资源:\素材文件\第6章\综合实训\风景.jpg、书籍样机.psd、书籍封面.psd
效果位置	配套资源:\效果文件\第6章\综合实训\书籍封面.psd、书籍封面应用效果.psd

本实训的操作提示如下。

STEP 01 打开"风景.jpg"素材文件，依次使用修复工具组中的"污点修复工具" 、"修补工具" 去除图片瑕疵，如多余的镜头光晕、湖面垃圾及其他影响素材美观性的部分。

STEP 02 使用"海绵工具" 增加天空、山峦的饱和度，使用"减淡工具" 不同程度地减淡画面不同部分的颜色，最终使画面整体色调协调。

STEP 03 新建符合要求的"书籍封面"文件，添加"书籍封面.psd"素材文件中的内容和修复与修饰后的"风景.jpg"素材。

STEP 04 使用"模糊工具" 涂抹风景下方的草丛，以突出风景中的天空和山水，且能使图像上的文本效果更具识别性、更加清晰。

STEP 05 盖印整个封面，将盖印的图层添加到"书籍样机.psd"素材中，调整大小和方向，使封面贴合书籍样机，最后另存文件。

视频教学：
制作书籍封面

行业知识

书籍封面又称封皮或书籍正面，是书籍外部的一层包装，包括书名、作者、译者和出版社等信息。书籍封面不仅传达图书的内容，还起到第一时间抓住读者目光，美化书籍，保护书芯的作用，其文本形式和版面设计应以便于识别为原则。

6.5 课后练习

练习 1 处理辣椒图片

【制作要求】某生鲜品牌拍摄一张辣椒图片用于宣传，要求对图片中的木叉进行处理，使背景显得干净，方便后期调整图片颜色。

【操作提示】打开背景素材，使用仿制图章工具、修补工具等去除木叉，然后使用修补工具修复残余木叉图像的区域，最后调整辣椒图片的颜色，参考效果如图6-50所示。

【素材位置】配套资源:\素材文件\第6章\课后练习\辣椒.jpg

【效果位置】配套资源:\效果文件\第6章\课后练习\辣椒.jpg

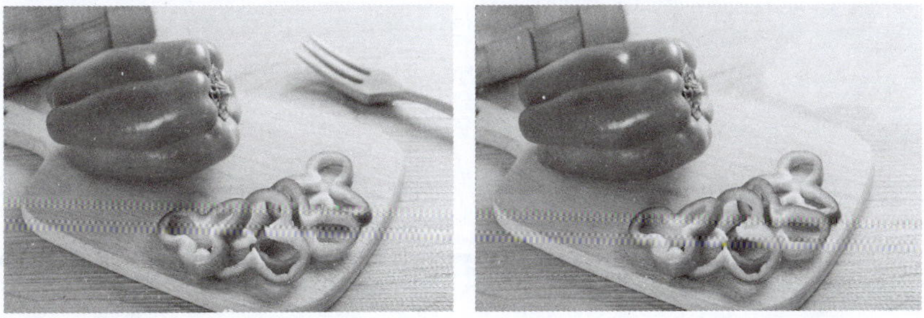

图6-50

练习 2 去除照片中多余的图像

【制作要求】某客户提供了一张画面比较杂乱的照片，要求将沙滩上的乱石图像去掉，并调整色调。

【操作提示】利用"修复画笔工具"对乱石附近的图像进行取样，清除乱石图像，使画面更加清爽，然后调整图像的色彩，增加美观度，最后在画面中添加文字，提升艺术性，参考效果如图6-51所示。

【素材位置】配套资源:\素材文件\第6章\课后练习\海边.jpg

【效果位置】配套资源:\效果文件\第6章\课后练习\海边.psd

图6-51

第 **7** 章

图形绘制与制作

图形在平面设计中的应用非常广泛，如制作图标、标志、包装图案等，并且根据表现形式的不同，图形还可以分为静态图形和动态图形。利用Photoshop的形状工具组、钢笔工具组、画笔工具组等工具，可以创作出视觉效果丰富、信息传达准确的静态图形；随后利用Photoshop的"时间轴"面板，可为静态图形制作流畅、自然的动态效果。

📖 学习要点

◎ 使用矩形工具组绘制图像。
◎ 使用钢笔工具组绘制图像。
◎ 使用画笔工具和铅笔工具绘制图像。
◎ 掌握"时间轴"面板的使用方法。

✧ 素养目标

◎ 提高对不同形状图形的绘制和应用能力。
◎ 深入了解图形绘制与制作的工具，加强专业技能。

◈ 扫码阅读

案例欣赏   课前预习

7.1

静态图形绘制

　　静态图形是平面设计中应用较广泛的一种图形表现形式，这种图形中的各个元素都是静止的，不会因为时间、传播方式等因素的变化而改变图形的外在形态，但可以通过编辑源文件来改变图形的效果。在Photoshop中，使用形状工具组、钢笔工具、画笔工具可以创建出各种各样的静态图形，将多种图形组合在一起，就可以制作出完整且美观的设计作品。

7.1.1　课堂案例——制作购物 App 图标

　　【制作要求】为购物App "拾取" 设计一个尺寸为 "512像素×512像素"，外形为购物袋样式的App图标，要求图标外形简约、色彩明亮且具有视觉吸引力。

　　【操作要点】使用 "矩形工具" 绘制图标整体外观和内部金币形状，使用椭圆工具绘制购物袋提手形状，通过复制图形快速完成相同部分的绘制。参考效果如图7-1所示。

　　【效果位置】配套资源:\效果文件\第7章\课堂案例\购物App图标.psd

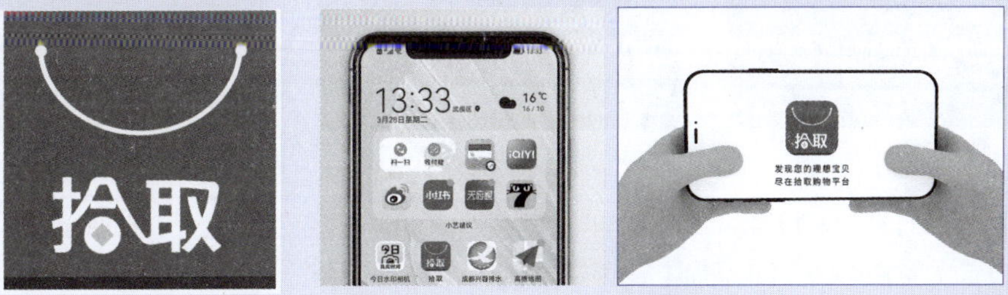

平面设计效果　　　　　　　　　　　　　　　　　　实际应用效果

图7-1

　　具体操作如下。

　　STEP 01 按【Ctrl+N】组合键，新建一个名称为 "购物App图标"，宽度和高度均为 "512像素"，分辨率为 "72像素/英寸" 的文件。

　　STEP 02 选择 "矩形工具" □，在工具属性栏中设置填充为 "#ad0000"，拖曳鼠标绘制大小为 "512像素×512像素" 的矩形，效果如图7-2所示。

　　STEP 03 复制矩形并调整大小为 "512像素×490像素"，在工具属性栏中修改复制矩形的填充为 "RGB红"，效果如图7-3所示。

　　STEP 04 再次复制一个矩形，并修改矩形的填充为 "#ff2a2a"，然后调整大小为 "512像素×117像素"，效果如图7-4所示。

　　STEP 05 选择 "椭圆工具" ○，在工具属性栏中设置填充为 "#ffffff"，描边颜色为 "#ff0000"，描边宽度为 "5像素"，在矩形左上角绘制椭圆。

视频教学:
制作购物 App
图标

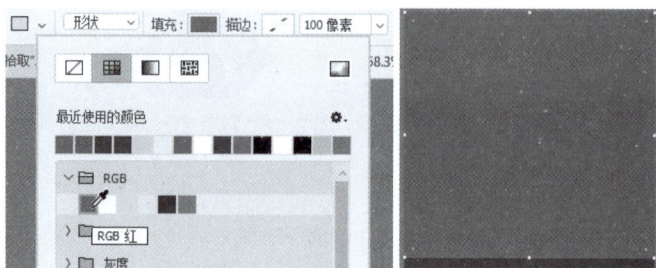

图7-2   图7-3

STEP 06 按住【Alt+Shift】组合键不放，并水平向右拖动椭圆到右侧，复制椭圆。继续选择"椭圆工具" ○ ，在工具属性栏中设置填充为"无"，描边颜色为"#ffffff"，描边宽度为"9像素"，在图像编辑区绘制椭圆框，效果如图7-5所示。

STEP 07 栅格化椭圆框所在图层，选择"矩形选框工具" ⊡ ，在椭圆框上方绘制矩形选区，然后按【Delete】键删除选区内的椭圆框，效果如图7-6所示。

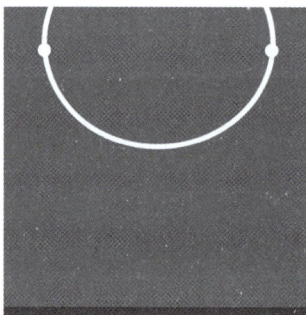

图7-4   图7-5   图7-6

STEP 08 按【Ctrl+D】组合键取消选区，然后选择"横排文字工具" T. ，在图标中输入"拾取"文字，并设置文字字体为"方正品尚中黑简体"，效果如图7-7所示。

STEP 09 将文字转换为形状，使用"直接选择工具" ▷. 将"拾取"文字部分笔画相连接，并删除"拾"字中的"口"笔画，效果如图7-8所示。

STEP 10 使用"椭圆工具" ○. 在"拾"文字缺失区域绘制大小为"62像素×62像素"的白色圆形，选择"矩形工具" ⊡. ，在工具属性栏中设置填充为"#ffd200"，圆角半径为"4像素"，绘制圆角矩形，并将该形状旋转"45°"。完成后的效果如图7-9所示，最后保存文件。

图7-7   图7-8   图7-9

> **提示**
>
> 绘制圆角矩形时，除了在工具属性栏中设置圆角的半径外，还可将鼠标指针移动到矩形4个角的控制点上，当鼠标指针变为 ➤ 形状时，按住鼠标左键不放并拖曳，可以根据实际的需要确定圆角矩形的圆角半径。另外，双击选中控制点，可以单独调整被选中控制点所在角的圆角半径。

行业知识

Android 系统和 iOS 系统的 App 图标有不同的应用规范。

1. iOS系统App图标应用规范

在 iOS 系统中，App 图标都有着统一的圆角矩形外观（iOS 系统自动统一圆角半径），其尺寸大小根据应用场景各有不同，常用尺寸的长宽一般都为 120px、180px、1024px。平面设计师在设计时，通常可只设计一个尺寸的图标（一般是 1024px，尺寸大，可容纳细节多），其他尺寸则可根据实际需求调整输出。需注意，小尺寸图标需要单独微调细节。

2. Android系统App图标应用规范

在 Android 原生系统中，App 图标可以是各种不规则的图形。为了让界面统一、整齐，平面设计师在设计时可直接采用直角矩形的外观，而在 App 中上传图标时，将自动添加圆角矩形、圆形，或者其他形状的遮罩，使其变成相应形状的图标，从而让 App 图标都应用统一的外观。另外，Android 系统中的 App 图标尺寸也非常多，常用尺寸的长宽一般都为 48px、72px、96px、144px、192px、512px、1024px。

7.1.2 使用形状工具组绘图

运用形状工具组绘制出的图形都是矢量的，放大或缩小图形都不会影响其清晰度。因此，使用形状工具组绘图在平面设计中较为常用。

1. 绘制矩形

选择"矩形工具" □，其工具属性栏如图7-10所示。在绘图模式下拉列表中选择绘图模式，包括形状、路径和像素3种，设置填充、描边颜色、描边宽度、描边类型后，在图像编辑区单击鼠标左键并拖曳鼠标，可在单击点位置绘制一个矩形；按住【Shift】键不放单击鼠标左键并拖曳鼠标，可绘制等比例的矩形，即正方形，如图7-11所示。

资源链接：矩形工具属性栏详解

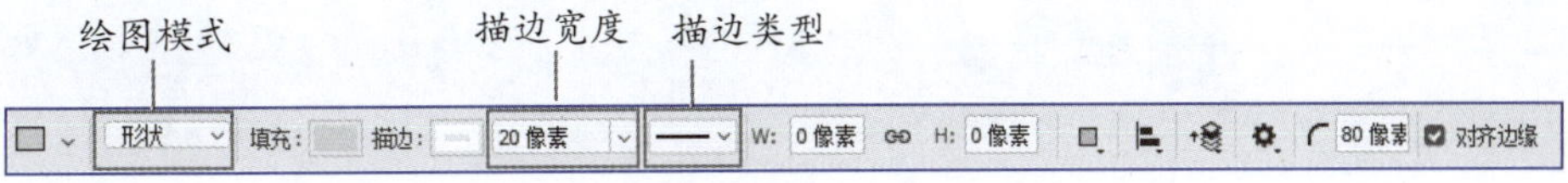

图7-10

131

图7-11

2. 绘制三角形

绘制三角形与绘制矩形的方法类似，其工具属性栏也相同，绘制时只需要选择"三角形工具"△，在图像编辑区单击鼠标左键并拖曳鼠标，即可在单击点位置绘制一个三角形。

3. 绘制圆角矩形

选择"圆角矩形工具"⬛，其工具属性栏比"矩形工具"▢的工具属性栏多了一个"半径"选项，用于设置圆角矩形的圆角半径，该数值越大，圆角半径越大，效果如图7-12所示。

4. 绘制圆

绘制圆与绘制矩形的方法类似，二者工具属性栏也相同，选择"椭圆工具"○，在图像编辑区单击鼠标左键并拖曳鼠标，即可在单击点位置绘制一个圆。图7-13所示为绘制的不同大小的圆。

图7-12   图7-13

5. 绘制多边形

选择"多边形工具"○，其工具属性栏比"矩形工具"▢的工具属性栏新增加了⊕选项，用于设置多边形的边数。在"多边形工具"○的工具属性栏中单击✿按钮，将打开图7-14所示的面板，调整星形比例的参数，可以设置星形边缘向中心缩进的数量，图7-15所示为设置不同星形比例绘制的星形。

图7-14   图7-15

6. 绘制直线

选择"直线工具"╱，其工具属性栏比"矩形工具"▢的工具属性栏新增加了"粗细"选项，用于设置直线的宽度。在"直线工具" 的工具属性栏中单击 按钮，将打开图7-16所示面板，其中"起点"和"终点"复选框分别用于为直线的"起点"和"终点"添加箭头；"宽度""长度""凹度"数值框分别用于设置箭头宽度、箭头长度、箭头的凹陷程度。图7-17所示为不同凹度的箭头。

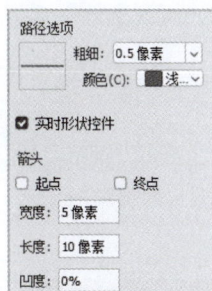

图7-16

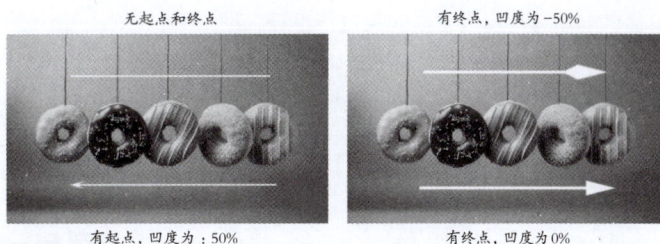

图7-17

7. 绘制自定义形状

选择"自定形状工具" ，其工具属性栏比"矩形工具" 的工具属性栏新增加了 选项。单击"形状"下拉按钮，将打开图7-18所示的面板，在其中预设了各种不规则形状，选择所需形状后拖曳鼠标即可绘制对应的形状，如图7-19所示。

如果找不到所需的形状，则单击面板右上角的 按钮，然后选择"导入形状"选项，可从存储的文件中导入所需形状。选择【窗口】/【形状】命令，打开"形状"面板，在该面板中还可以搜索所需形状、为选中的形状创建新组、删除所选形状。单击"形状"面板右上角 按钮，选择"旧版形状及其他"选项，可导入旧版Photoshop中的形状，如图7-20所示。

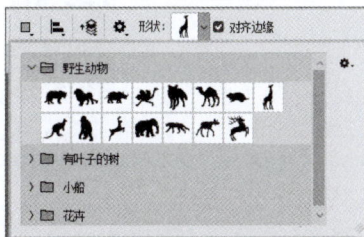

图7-18

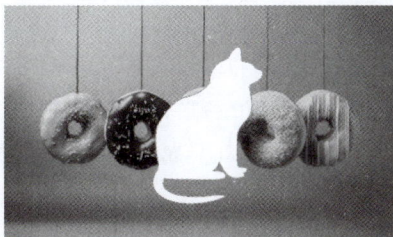

图7-19

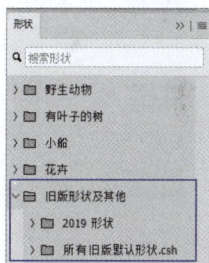

图7-20

知识拓展

若 Photoshop 中预设的图形无法满足需求，则可自行绘制所需形状，并将其存储，便于后期直接取用。先在"路径"面板中选择路径（该路径可以是形状图层的矢量蒙版，也可以是工作路径或存储的路径），选择【编辑】/【定义自定形状】命令，然后在"形状名称"对话框中输入自定形状的名称，新形状将会显示在"形状"面板中。

提示

使用形状工具组中的工具绘制形状时，按住【Alt】键不放，单击鼠标左键并拖曳鼠标，将以单击点为中心绘制形状；按住【Shift+Alt】组合键不放，同时单击鼠标左键并拖曳鼠标，将以单击点为中心绘制长宽等比例的形状。

7.1.3 课堂案例——制作民宿标志

【制作要求】为"兰花溪谷"民宿设计一个尺寸为"800像素×800像素"的标志，要求以兰花、山谷、溪流、房屋为主创元素进行设计，图形简洁美观、便于识别，同时还要带有中国传统韵味，展示出民宿的朴实、含蓄、优雅。

【操作要点】使用椭圆工具绘制标志框架，使用钢笔工具绘制兰花、山川、河流、房屋图形，使用弯度钢笔工具绘制叶片图形，使用矩形工具绘制窗户图形。参考效果如图7-21所示。

【效果位置】配套资源:\效果文件\第7章\课堂案例\民宿标志.psd

平面设计效果   实际应用效果

图7-21

具体操作如下。

STEP 01 按【Ctrl+N】组合键，新建一个名称为"民宿标志"，宽度和高度均为"800像素"，分辨率为"72像素/英寸"的文件。

STEP 02 选择"椭圆工具" ○，在图像编辑区中绘制填充为"无"，描边颜色为"#000000"，描边宽度为"5像素"的圆形，效果如图7-22所示。

STEP 03 选择"钢笔工具" ∅，在工具属性栏中设置绘图模式为"形状"，描边宽度为"3.22像素"，在圆形右侧单击鼠标左键创建第一个锚点，然后将鼠标指针移动到下一个位置单击鼠标左键创建新锚点并拖曳鼠标，形成曲线；按住【Alt】键，调整单侧控制柄，继续创建锚点；再次调整控制柄，并将鼠标指针移动到第1个锚点位置，最终绘制出一个完整的花瓣形状。使用相同的方法依次绘制出其他花瓣形状，形成兰花图形，如图7-23所示。

视频教学：
制作民宿标志

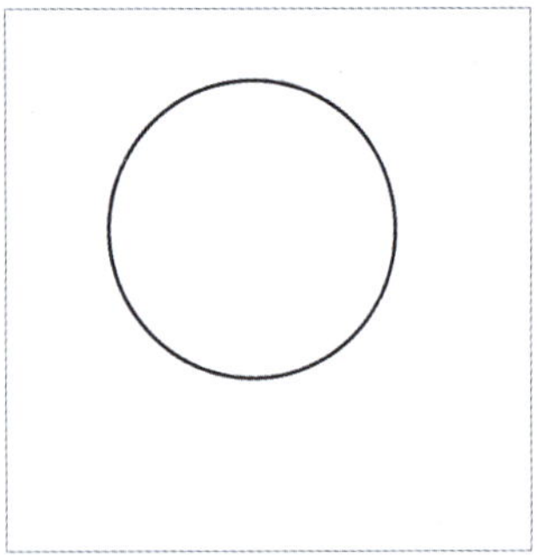

图7-22 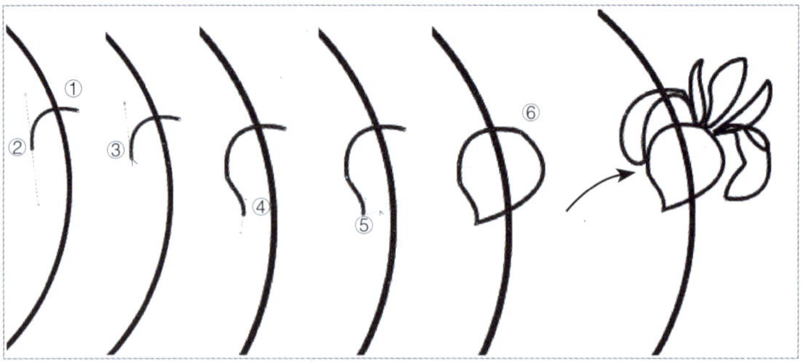   图7-23

STEP 04 选择"弯度钢笔工具" ，在工具属性栏中设置描边为"无"，填充颜色为"#000000"；在兰花图形右下角单击鼠标左键创建第一个锚点，然后依次在上方创建两个锚点，形成一条弧线；继续创建多个锚点，并闭合形状；使用"转换点工具" 单击第一个锚点和最后一个锚点，将其转换为角点，让叶片形状更加符合要求，如图7-24所示。

> **提示**
>
> 使用钢笔工具绘制形状时，按住【Alt】键不放，可暂时切换为转换点工具，松开【Alt】键又可恢复为钢笔工具。

STEP 05 复制一个叶片形状，并将复制的叶片形状水平翻转，调整该形状的位置和旋转角度。选择【编辑】/【变换】/【变形】命令，拖动控制点调整复制叶片的形状，效果如图7-25所示。

STEP 06 使用与步骤5相同的方法依次制作多个不同形状、大小、角度和位置的叶片，效果如图7-26所示，将除背景图层和椭圆图层外的其余所有图层创建为新组，修改图层组名称为"兰花"。

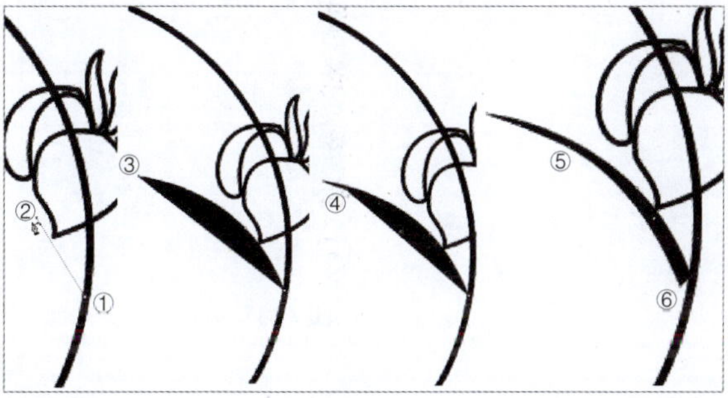

图7-24

图7-25

图7-26

STEP 07 将椭圆图层栅格化，将与兰花图形重合的部分，以及椭圆左侧部分创建为选区，将选区内的部分椭圆删除，再次调整部分叶片，使兰花形象更加自然，效果如图7-27所示。

STEP 08 使用"钢笔工具" 绘制山川和河流图形以及房屋外形，绘制完成后，若路径不够平滑，则选择"转换点工具" 调整形状，效果如图7-28所示。

STEP 09 使用"矩形工具" 绘制窗户图形，然后在椭圆下方使用"横排文字工具" 输入标志名称文字，并绘制矩形条作为装饰，完成后的效果如图7-29所示，最后保存文件。

图7-27

图7-28

图7-29

🔔 **提示**

在绘制较复杂的图形时,可先手绘出图形草图,上传至当前计算机中,然后将草图置入Photoshop中作为背景图层,使用"钢笔工具" ✐.在草图上临摹。

7.1.4 使用钢笔工具组绘图

钢笔工具组主要包括6个工具,可用于绘制或编辑不规则图形。

1. 钢笔工具

选择"钢笔工具" ✐.,在其工具属性栏选择绘图模式为"形状",设置填充和描边属性后,在图像编辑区依次单击鼠标左键创建锚点,形成直线段,通过绘制多段直线段并闭合形状,可绘制出边缘为直线的图形形状,如图7-30所示。在图像编辑区单击鼠标左键确定第一个锚点,继续单击鼠标左键并拖曳鼠标,可形成曲线段,通过绘制多段曲线段并闭合形状,可绘制出边缘为曲线的图形,如图7-31所示。

图7-30	图7-31

2. 自由钢笔工具

"自由钢笔工具" ✐.可以自动添加锚点,无需确定锚点位置,用于绘制边缘比较随意的图形,灵活性比较大。选择"自由钢笔工具" ✐.,设置绘图模式为"形状",在图像上单击并拖曳鼠标,可沿着鼠标拖动的轨迹绘制图形,如图7-32所示。

3. 弯度钢笔工具

"弯度钢笔工具" ✐.用于绘制弧线路径,并快速调整弧线的位置、弧度等,方便创建线条比较圆滑的路径或形状。

选择"弯度钢笔工具" ✐.,设置绘图模式为"形状",首先单击鼠标左键创建第一个锚点,接着单击鼠标左键创建第二个锚点,完成第一段线段的绘制。若需要绘制平滑曲线,则单击鼠标左键创建第三个锚点,3个锚点之间的线段将自动调整,使曲线变得平滑,继续单击可以创建多个锚点,闭合形状后可绘制出边缘为曲线的图形,如图7-33所示。若需要创建直线段,则创建第一个锚点后,双击创建第二个锚点,下一条线段将会是直线段。

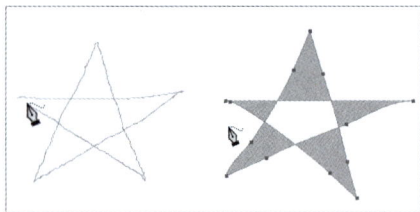

图7-32

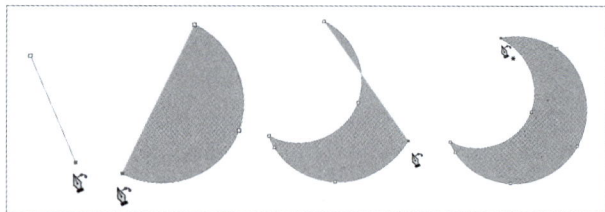

图7-33

4. 添加/删除锚点工具

"添加锚点工具" ⌀、"删除锚点工具" ⌀.可以在绘制的图形或路径上添加锚点、删除锚点,直接选择所需工具后,在绘制的图形或路径上单击鼠标左键即可。

5. 转换点工具

"转换点工具" ⟩主要用于转换锚点类型、新增控制柄,以及调整锚点上控制柄的方向和长度,从而调整形状。选择"转换点工具" ⟩,若在锚点上单击鼠标左键,则直线锚点(直线锚点用于创建直线段,连接两点成一条直线)和曲线锚点(平滑或尖锐的曲线,通过调整其方向线来控制曲线的形状)将会相互转换,图7-34所示为将房屋顶部形状的直线锚点转换为曲线锚点。在没有控制柄的锚点上单击并拖动鼠标,可生成控制柄,如图7-35所示。拖动锚点上控制柄一端的小圆点,可调整该侧控制柄的长度和方向。

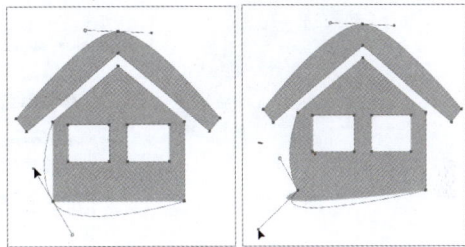

图7-34 图7-35

7.1.5 课堂案例——制作水果包装图案

【制作要求】为"果之怡"品牌的西瓜商品制作一个包装图案,要求使用插画风格,图案美观,色调自然、真实。

【操作要点】使用画笔工具绘制大色块,使用混合器画笔工具涂抹色块、绘制细节,使用橡皮擦工具擦除多余部分,使用铅笔工具绘制装饰线条。参考效果如图7-36所示。

【素材位置】配套资源:\素材文件\第7章\课堂案例\西瓜图片.jpg、包装正面图.psd

【效果位置】配套资源:\效果文件\第7章\课堂案例\水果包装图案.psd

平面设计效果

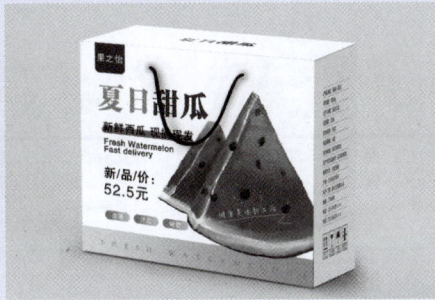

实际应用效果

图7-36

具体操作如下。

STEP 01 按【Ctrl+O】组合键，打开"西瓜图片.jpg"素材文件，使用"魔棒工具" 为西瓜创建选区，效果如图7-37所示。

STEP 02 新建一个图层，选择"画笔工具" ，在工具属性栏中选择画笔样式为"Kyle的墨水盒-传统漫画家"，效果如图7-38所示。

STEP 03 将鼠标指针移动到图像编辑区，按住【Alt】键不放，此时临时切换为"吸管工具" ，吸取西瓜皮底部最深的颜色（#3e4d14），释放鼠标，在右侧西瓜底部按住鼠标左键并拖曳鼠标，绘制深色部分，效果如图7-39所示。

视频教学：
制作水果包装
图案

| 图7-37 | 图7-38 | 图7-39 |

🔔 **提示**

使用"画笔工具" 绘制图形时,也可以通过设置前景色来确定画笔颜色。

STEP 04 按照与步骤3相同的方法继续吸取西瓜皮部分较浅的颜色（#dcd472、#fdfcd0），并由深入浅进行绘制，效果如图7-40所示。

STEP 05 在英文状态下按【]】键增大画笔，按【[】键减小画笔，然后选取西瓜瓜瓤部分的不同颜色进行涂抹，绘制出右侧西瓜的正面，效果如图7-41所示。

STEP 06 选择"混合器画笔工具" ，在工具属性栏中选择画笔样式为"Kyle的真实油画-01"，按照与步骤3相同的方法涂抹吸取颜色并涂抹右侧西瓜的正面，使画笔笔触更加自然，效果如图7-42所示。

| 图7-40 | 图7-41 | 图7-42 |

STEP 07 继续使用"画笔工具" 和"混合器画笔工具" 绘制选区西瓜的侧面，效果如图7-43所示。

STEP 08 取消选区，隐藏背景图层，并在背景图层和西瓜图层之间创建一个填充颜色为"#ffffff"的新图层，便于观察西瓜效果，然后使用"画笔工具" 和"混合器画笔工具" 修补西瓜细节部分。

STEP 09 选择"橡皮擦工具" ，在工具属性栏中选择画笔样式为"硬边圆"，选择"图层1"，擦除西瓜边缘多余的部分。

STEP 10 选择"画笔工具" ，设置前景色为"#510b09"，在工具属性栏中选择画笔样式为"Kyle终极上墨（粗和细）"，在西瓜上单击鼠标左键，绘制多个不同大小的西瓜子，效果如图7-44所示。

STEP 11 选择"混合器画笔工具" ，设置画笔大小为"32像素"，打开"画笔设置"面板，单击选中"形状动态"复选框，设置"大小抖动"为"80%"；单击选中"画笔笔势"复选框，设置"倾斜X"为"23%"，然后在西瓜子周围单击鼠标左键，绘制西瓜子高光和隐藏在瓜瓤内的西瓜子，效果如图7-45所示。

图7-43

图7-44

图7-45

STEP 12 新建图层，隐藏"图层2"，然后绘制左侧的西瓜，效果如图7-46所示。

STEP 13 打开"包装正面图.psd"素材文件，将绘制的两个西瓜图层拖动到"包装正面图.psd"文件中，并调整至合适的位置和大小。

STEP 14 设置前景色为"#fd493f"，在"包装正面图.psd"文件中新建图层，选择"画笔工具" ，在工具属性栏中选择画笔样式为"硬边圆"，在"新鲜西瓜 现摘现发"文字下方绘制线条装饰，效果如图7-47所示。

STEP 15 再次新建图层，设置前景色为"#ffffff"。选择"铅笔工具" ，在工具属性栏中设置大小为"4像素"，在右侧西瓜图案上按住鼠标左键快速拖曳鼠标，绘制白色线条，然后在线条上方输入"健康美味新生活"文字，并旋转文字，效果如图7-48所示，最后保存文件为"水果包装图案"。

图7-46   图7-47   图7-48

🔔 **提示**

使用"画笔工具" 绘制图形时，按住【Shift】键不放并拖曳鼠标，可绘制直线；或者在画布中单击鼠标左键确定一点，然后按住【Shift】键不放，在画布中单击鼠标左键确定另一点，两点之间将呈现直线，这样可以画任意角度的直线。

行业知识

包装中的图案是构成包装视觉形象的主要元素，不仅能够准确传达商品信息，还能增加包装的美观度，从而提升对受众的吸引力。包装上可以同时存在多种类型的图案，虽然它们的侧重点不同，但大致都可通过产品原材料、产地信息、产品成品、产品功效、产品实物、产品生产过程、产品使用过程、品牌形象、品牌吉祥物等来设计。

7.1.6 使用画笔工具绘图

"画笔工具" ✓.可以绘制出具有特殊效果的图形，如油画效果、水彩效果、毛笔笔触效果等。使用"画笔工具" ✓.绘图时，需要先设置画笔属性，然后拖曳鼠标绘制图形。

选择"画笔工具" ✓.，其工具属性栏如图7-49所示。单击"画笔预设"按钮 •.，可选择和设置预设的画笔，当鼠标指针显示为一个圆圈○时，说明当前选择的画笔笔刷为普通的圆点笔刷，圆圈的大小代表当前笔刷的大小。如果选择了异形的笔刷（见图7-50），鼠标指针就会变成相应的预览形状。按【CapsLock】键，鼠标指针固定显示为精确的十字形。

单击"切换'画笔设置'面板"按钮 ☑，打开"画笔设置"面板，在其中可设置画笔的详细参数，包括形状动态、散布、纹理、双重画笔、颜色动态、传递、画笔笔势、杂色、湿边、建立、平滑等，如图7-51所示。

图 7-49

图 7-50

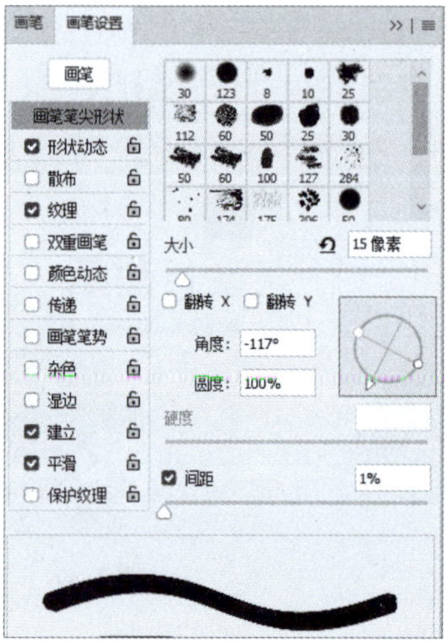

图 7-51

资源链接：
画笔工具属性栏
详解

此外，在该工具属性栏的"模式"下拉列表中可以设置所绘制图像与下方图像像素的混合模式。在"不透明度"数值框中可以设置画笔颜色的不透明度，数值较大时，画笔比较明显；数值较小时，画笔比较接近透明。单击 ✓ 按钮，在使用压感笔时，压感笔的即时数据将自动覆盖"不透明度"设置。

知识拓展

选择【窗口】/【画笔】命令，或在"画笔"面板中单击 按钮，打开"画笔设置"面板，在该面板中可设置画笔大小、画笔样式等。单击 按钮，打开"画笔"面板，如图7-52所示。单击"画笔"面板右上角的 按钮，选择"旧版画笔"选项，可导入旧版Photoshop中的画笔，如图7-53所示；选择"导入画笔"选项，可载入格式为"*.abr"的外部画笔文件，如图7-54所示。

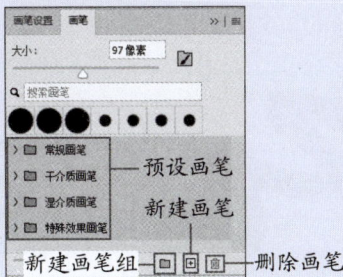

图 7-52

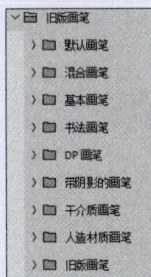

图 7-53

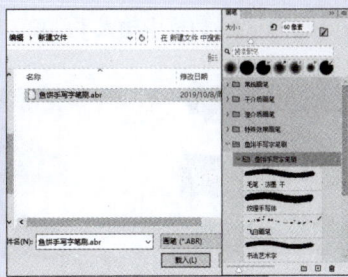

图 7-54

如果预设的画笔样式不能满足设计需求，则可以选择【编辑】/【定义画笔预设】命令，在"画笔名称"对话框中输入自定画笔的名称，将选择的任意图像或图形自定义为画笔样式。

7.1.7　使用铅笔工具绘图

"铅笔工具" 与"画笔工具" 类似，都用于绘制图形，使用方法也基本相同。不同的是，"铅笔工具" 绘制出的图形比较硬朗，其工具属性栏如图7-55所示。

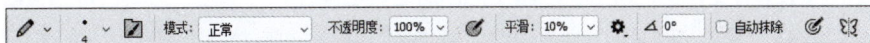

图 7-55

"铅笔工具" 的工具属性栏中新增了"自动抹除"复选框，用于自动判断绘画时的起始点颜色，单击选中该复选框后，将鼠标指针的中心放在包含前景色的区域上，可将该区域绘制为背景色；如果将鼠标指针放置到不包括前景色的区域上，则可将该区域绘制为前景色。

7.1.8　使用混合器画笔工具绘图

"混合器画笔工具" 可以制作出混合颜料的效果，如水彩、油画效果，其使用方法与画笔工具相似。"混合器画笔工具" 的工具属性栏如图7-56所示。

图 7-56

使用"混合器画笔工具" 时，可以单击 按钮右侧的下拉按钮 ，选择"载入画笔"选项，画笔笔刷载入储槽颜色（类似于水彩笔笔芯内灌装的颜色）；选择"清理画笔"选项，储槽颜色将不起作用；选择"只载入纯色"选项，在吸取画布取样颜色时，将取样区域的平均色（纯色）载入为储槽颜色，若取消选择此项，则将此区域颜色作为储槽颜色。单击"描边后载入画笔"按钮 ，每次涂抹（描边）后重新为画笔灌上储槽颜色；单击"描边后清理画笔"按钮 ，每次涂抹（描边）后清理画笔颜色。

若需要控制画笔从图像拾取的油彩量，则可以设置"潮湿"的参数值，该值较大时，会出现较长的绘画痕迹，图7-57所示分别为潮湿值为0%和100%时的绘画效果。需要设置储槽中添加的颜色量，可以设置"载入"的参数值，该值较低时，绘制时图像干燥的速度也会较快，图7-58所示分别为载入值为100%和10%时的绘画效果。需要控制画布颜色量与储槽中颜色的比例时，可以设置"混合"的参数值，该值为100%时，所有颜色来自画布；该值为0%时，所有颜色来自储槽。若需要设置描边平滑度，则可在 ⚪ 按钮右侧的数值框中输入平滑值，该值越高，平滑度越高。

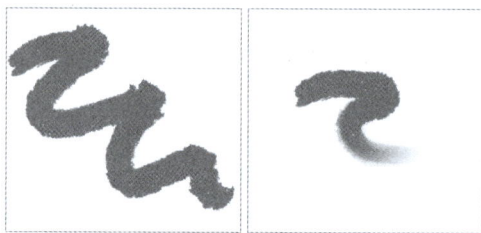

图7-57   图7-58

7.2 动态图形制作

动态图形是互联网技术高速发展的产物，图形的外观会随着时间流逝而发生改变。现如今，动态图形也被广泛应用于平面设计中，用于让平面设计作品更具趣味性和灵活性，为人们带来全新的视觉体验。在Photoshop中，通过"时间轴"面板中的"帧动画"模式，可以将静态图形制作为动态图形。

7.2.1 课堂案例——制作民宿动态标志

【制作要求】将"兰花溪谷"民宿的静态标志做成动态标志，要求在原标志的基础上制作动效，动态节奏舒缓、和谐，循序渐进，符合该民宿打造出的"慢生活"主题。

【操作要点】进入"帧动画"模式，新建和编辑帧，设置帧的延迟时间，保存帧动画。参考效果如图7-59所示。

【素材位置】配套资源:\素材文件\第7章\课堂案例\静态民宿标志.psd

【效果位置】配套资源:\效果文件\第7章\课堂案例\民宿动态标志.gif、民宿动态标志.psd

图7-59

具体操作如下。

STEP 01 按【Ctrl+O】组合键，打开"静态民宿标志"素材文件。

STEP 02 选择【窗口】/【时间轴】命令，打开"时间轴"面板，在其中单击⌄按钮，选择"创建帧动画"选项，然后单击 创建帧动画 按钮，创建帧动画。

STEP 03 在当前第1帧位置关闭除背景图层和"外圈"图层外的所有图层，选择"外圈"图层，在"图层"面板中设置该图层的不透明度为"0%"。在"时间轴"面板中单击"复制所选帧"按钮 ⊞，创建第2帧，如图7-60所示。

STEP 04 在"图层"面板中设置"外圈"图层的不透明度为"100%"，在"时间轴"面板中单击"过渡动画帧"按钮 ↘，打开"过渡"对话框，设置要添加的帧数为"2"，如图7-61所示，单击 确定 按钮。

STEP 05 按住【Shift】键不放，在"时间轴"面板中选择1~4帧，在其中任意一帧的"帧延迟时间"下拉列表中选择"0.2秒"选项，如图7-62所示。

视频教学：
制作民宿动态
标志

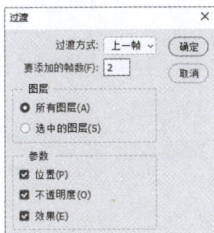

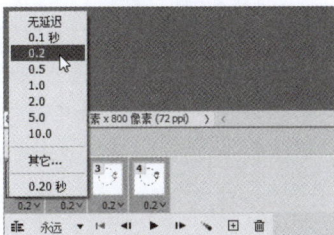

图7-60　　　　　　　　图7-61　　　　　　　图7-62

STEP 06 选择第4帧，在"图层"面板中显示"房屋"图层，再次单击"复制所选帧"按钮 ⊞，创建第5帧，然后显示"山川"图层。使用相同的方法再创建3帧，依次在每帧中显示出"河流""文字1""文字2"图层，此时"时间轴"面板如图7-63所示。

图7-63

STEP 07 在"时间轴"面板中选择4~7帧，在其中任意一帧的"帧延迟时间"下拉列表中选择"其它"选项，在"设置帧延迟"对话框中设置延迟为"0.4秒"，单击 确定 按钮。

STEP 08 在"时间轴"面板中设置第8帧的延迟时间为"1秒"，然后单击"播放动画"按钮 ▶预览动画效果，如图7-64所示。

图7-64

STEP 09 按【Alt+Shift+Ctrl+S】组合键，打开"存储为Web所用格式（100%）"对话框，单击 存储... 按钮，打开"将优化结果存储为"对话框，选择文件的保存位置，单击 保存(S) 按钮，导出文件名称为"民宿动态标志"，格式为"GIF"的动图，最后另存文件为"民宿动态标志"。

7.2.2 认识"时间轴"面板

Photoshop中的"时间轴"面板用于编辑视频和图像序列文件的各个帧，它有"视频时间轴"模式和"帧动画"模式。其中，"视频时间轴"模式主要用于处理视频，"帧动画"模式用于制作帧动画，制作动态图形一般都是选择"帧动画"模式。

进入"帧动画"模式的操作方法为：打开"时间轴"面板，在其中单击﹀按钮，选择"创建帧动画"选项，然后单击 创建帧动画 按钮，此时"时间轴"面板变为图7-65所示状态。

图7-65

在该面板中创建动画时，需要先选择需要设置的当前帧，然后修改该帧图层的位置、不透明度或样式，Photoshop将自动在关键帧之间添加或修改一系列帧，通过均匀改变新帧之间的图层属性（位置、不透明度和样式）来创建运动或变换的显示效果。例如，要设置淡入效果，可将起始帧图层的不透明度设置为0%（见图7-66），然后单击"复制所选帧"按钮⊞，将复制的帧作为结束帧，在结束帧将图层的不透明度设置为100%（见图7-67），然后单击"过渡动画帧"按钮﹀，在打开的"过渡"对话框中设置要添加的帧数，单击 确定 按钮，Photoshop会自动在起始帧和结束帧之间插入新帧，并在新帧之间均匀地减小图层的不透明度，如图7-68所示。如果想让过渡效果更自然，则可以选择所有帧，设置相同的帧过渡时间。

图7-66

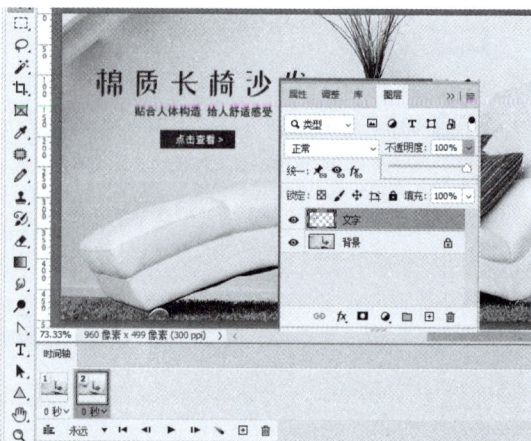

图7-67

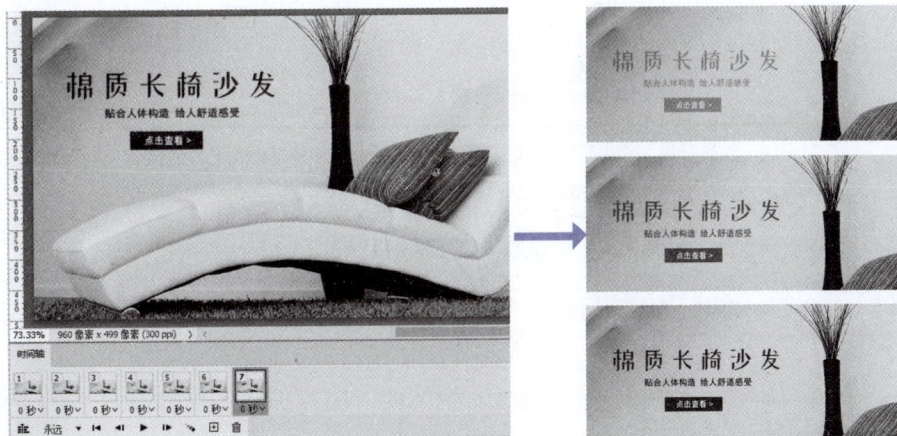

图 7-68

7.2.3　编辑图形帧

在制作动态图形的过程中，经常需要对图形所在的帧进行编辑，如新建帧、删除单帧、删除动画、拷贝单帧、粘贴单帧、过渡等。这些编辑操作都可以通过单击"时间轴"面板右上角的 按钮，在弹出的下拉列表中选择相应的编辑帧选项来实现，如图7-69所示。

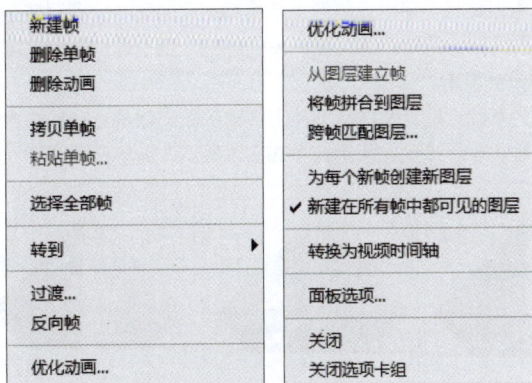

图 7-69

7.3
综合实训

7.3.1　制作家具企业标志

"金木家具"是一家生产实木家具的企业，在"推动绿色发展，促进人与自然和谐共生"的发展趋势下，该企业在产品的研发设计、采购、生产制造、物流等方面不断改革升级。"金木家具"为加快绿色转型，向受众传达企业的新理念和新品牌形象，准备更新升级企业标志。表7-1所示为"金木家具"标志制作任务单，任务单给出了明确的实训背景、制作要求、设计思路和参考效果。

表 7-1 "金木家具"标志制作任务单

实训背景	为满足"金木家具"企业产品升级的需求，重新设计"金木家具"的企业标志，体现出"金木家具"绿色、环保的品牌理念，便于企业在线下和线上的宣传渠道中使用
尺寸要求	800 像素 ×800 像素，分辨率为 300 像素 / 英寸
数量要求	共 2 个，包括 1 个静态标志、1 个动态标志
制作要求	1. 风格 采用兼具简单与抽象、设计感强的几何图案进行设计，从而凸显品牌的调性，便于受众记忆与传播 2. 色彩 结合树木、绿色、环保等元素，可使用金色、绿色双色，既与企业名称"金木"相呼应，又符合产品特征和品牌理念；字体颜色可选择棕色，营造和谐、统一的效果 3. 文字 企业中文名字"金木家具"；企业英文名字"Goldwood Furniture"，选择中式风格字体，彰显"金木家具"企业的文化底蕴
设计思路	1. 静态标志设计思路 以树冠、树木为灵感，使用三角形工具绘制树冠图形，使用钢笔工具绘制树枝图形，通过这种方式将图形简化为简洁凝练、充满设计感的几何形态，最后使用文字工具输入文字 2. 动态标志设计思路 以静态标志为基础，设计树木从下往上移动的动态效果，模拟树木慢慢生长的过程，暗喻其自然生长历程，表示该企业采用纯净的实木原料，突出产品质感
参考效果	 "金木家具"企业动态标志效果
效果位置	配套资源:\效果文件\第 7 章\综合实训\家具企业标志 .psd、家具企业动态标志 .gif

本实训的操作提示如下。

STEP 01 新建名称为"家具企业标志"的文件，使用"多边形选框工具" 分别绘制颜色为"#e6b11e""#d8942c"的三角形，并调整三角形的角度，效果如图7-70所示。

STEP 02 复制三角形图形，然后调整复制三角形的颜色分别为"#289045""#1a7d3b"，再将复制三角形图形水平翻转并调整位置，效果如图7-71所示。

视频教学：
制作家具企业
标志

STEP 03 使用"钢笔工具" ◎.在三角形图形中绘制填充颜色为"#ffffff"的树枝形状，效果如图7-72所示。

STEP 04 使用"横排文字工具" **T.**输入文字，设置字体为"方正清刻本悦宋简体"，颜色为"#5e4d3e"，效果如图7-73所示，然后保存文件。

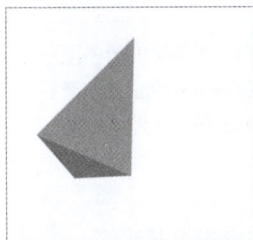

图7-70

图7-71

图7-72

图7-73

STEP 05 为了便于制作动态效果，可先将所有的三角形图层栅格化并合并图层，打开"时间轴"面板，进入"帧动画"模式。

STEP 06 设置第1帧的所有图层隐藏；新建1帧，设置第2帧时三角形图层和树枝图层显示；复制第2帧得到第3帧，返回第2帧，并将树枝垂直向下移动，直至不影响三角形图形效果。

STEP 07 单击"过渡动画帧"按钮 ◥，在打开的对话框中设置要添加的帧数为"3"；新建1帧，设置第7帧时中文文字显现；新建1帧，设置第8帧时英文文字显现。

STEP 08 调整所有帧的延迟时间为"0.2秒"，最后将文件导出为GIF格式的动图。

7.3.2 制作茶叶包装图案

"兰萃茶叶"是浙江一家专门经营茶叶的企业，拥有多家茶叶生产工厂，致力于把茶产业打造成当地的乡村振兴支柱产业，为消费者提供天然、健康的好茶叶。近期，根据市场需要，"兰萃茶叶"企业又推出了一款新品——明前龙井茶（龙井茶产于浙江，是我国国家地理标志产品）。因此，需要为该款茶叶制作合适的包装图案，以便于推广和销售该产品。表7-2所示为茶叶包装图案制作任务单，任务单给出了明确的实训背景、制作要求、设计思路和参考效果。

表7-2 茶叶包装图案制作任务单

实训背景	为实现"兰萃茶叶"企业推广和销售茶叶产品的目的，为该产品设计包装图案，以便应用到茶叶包装中
尺寸要求	12cm×16cm，分辨率为300像素/英寸
数量要求	1张，应用于包装正面
制作要求	1. 风格 采用小清新风格的简约插画作为主要图案，营造出简约、清新、明快的视觉氛围，给人温馨、愉悦的感觉 2. 色彩 选择绿色为主色调，不仅与龙井茶的颜色相符，还能凸显包装的风格

制作要求	3. 文案 ①新品龙井茶；②正宗明前龙井茶叶；③兰萃茶叶 4. 构图 中心构图方式，将主要文字展现在包装中间，便于消费者观看
设计思路	利用茶叶素材自定义茶叶画笔笔刷，然后使用画笔工具绘制叶子图形，将简单的叶子图形作为包装的底纹，并通过不同的不透明度展现出底纹的层次感；在包装中展示企业和产品名称，以及卖点文字，并使用矩形工具绘制矩形，作为文字底纹，突出包装主题
参考效果	 平面设计效果　　　　　　　　　　实际应用效果
素材位置	配套资源:\ 素材文件 \ 第 7 章 \ 综合实训 \ 茶叶素材 .psd
效果位置	配套资源:\ 效果文件 \ 第 7 章 \ 综合实训 \ 茶叶包装图案 .psd

本实训的操作提示如下。

STEP 01 打开"茶叶素材.psd"素材文件，为"图层1"中的形状创建选区，然后选择【编辑】/【定义画笔预设】命令，设置画笔名称为"茶叶1"。使用相同的方法依次将其他3个图层中的图形制作为画笔。

STEP 02 新建文件，设置背景图层的颜色为"#d5dfd3"。新建图层，修改图层名称为"底层"，前景色为"#788944"。选择"画笔工具" ✐，打开"画笔设置"面板，在"画笔笔尖形状"选项卡中选择步骤1创建的茶叶画笔，在"形状动态"选项卡中设置"大小抖动"为"60%"。

STEP 03 在图像编辑区绘制茶叶形状（注意在绘制时调整画笔大小），修改"底层"图层的不透明度为"20%"。

STEP 04 再次新建一个图层，继续绘制茶叶形状。

STEP 05 使用"矩形工具" ▭ 绘制颜色为"#f6f6f6"的矩形，然后复制矩形，修改复制矩形的大小，并为该矩形添加颜色为"#030400"，宽度为"1像素"的描边效果，然后修改原始矩形的不透明度为"70%"。

STEP 06 使用"横排文字工具" T. 在矩形中间输入文字，使用"椭圆工具" ⬭ 在"井"文字上方绘制颜色为"#e9555b"的圆形作为装饰，最后保存文件。

视频教学:
制作茶叶包装
图案

7.4 课后练习

练习 1 制作牛奶包装图案

【制作要求】利用提供的素材绘制牛奶包装图案，要求风格为手绘插画风格。

【操作提示】使用画笔工具绘制天空、小草、草地和树木等图形，再置入其他图像素材，参考效果如图7-74所示。

【素材位置】配套资源:\素材文件\第7章\课后练习\"牛奶包装素材"文件夹

【效果位置】配套资源:\效果文件\第7章\课后练习\牛奶包装图案.psd

平面设计效果　　　　　　　　　　　　　　　　　实际应用效果

图 7-74

练习 2 制作水果店铺标志

【制作要求】为"果之怡"店铺制作静态店铺标志和动态店铺标志，要求标志能够体现出店铺的产品——水果，以及店铺名称。

【操作提示】使用椭圆工具绘制标志框架，使用自定形状工具绘制简单的绿叶图形作为装饰，使用钢笔工具绘制橘子形状作为主体元素，参考效果如图7-75所示。

【效果位置】配套资源:\第7章\课后练习\水果店铺标志.psd、水果店铺动态标志.gif

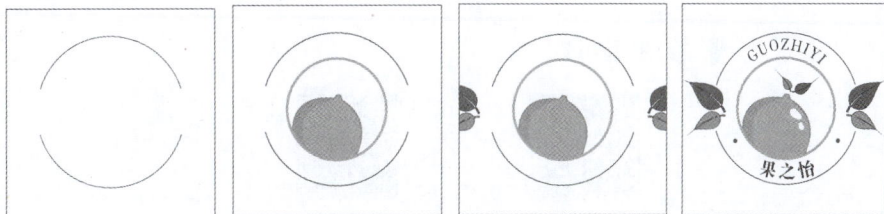

图 7-75

第 **8** 章 图像抠图

抠图是指将需要的图像从原图像中分离出来，可视为搜集素材的一种手段。在广告、主图、招贴等平面设计中，常常需要使用没有背景的素材来进行设计，此时就需要平面设计师通过不同的工具、命令进行抠图，删除不需要的部分，保留需要的部分，再结合文字或者其他图像素材，制作出符合要求的平面设计作品。

📖 学习要点

◎ 掌握使用工具抠取各类图像的方法。
◎ 掌握使用命令抠取各类图像的方法。

✣ 素养目标

◎ 提升分析能力，能针对不同素材选择不同抠图工具和命令。
◎ 提升图像的合成能力，避免素材与素材间不匹配的情况。

◈ 扫码阅读

案例欣赏   课前预习

8.1
使用工具抠图

在进行平面设计时，若需要将图像中的某个素材运用到其他场景中，可将该素材抠取出来再移动到其他场景中进行合成。在Photoshop中，用于抠图的工具效果各有不同，平面设计师可根据实际需要选择合适的工具。

8.1.1　课堂案例——制作"葡萄"宣传海报

【制作要求】某品牌需要制作以"葡萄"作为主视觉元素的宣传海报，要求效果美观、色调统一。

【操作要点】使用对象选择工具抠取葡萄图片，使用快速选择工具和魔棒工具抠取另一个葡萄图片，然后将它们运用到提供的背景中。参考效果如图8-1所示。

【素材位置】配套资源:\素材文件\第8章\课堂案例\"'葡萄'宣传海报"文件夹

【效果位置】配套资源:\效果文件\第8章\课堂案例\"葡萄"宣传海报.psd

抠取前　　　　　　　　　完成后的效果　　　　　　　　运用后的效果

图8-1

具体操作如下。

STEP 01　打开"葡萄1.jpg"素材文件，如图8-2所示。

STEP 02　选择"对象选择工具" ，在工具属性栏中设置模式为"矩形"选项，然后在图像编辑区从左到右拖曳鼠标，绘制矩形框，稍后便会发现整个葡萄被自动选中，效果如图8-3所示，按【Ctrl+J】组合键复制选区中的葡萄。

图8-2　　　　　　　　　　　　　　　　　　　　图8-3

STEP 03 打开"葡萄2.jpg"素材文件。选择"快速选择工具" ![icon]，在葡萄的背景处拖曳鼠标发现整个背景被选中，效果如图8-4所示。

视频教学：
制作"葡萄"
宣传海报

图8-4

STEP 04 选择"魔棒工具" ![icon]，在工具属性栏中单击"添加到选区"按钮![icon]，然后在未被选择的背景区域单击鼠标左键，发现单击区域被选中。使用相同的方法在其他未被选中的背景区域中不断单击，按【Shift+Ctrl+I】组合键反选选区，完成整个葡萄的抠取，效果如图8-5所示。

图8-5

STEP 05 打开"宣传海报.jpg"素材文件，效果如图8-6所示。

STEP 06 切换到"葡萄1.jpg"素材文件，选择"移动工具" ![icon]，拖动选区中的图像到"宣传海报.jpg"素材文件中，按【Ctrl+T】组合键，调整大小、位置，并旋转图像，效果如图8-7所示。

STEP 07 按【Ctrl+J】组合键复制图层，设置"图层 1 拷贝"图层的混合模式为"滤色"，不透明度为"20%"，效果如图8-8所示。

STEP 08 切换到"葡萄2.jpg"素材文件，使用"移动工具" ⊕ 拖动选区中的图像到"手机宣传海报.jpg"素材文件中，按【Ctrl+T】组合键调整大小、位置，并旋转图像，完成后另存文件，效果如图8-9所示。

  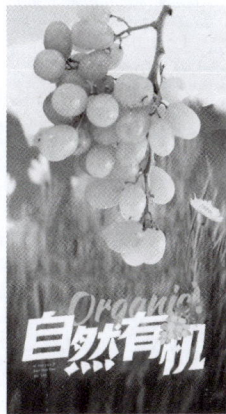

图8-6   图8-7   图8-8   图8-9

8.1.2 对象选择工具

"对象选择工具" ⬚ 可以理解为利用Photoshop自动判定所选区域内主体图像的一种工具，适用于快速抠取简单图像，如抠取与背景对比明显、不含毛发的图像。使用"对象选择工具" ⬚ 时，在工具属性栏中根据具体需要设置相关参数后，如图8-10所示，在图像编辑区内按住鼠标左键不放并拖曳鼠标，绘制一个框选区域，Photoshop将自动为区域内的主体图像创建选区，如图8-11所示。

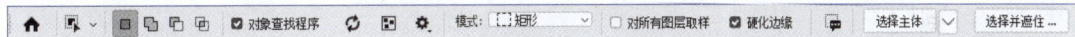

图8-10

调整前   框选熊猫   框选效果

图8-11

资源链接：
对象选择工具的
工具属性栏详解

8.1.3 快速选择工具

"快速选择工具" ⬚ 适合用于创建简单的选区，抠取背景单一的图像。使用"快速选择工具" ⬚ 时，在工具属性栏中根据具体需要设置相关参数后，如图8-12所示，在图像编辑区内按住鼠标左键不放并拖曳鼠标，Photoshop将自动为拖曳轨迹处的图像创建选区，如图8-13所示。

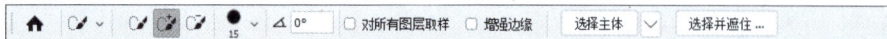

图8-12

| 调整前 | 拖曳鼠标 | 创建选区后的效果 |

图8-13

8.1.4　魔棒工具

"魔棒工具"⚡的原理是选取抠图对象上的某一点，Photoshop将把与这一点颜色相近的点自动归入色彩类似的图像选区中。因此，该工具是抠取对象位于纯色背景图像最简单的方法之一。使用"魔棒工具"⚡时，在工具属性栏中根据具体要求设置相关参数后，如图8-14所示，在图像编辑区内单击鼠标左键，Photoshop将自动根据单击点处的像素创建选区，如图8-15所示。

图8-14

| 调整前 | 拖曳选区 | 创建选区后的效果 |

图8-15

8.1.5　课堂案例——制作甜品宣传三折页正面

【制作要求】某甜品店为了招揽顾客推出一些新甜品，需要制作尺寸为"426mm×291mm"的三折页正面图，以吸引更多顾客来店品尝甜品。要求结合美食相关元素，突出新甜品的特色，颜色以黄色为主色，效果要求简洁美观。

【操作要点】使用橡皮擦工具擦除鲜花部分，使用魔术橡皮擦工具去除麦穗的背景，使用背景橡皮擦工具去除图片中多余的部分，再应用处理后的图像和其他素材文件制作三折页正面，参考效果如图8-16所示。

【素材位置】配套资源:\素材文件\第8章\课堂案例\"甜品宣传三折页正面素材"文件夹
【效果位置】配套资源:\效果文件\第8章\课堂案例\甜品宣传三折页正面.psd

图8-16

具体操作如下。

STEP 01 按【Ctrl+N】组合键,新建一个名称为"甜品宣传三折页正面",尺寸为"426mm×291mm",分辨率为"300像素/英寸"的文件。

STEP 02 显示标尺,再创建参考线,将整个页面分为3个部分,如图8-17所示。

STEP 03 打开"图片1.jpg"素材文件,选择"橡皮擦工具"，在工具属性栏设置画笔大小为"174像素",然后在玫瑰花处涂抹,发现玫瑰花被擦除,效果如图8-18所示。注意:若背景颜色不是白色,则需要先将背景颜色设置为白色,因为涂抹后涂抹区域将以背景颜色显示。

视频教学:
制作甜品宣传
三折页正面

图8-17

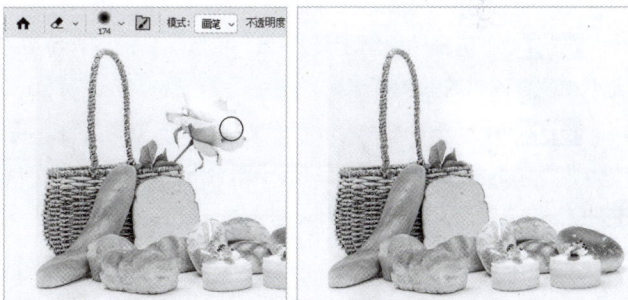

图8-18

STEP 04 双击"背景"图层,在打开的对话框中单击 确定 按钮,然后将图像拖动到"甜品宣传三折页正面"文件中,按【Ctrl+T】组合键,调整图像大小、位置,效果如图8-19所示。

STEP 05 打开"图片2.jpg"素材文件,选择"魔术橡皮擦工具"，在工具属性栏中设置容差为为"30",然后在麦穗的背景处单击鼠标左键,发现背景被擦除,若某些区域未被擦除,则可放大该区域然后单击该区域,效果如图8-20所示。

STEP 06 选择"移动工具"，将擦除后的麦穗图像拖到"甜品宣传三折页正面"文件中,调整大小和位置,效果如图8-21所示。

图 8-19 图 8-20 图 8-21

STEP 07 打开"图片3.png""底纹.png""图片4.png"素材文件，将其拖到"甜品宣传三折页正面"图像文件中，调整大小和位置，如图8-22所示。

STEP 08 打开"图片5.jpg"素材文件，选择"背景橡皮擦工具" ，在工具属性栏中设置大小为"60像素"，然后在图片的背景处单击鼠标左键，发现单击区域的背景被擦除，拖曳鼠标擦除其他区域，效果如图8-23所示。

图 8-22 图 8-23

STEP 09 选择"移动工具" ，将擦除后的图像拖到"甜品宣传三折页正面"图像文件中，调整大小和位置，如图8-24所示。

STEP 10 打开"图片6.png""文字.psd"素材文件，将这些图像拖到"甜品宣传三折页正面"文件中，调整大小和位置，按【Ctrl+;】组合键隐藏参考线，查看完成后的效果，如图8-25所示，最后保存文件。

图 8-24 图 8-25

　　三折页又称三折宣传页、三折手册，是将一张纸按照两个垂直方向的中心线对折两次得到的折页形式，最终形成六个面。三折页常用于广告宣传、产品推广、活动介绍等场合，因为它既方便携带，又能传达丰富的信息。在设计三折页时，需要注意内容的真实性，避免过度宣传。

8.1.6　橡皮擦工具

　　"橡皮擦工具" ⌫ 用于擦除图像中的部分像素，可达到抠取所需图像的目的。该工具的工具属性栏类似于"画笔工具" ✎ ，单击选中"抹到历史记录"复选框，可抹除指定历史状态中的区域。选择"橡皮擦工具" ⌫ ，在工具属性栏中根据具体需要设置相关参数后，在图像编辑区内按住鼠标左键不放并拖曳鼠标；Photoshop将自动沿着拖曳轨迹抹除下方的图像，如图8-26所示。

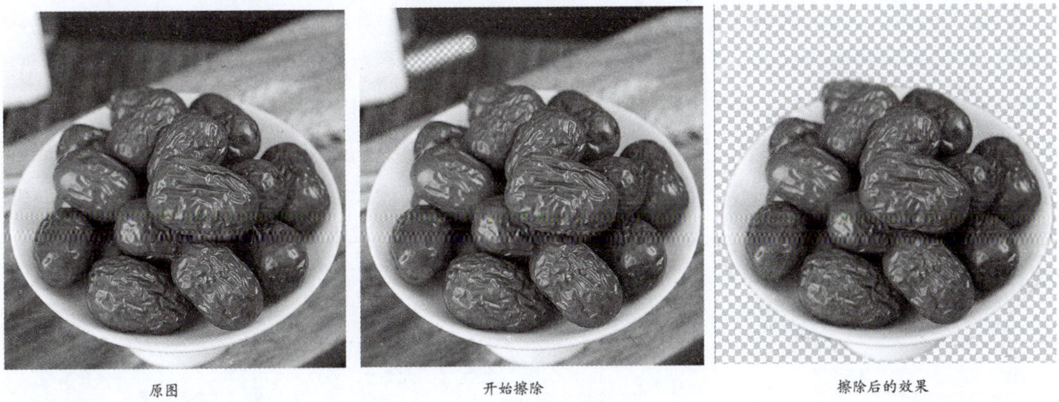

原图　　　　　　　　　　开始擦除　　　　　　　　　擦除后的效果

图8-26

8.1.7　背景橡皮擦工具

　　"背景橡皮擦工具" ⌫ 能将像素更改为背景色或透明，其工具属性栏如图8-27所示。其中，"取样：连续"按钮 ⌫ 为默认选中状态，拖曳鼠标时，Photoshop会随着鼠标指针的移动，连续取样位于画笔中间十字线所在位置的颜色。单击"取样：一次"按钮 ⌫ ，只会擦除含有第一次取样颜色的区域。单击"取样：背景色板"按钮 ⌫ ，按【Alt】键吸取所要擦除的颜色，选择"背景色板"选项后，只会擦除区域内有取样颜色的区域。"限制"用于设置抹除的范围。

　　选择"背景橡皮擦工具" ⌫ ，在工具属性栏中根据具体需要设置相关参数后，在图像编辑区内单击鼠标左键取样，按住鼠标左键不放并拖曳鼠标，Photoshop自动将与采样颜色对应的像素变为透明，如图8-28所示。

图8-27

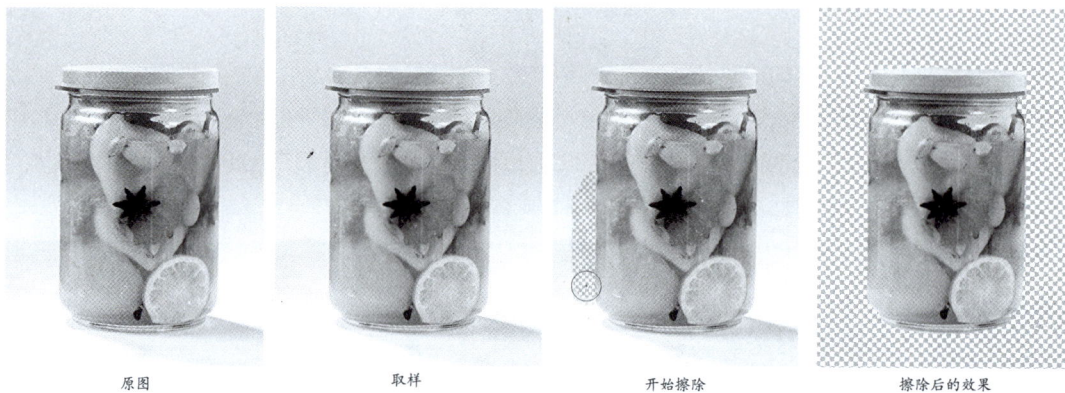

原图　　　　　　　　　取样　　　　　　　　　开始擦除　　　　　　　擦除后的效果

图8-28

8.1.8　魔术橡皮擦工具

"魔术橡皮擦工具" 能把像素更改为透明，因此可以把含有非相似颜色的像素区域从图像中分离出来。在已锁定透明度的图层中使用该工具，会将像素更改为背景色；在未锁定透明度的图层中使用该工具，会将像素更改为透明；在背景图层中使用该工具，会将背景图层转换为普通图层，并将像素更改为透明。该工具的工具属性栏选项与"魔棒工具" 类似，使用方法也比较类似。

选择"魔术橡皮擦工具"，在工具属性栏中根据具体需要设置相关参数，并且不锁定图像所在图层的透明度，在图像编辑区内单击鼠标左键，Photoshop自动将与单击点处像素颜色一致的像素转化为透明，如图8-29所示。

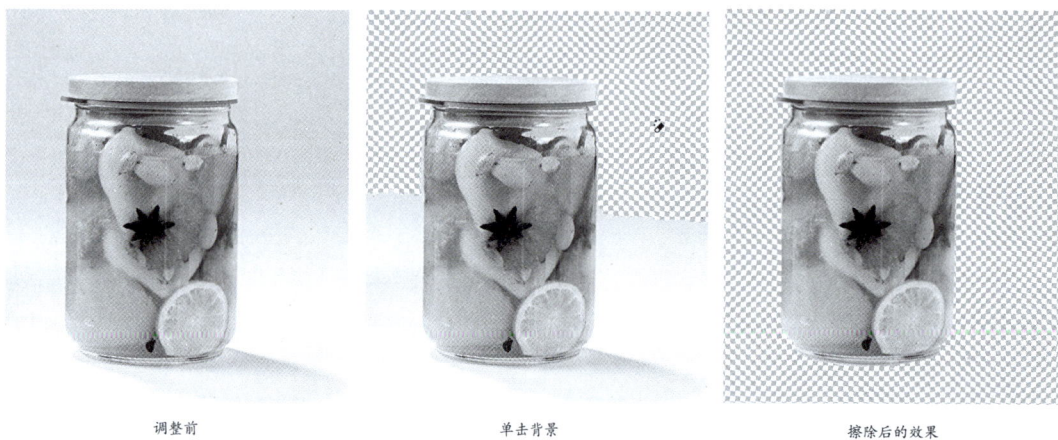

调整前　　　　　　　　　　单击背景　　　　　　　　　擦除后的效果

图8-29

> **知识拓展**
>
> 魔术橡皮擦工具适用于抠取对象颜色与背景颜色反差大，而背景颜色又都比较相似的、抠取对象轮廓较清晰的图像，是单击一次便可擦除区域内相似颜色的操作方式；背景橡皮擦工具更适用于抠取对象轮廓相对精细的图像，是一种与画笔绘制相似的操作方式。

8.2
使用命令抠图

使用命令抠图可以通过Photoshop的自动运算功能，在主体明确的图像中为主体对象建立选区。在具体操作过程中，可根据图像特征选择合适的命令，如主体对象单一的图像可使用"主体"命令抠图；主体对象颜色与背景颜色差异大的图像可使用"色彩范围"命令抠图。

8.2.1　课堂案例——制作在线教育宣传广告

【制作要求】某教育平台准备制作在线教育宣传广告，并投放到人流量较大的公共场合，要求尺寸为"240mm×120mm"，内容简洁，视觉美观。

【操作要点】使用"色彩范围"命令抠取人物，使用"主体"命令抠取矢量图形，使用"选择并遮住"命令抠取细节，新建文档将抠取后的效果运用到文档中，并添加文字，参考效果如图8-30所示。

【素材位置】配套资源:\素材文件\第8章\课堂案例\在线教育宣传广告

【效果位置】配套资源:\效果文件\第8章\课堂案例\在线教育宣传广告.psd

完成后的效果　　　　　　　　　　　　　　　运用效果

图8-30

具体操作如下。

STEP 01 打开"矢量人物.jpg"素材文件，如图8-31所示。选择【选择】/【色彩范围】命令，打开"色彩范围"对话框，将鼠标指针移至背景上，单击鼠标左键取色，在对话框中设置容差为"40"，如图8-32所示，单击 确定 按钮，为背景创建选区。然后按【Shift+Ctrl+I】组合键反选选区，完成整个人物的抠取，效果如图8-33所示。

图8-31　　　　　　　　　　　图8-32　　　　　　　　　　　图8-33

STEP 02 打开"矢量素材.jpg"素材文件，选择【选择】/【主体】命令，Photoshop自动为所需的部分创建选区，如图8-34所示。

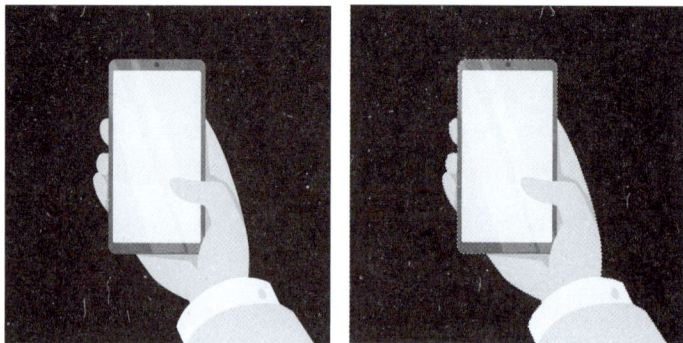

视频教学：
制作在线教育
宣传广告

图 8-34

STEP 03 打开"矢量素材2.jpg"素材文件，选择【选择】/【主体】命令创建选区，发现只是选中了图像中很少的区域，如图8-35所示。使用"快速选择工具"添加其他未被选中但又需要添加的图像选区，如图8-36所示。

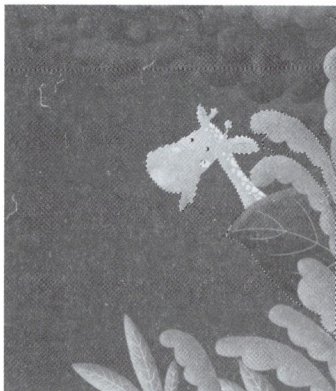

图 8-35

图 8-36

STEP 04 选择【选择】/【选择并遮住】命令，打开"选择并遮住"工作界面，选择"调整边缘画笔工具"，单击"添加到选区"按钮，设置画笔大小为"13像素"，视图为"叠加"，然后拖曳鼠标围绕图像边缘粗略涂抹，在此过程中可按【Ctrl+Z】组合键撤回操作，防止破坏已有选区，然后通过单击"添加到选区"按钮、"从选区减去"按钮以及改变画笔大小来调整区域，如图8-37所示。

图 8-37

STEP 05 设置"输出到"为"新建图层"，单击 确定 按钮，返回工作界面查看效果，如图8-38所示。

STEP 06 打开"矢量素材3.jpg"素材，如图8-39所示。选择【选择】/【焦点区域】命令，打开"焦点区域"对话框，在工具属性栏中单击 按钮，设置大小为"10"，然后在背景处拖曳鼠标，可在"视图"栏中查看减去后的效果，若减去的效果不够完整，则可多次对背景进行拖曳，完成后设置"输出到"为"新建图层"，单击 确定 按钮，发现图像被完整抠取出来，如图8-40所示。

图8-38　　　　　　图8-39　　　　　　　　　　　　　　图8-40

STEP 07 新建名称为"在线教育宣传广告"，大小为"240mm×120mm"，分辨率为"300像素/英寸"的文件。置入"宣传广告背景.jpg"素材文件，调整大小和位置，如图8-41所示。

STEP 08 选择"移动工具" ，分别将抠取后的"矢量人物""矢量素材""矢量素材2""矢量素材3"素材文件拖到"在线教育宣传广告"文件中，按【Ctrl+T】组合键调整大小、位置，效果如图8-42所示。

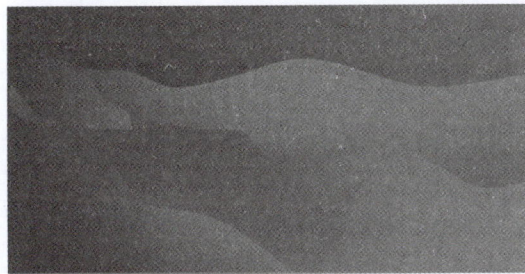

图8-41　　　　　　　　　　　　　　　　图8-42

STEP 09 打开"文字.psd"素材文件，选择所有文字并使用"移动工具" 将其拖到"在线教育宣传广告"文件中，调整大小和位置，如图8-43所示。

STEP 10 置入"二维码.png"素材，调整大小和位置，完成后保存文件，效果如图8-44所示。

图8-43　　　　　　　　　　　　　　　　图8-44

8.2.2 色彩范围

　　"色彩范围"命令可以通过设置色彩范围来抠取图像，也可以配合其他工具使用。若已经使用其他工具选中或创建选区，则使用此命令可在该选区中继续吸取色彩进行抠取。选择【选择】/【色彩范围】命令，打开"色彩范围"对话框，将鼠标指针移至图像上，单击鼠标左键取色，在对话框中调整参数，其中"选择"用于设置采样的范围。单击选中"检测人脸"复选框，在选择人像时，可以更加准确地选择肤色所在区域。"颜色容差"用于设置采样颜色的范围，以及控制采样颜色的选择程度。"范围"用于调整选区范围。"选区预览"用于设置选区在图像编辑区中的预览方式。完成后单击 确定 按钮，如图8-45所示。

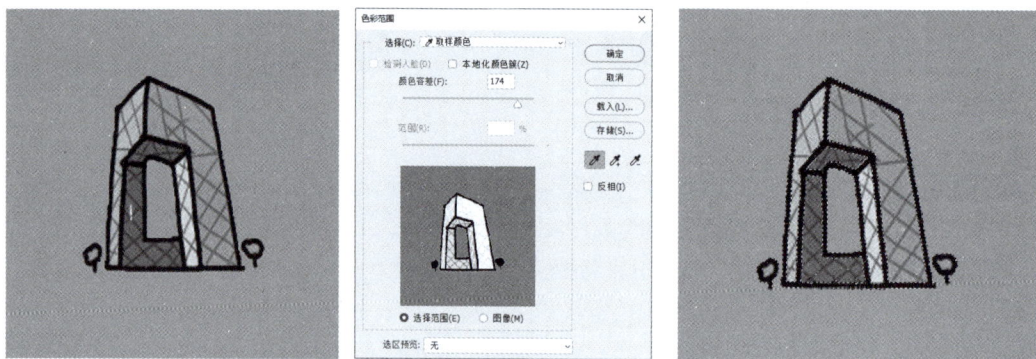

图 8-45

8.2.3 焦点区域

　　"焦点区域"命令适用于抠取主体对象清晰并且背景虚化模糊的图像，也适用于快速抹除毛发间存在背景颜色的图像。选择【选择】/【焦点区域】命令，打开"焦点区域"对话框，在"视图"下拉列表中选择所需的视图模式，单击选中"自动"复选框，Photoshop将快速自动分析位于焦点中对象的区域或像素，将焦点中对象以外的区域或像素选中，并自动抹除，如图8-46所示。若单击选中"自动"复选框后删除了多余区域，则可单击"焦点区域添加工具" 🖋️，然后在未被选择的区域中拖曳鼠标，添加焦点区域。若单击选中"自动"复选框后无法完全选择要抹除的区域，则可单击"焦点区域减去工具" 🖋️减去焦点区域，完成后可单击选中"柔化边缘"复选框柔滑图像的边缘。

🔔 提示

　　"焦点区域"对话框的"视图"下拉列表中有多种选项，其中"闪烁虚线"选项用于查看带有标准选区边界的选区，在柔化边缘的选区上，边界将会围绕被选中50%以上的像素；"叠加"选项用于将选区作为快速蒙版查看；"黑底"选项用于在黑色背景上查看选区；"白底"选项用于在白色背景上查看选区。"黑白"选项用于将选区作为蒙版查看；"图层"选项用于查看选区增加图层蒙版后的效果；"显示图层"选项用于在未使用蒙版的情况下查看整个图层，用户可根据需要选择合适的模式。

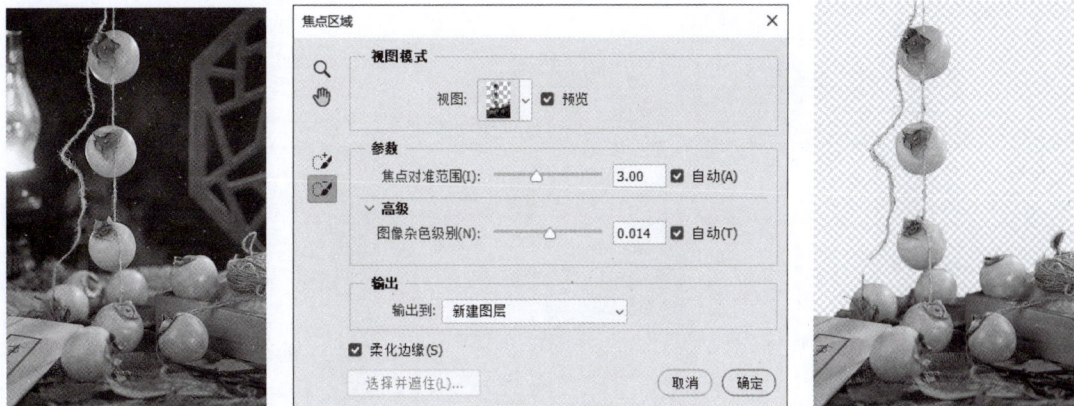

图 8-46

8.2.4　主体

　　"主体"命令适合抠取主体明确且与背景有反差的图像，常用于快速置换证件照背景、抠取对象单一和主体明确的图像。选择【选择】/【主体】命令，Photoshop可以自动识别图像中的主体对象，并为其创建选区，如图8-47所示。

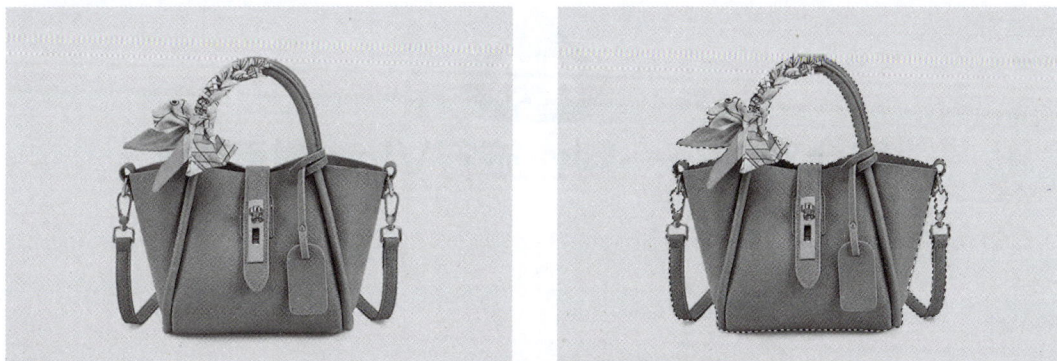

图 8-47

8.2.5　选择并遮住

　　"选择并遮住"命令适合抠取带有毛发、羽毛的精细图像，可以与其他工具和命令混用，如先使用"快速选择工具" 建立选区，然后使用"选择并遮住"命令细化选区，方便更精细地抠取对象。选择【选择】/【选择并遮住】命令，打开"选择并遮住"工作界面，如图8-48所示，在左侧工具栏中选择需要的工具，并在图像编辑中创建选区，在工具属性栏中调整工具属性，然后在右侧参数栏中进行参数的调整，处理好图像后，单击 确定 按钮，可返回工作界面查看效果。

资源链接：
"选择并遮住"
工作界面选项
详解

163

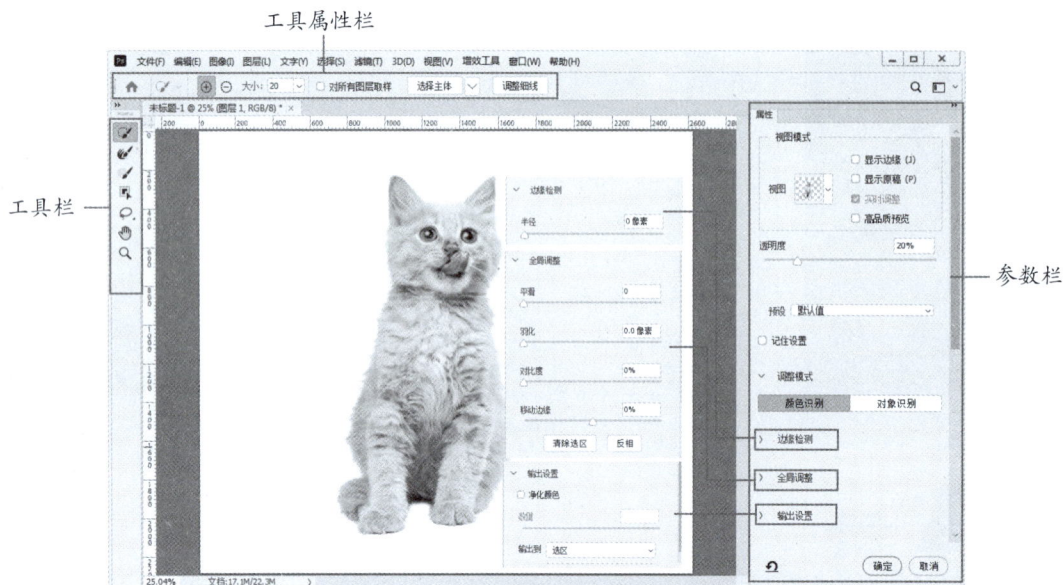

图 8-48

8.3

综合实训——制作旅行Vlog封面图

某旅游博主制作了一期关于青岛旅行的Vlog，上传平台时需要设置封面图，为了提升Vlog给观众的第一印象，决定使用在青岛拍摄的照片单独设计封面图。表8-1所示为旅行Vlog封面图制作任务单，任务单给出了明确的实训背景、制作要求、设计思路和参考效果。

表 8-1　旅行 Vlog 封面图制作任务单

实训背景	为某旅游博主的青岛旅行 Vlog 制作封面图，提升视频关注度
尺寸要求	1920 像素 ×1080 像素，分辨率为 300 像素 / 英寸
数量要求	1 张
制作要求	1. 风格 简约风格，内容主题明确 2. 排版 采用居中对齐的方式，将文字和人物素材放置到中间区域方便查看 3. 文案 青岛旅行 Vlog
设计思路	利用抠图工具和命令抠取人物，然后输入文字和绘制装饰，以及添加素材元素丰富画面

续表

参考效果	参考效果
素材位置	配套资源 :\ 素材文件 \ 第 8 章 \ 综合实训 \ "旅行 Vlog 封面图"文件夹
效果位置	配套资源 :\ 效果文件 \ 第 8 章 \ 综合实训 \ 旅行 Vlog 封面图 .psd

本实训的操作提示如下。

STEP 01 打开"相片.jpg"素材文件，使用"背景橡皮擦工具" 擦除人物后的背景。

STEP 02 选择【选择】/【焦点区域】命令，打开"焦点区域"对话框，在工具属性栏中单击 按钮，设置大小为"10"，然后在背景拖曳鼠标，可在"视图"栏中查看减去后的效果，若减去的效果不够完整，则可多次在背景处拖曳鼠标，完成后设置"输出到"为"新建图层"，单击 确定 按钮，发现图像被完整抠取出来。

视频教学：
制作旅行 Vlog
封面图

STEP 03 打开"旅行Vlog封面图.psd"素材文件，将抠取后的人物图像拖到"旅行Vlog封面图"素材文件中，调整大小和位置，最后保存图像文件。

8.4 课后练习

练习 1 制作茶叶全屏海报

【**制作要求**】某品牌为扩大宣传，准备为一款龙井茶制作全屏海报，在品牌首页中，并提升该商品的点击率。

【**操作提示**】先搜集相关素材，然后综合运用工具、命令和通道抠取商家提供的白底商品图像，去除多余图像，然后添加文本，置入装饰素材，布局全屏海报，参考效果如图8-49所示。

【**素材位置**】配套资源:\素材文件\第8章\课后练习\茶叶.jpg、茶叶全屏海报素材.psd

【**效果位置**】配套资源:\效果文件\第8章\课后练习\茶叶全屏海报.psd

图 8-49

练习 2 制作耳机海报

【制作要求】某店铺需要上新一款耳机，要求为该耳机制作海报，在海报中需要体现耳机的特点，效果要美观。

【操作提示】利用对象选择工具，配合套索工具抠取图像中的耳机，然后将其添加到背景中，调整大小和位置，参考效果如图8-50所示。

【素材位置】配套资源:\素材文件\第8章\课后练习\耳机.png、耳机背景.png

【效果位置】配套资源:\效果文件\第8章\课后练习\耳机背景.psd

图 8-50

第 **9** 章

图像合成

在平面设计过程中，通过图像合成可以将不同的场景、人物、物品等元素进行组合，打破现实的限制，实现图像的创意展示。在Photoshop中，进行图像合成可以借助多个功能或工具来完成，其中通道和蒙版运用较多。

📖 学习要点

◎ 掌握使用通道合成图像的方法。
◎ 掌握使用蒙版合成图像的方法。

◇ 素养目标

◎ 提升合成各类图像的能力。
◎ 提升环保意识，尊重自然，与自然和谐相处。

◈ 扫码阅读

案例欣赏   课前预习

9.1
使用通道合成

通道是用于存放颜色和选区信息的重要工具，通道所需的文件大小由通道中的像素信息决定，在 Photoshop中，一个文件最多可以有56个通道。在平面设计时，使用通道能精准地选取图像的边缘，为后续的图像合成操作提供便利。

9.1.1 课堂案例——制作婚纱宣传广告

【制作要求】某企业准备制作主题为"草坪婚照美学"的婚纱宣传广告，要求视觉效果美观，主题明确。

【操作要点】结合通道和"计算"命令抠取婚纱素材中的人物，将抠取后的人物运用到背景中，参考效果如图9-1所示。

【素材位置】配套资源:\素材文件\第9章\课堂案例\婚纱.jpg、婚纱背景.jpg

【效果位置】配套资源:\效果文件\第9章\课堂案例\婚纱宣传广告.psd

完成后的效果　　　　　运用效果

图9-1

具体操作如下。

STEP 01 打开"婚纱.jpg"素材文件，按【Ctrl+J】组合键复制背景图层，得到"图层1"，如图9-2所示。

STEP 02 选择"钢笔工具" ⊘，设置工具模式为"路径"，沿着人物轮廓绘制路径，注意绘制的路径不包括半透明的婚纱部分。打开"路径"面板，双击路径打开"存储路径"对话框，设置路径名称为"路径1"，单击 确定 按钮，效果如图9-3所示。

图9-2

图9-3

STEP 03 按【Ctrl+Enter】组合键将绘制的路径转换为选区，注意，若发现选区为人物外的背景，则需要先按【Shift+Ctrl+I】组合键反选选区。单击"通道"面板中的"将选区存储为通道"按钮 ，创建"Alpha 1"通道，选区自动填充白色，如图9-4所示。

STEP 04 复制黑白对比更鲜明的"蓝"通道，得到"蓝 拷贝"通道。选择该通道，隐藏其他通道，使用"钢笔工具" 为背景图像创造路径，按【Ctrl+Enter】组合键将路径转化为选区，再为选区填充黑色，如图9-5所示。

视频教学：
制作婚纱宣传
广告

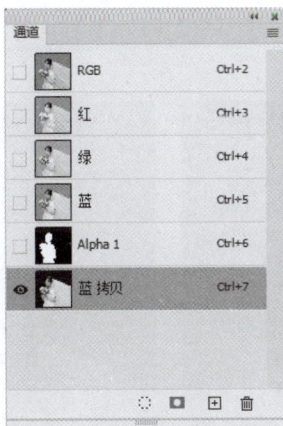
图9-4

图9-5

> **提示**
>
> 在使用通道抠图时，可分别查看每个通道的对比效果，选择对比较明显的通道进行后续操作。在通道内抠取背景图像时，除了能使用钢笔工具外，还可在前景色为黑色时，直接使用画笔工具进行涂抹，涂抹人物部分时，若想抠取得更精确一些，可以将画笔缩小再进行涂抹。

STEP 05 按【Ctrl+D】组合键取消选区，选择【图像】/【计算】命令，打开"计算"对话框，设置源2通道为"Alpha1"，设置混合为"相加"，单击 确定 按钮，如图9-6所示。

STEP 06 查看计算通道后的效果，在"通道"面板底部单击"将通道作为选区载入"按钮 ○ ，载入通道的人物选区，如图9-7所示。

图9-6 图9-7

STEP 07 切换到"图层"面板，选择"图层1"，按【Ctrl+J】组合键复制选区到"图层2"上，隐藏其他图层，查看抠取的婚纱效果，如图9-8所示。

STEP 08 打开"婚纱背景.jpg"素材文件，切换到"婚纱.jpg"文件中，将抠取好的图像拖到"婚纱背景.jpg"素材文件中，调整大小与位置，如图9-9所示。

STEP 09 选择婚纱图像，单击鼠标右键，在弹出的快捷菜单中选择【水平翻转】命令，再次调整婚纱位置，如图9-10所示。

STEP 10 由于人物和背景的融合较突兀，因此还需要选择"背景"图层，按【Ctrl+J】组合键复制图层，将复制后的图层移动到婚纱图层上方，并设置不透明度为"20%"，完成后另存文件，查看完成后的效果，如图9-11所示。

图9-8 图9-9 图9-10 图9-11

9.1.2 通道的基本操作

通道作为平面设计中合成图像的重要手段，在合成时只需选择【窗口】/【通道】命令，打开"通道"面板，在其中便可以进行创建通道、复制与删除通道、分离与合并通道等操作。

1. 创建通道

通道有颜色通道、专色通道和Alpha通道3种类型，并且每种通道有不同的创建方法。

- **创建颜色通道**：打开或新建一个文件后，"通道"面板将自动创建颜色通道。
- **创建专色通道**：单击"通道"面板右上角的▤按钮，在弹出的下拉菜单中选择【新建专色通道】命令，便可创建专色通道。
- **创建Alpha通道**：单击"通道"面板右上角的▤按钮，在弹出的下拉菜单中选择【新建通道】命令，便可创建Alpha通道。

2. 复制与删除通道

在处理通道时，为了不影响原通道中的信息，通常需要先复制要处理的通道。此外，为了减少图像文件的大小，可删除不需要的通道。这些操作都建立在已选中所需处理的通道基础上。

- **通过拖动通道**：将通道拖到"创建新通道"按钮⊞上，可复制该通道；将通道拖到"删除当前通道"按钮🗑上，可删除该通道。
- **通过▤按钮**：单击"通道"面板右上角的▤按钮，在弹出的下拉菜单中选择【复制通道】命令，可复制该通道；选择【删除通道】命令，可删除该通道。
- **通过鼠标右键**：单击鼠标右键，在弹出的快捷菜单中选择【复制通道】命令，可复制该通道；选择【删除通道】命令，可删除该通道。

3. 分离与合并通道

若需要分别处理各个通道中的图像，可先分离通道，再对各个通道进行处理，以便精确处理。由于分离出来的通道文件将以灰度模式显示，所以只有在处理完成后将分离出的通道文件合并，才能查看处理后的颜色效果。

- **分离通道**：打开文件后，单击"通道"面板右上角的▤按钮，在弹出的下拉菜单中选择【分离通道】命令，可分别为各个通道内的图像创建文件。分离出的文件数受图像文件的颜色模式影响，并且图像文件的颜色信息与原图像文件各颜色通道的信息一致。
- **合并通道**：选择任意一个分离出来的文件，单击"通道"面板右上角的▤按钮，在弹出的下拉菜单中选择【合并通道】命令，打开"合并通道"对话框，在"模式"下拉列表中选择合并模式，如选择"RGB颜色"选项，单击 确定 按钮，打开"合并RGB通道"对话框，保持指定通道的默认设置，单击 确定 按钮，合并通道，如图9-12所示。需要注意的是，分离通道后再合并通道，所得的图像文件是全新文件，其名称不与原文件一致。

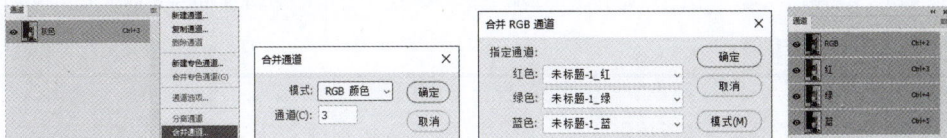

图9-12

9.1.3 通道运算

通道运算是指通过操作图像的不同颜色通道，实现对图像的复杂处理和控制。在平面设计中，通道运算常用于将不同图像的通道进行合成或融合，从而创造出独特的艺术效果。通道运算常使用"应用图像"命令和"计算"命令来完成。

1. "应用图像"命令

使用"应用图像"命令能将当前图像的图层或通道（源）与其他图像（目标）的图层或通道混合，从而形成特别的艺术效果。将需要通道运算的两个图像素材添加到同一个文件的不同图层中，然后选择所要操作的图层，选择【图像】/【应用图像】命令，打开"应用图像"对话框，在对话框中调整参数，其中"源"用于选择混合通道的源文件，源文件需要先在Photoshop中打开才能被选择；"图层"用于选择参与运算的图层；"通道"用于选择参与运算的通道；单击选中"反相"复选框，可使通道中的图像先反相，再进行混合；"目标"用于显示被混合的对象；"混合"用于设置混合模式，与图层的混合模式相似；"不透明度"用于控制运算图像的透明度。单击选中"蒙版"复选框，将展开"蒙版"栏，在其中可设置蒙版图像、图层和通道，设置完成后单击 确定 按钮，如图9-13所示。

图9-13

2. "计算"命令

"计算"命令的作用与图层混合模式类似，但其作用不像图层混合模式那么单一。使用"计算"命令能运算同一个文件或多个文件中的通道，使其生成新的文件、通道、选区等，以更加方便地对图像的不同曝光区域进行分区调整。打开要运算的文件，选择【图像】/【计算】命令，打开"计算"对话框，在对话框中调整参数，其中"源1"用于选择计算的第1个源图像、图层或通道；"源2"用于选择计算的第2个源图像、图层或通道；"结果"用于设置计算完成后的结果，选择"新建文档"选项将得到一个灰度图像，选择"新建通道"选项可将计算结果保存到一个新的通道中，选择"选区"选项将生成一个新的选区。设置完成后单击 确定 按钮，如图9-14所示。另外，在"通道"面板中可以查看计算后新生成的Alpha通道。需要注意的是，使用"计算"命令运算图像前，必须保证参与运算的图像所在文件的像素、尺寸均相同。

图9-14

9.2
使用蒙版合成

蒙版类似于在图层上添加一张隐藏的纸，可以隔离和保护图像中的某个区域，并通过改变纸的外形来控制图像的显示效果，它是合成图像中不可或缺的重要工具，也是平面设计中的常用操作。Photoshop提供了4种蒙版，包括快速蒙版、图层蒙版、矢量蒙版和剪贴蒙版，在处理图像时可根据具体需要使用。

9.2.1 课堂案例——制作植树节公益广告

【制作要求】随着植树节的到来，某企业准备制作一个植树节公益广告，要求尺寸为"300cm×150cm"。

【操作要点】使用图层蒙版制作公益广告背景，使用剪贴蒙版置入图像，添加素材并输入文字，参考效果如图9-15所示。

【素材位置】配套资源:\素材文件\第9章\课堂案例\"植树节公益广告"文件夹

【效果位置】配套资源:\效果文件\第9章\课堂案例\植树节公益广告.psd

完成后的效果　　　　　　　　　运用效果

图9-15

具体操作如下。

STEP 01 新建一个"300cm×150cm"的文件，打开"森林背景.jpg"素材文件，使用"移动工具" 将其拖到新文件的画面右侧，并按【Ctrl+T】组合键调整图像大小，效果如图9-16所示。

STEP 02 打开"绿布.png"素材，使用"移动工具" 将其拖到新文件中，调整大小和位置，效果如图9-17所示。

STEP 03 选择"绿布"素材所在图层，单击"图层"面板底部的"添加图层蒙版"按钮 ，设置前景色为"#000000"，背景色为"#ffffff"，使用"画笔工具" 涂抹"绿布"图像的右侧，隐藏部分图像，效果如图9-18所示。

视频教学:
制作植树节公益广告

STEP 04 打开"云层.psd"素材文件，使用"移动工具" 将所有图像拖到新文件中，调整图像大小和位置，使其形成云层分割线，效果如图9-19所示。

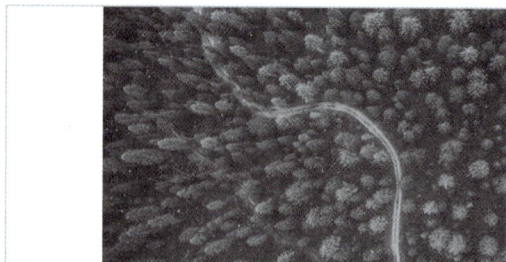

图9-16

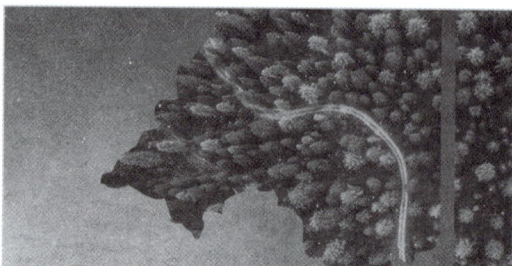

图9-17

图9-18

图9-19

STEP 05 选择"横排文字工具" ，在工具属性栏中设置字体为"思源黑体 CN"，字体样式为"Bold"，填充颜色为"#ffffff"，在图像右侧输入"多一片绿 从你我做起"文字，效果如图9-20所示。

STEP 06 打开"云层1.png"素材文件，使用"移动工具" 将图像拖到新文件文字上方，调整图像大小和位置。按【Alt+Ctrl+G】组合键与文字图层创建一个剪贴蒙版图层，效果如图9-21所示。注意这里文字分为上下两个部分，需要先复制一个"云层1"素材，再创建剪贴蒙版。

🔔 **提示**

在"图层"面板中选择一个图层并创建剪贴蒙版后，该图层前面会显示一个 按钮，表示该图层与下方图层为剪贴图层关系。

图9-20

图9-21

STEP 07 选择"横排文字工具" ，在工具属性栏中设置字体为"思源黑体 CN"，在图像中输入其他文字，调整文字大小、位置和字体样式，效果如图9-22所示。

STEP 08 选择"植"文字，单击"图层"面板底部的"添加图层蒙版"按钮 ▢，添加图层蒙版，选择"渐变工具" ▣，设置渐变颜色为"#000000"~"#ffffff"，然后从右到左拖曳鼠标，发现文字形成渐隐效果，如图9-23所示。

图9-22　　　　　　　　　　　　　　　　　图9-23

STEP 09 使用与步骤8相同的方法分别为"树""节"文字添加图层蒙版，并使用"渐变工具" ▣添加渐变效果，效果如图9-24所示。

STEP 10 选择"横排文字工具" T，在工具属性栏中设置字体为"思源黑体 CN"，在图像中输入其他文字，调整文字的大小、位置和字体样式，然后使用"矩形工具" ▢在"ARBOR DAY"文字下方绘制矩形。

STEP 11 打开"二维码.png"素材文件，使用"移动工具" ✛将其拖到"扫一扫 种棵树"文字上方，调整大小和位置，完成后保存文件，如图9-25所示。

图9-24　　　　　　　　　　　　　　　　　图9-25

🖉 行业知识

植树节是一个特殊的节日，旨在集中力量植树造林，以增加森林覆盖率，改善生态环境。这有助于减少土壤侵蚀，促进水源涵养和空气净化，同时为鸟类和其他野生动植物提供栖息地。通常政府、学校、社区和企业在植树节组织各种植树活动，如集体植树、义务植树、校园植树等。通过这些活动，人们可以亲身体验植树的乐趣，传播环保理念，共同构建美丽的绿色家园。

9.2.2 图层蒙版

图层蒙版可以控制图层中不同区域的隐藏或显示状态，通过编辑图层蒙版还可以将各种特殊效果应用于图层中的图像上，且不会影响该图层的像素。

1．创建图层蒙版

图层蒙版是一种灰度图像，其中黑色部分表示隐藏区域，白色部分表示可见区域，灰色部分表示以一定透明度显示的区域。创建图层蒙版主要有以下3种方法。

- 在"图层"面板中选择需要添加图层蒙版的图层，选择【图层】/【图层蒙版】/【显示全部】命令，即可得到一个图层蒙版，如图9-26所示。
- 在图像中具有选区的状态下，在"图层"面板中单击"添加图层蒙版"按钮 ▣ 可以为选区以外的图像添加图层蒙版，如图9-27所示。
- 如果图像中没有选区，则单击"添加图层蒙版"按钮 ▣ 可以为整个画面添加蒙版，此时设置前景色为黑色，背景色为白色，然后使用"画笔工具" ✐ 涂抹画面，涂抹的区域为蒙版状态，如图9-28所示。

图9-26   图9-27   图9-28

2．编辑图层蒙版

平面设计师可以通过停用图层蒙版、启用图层蒙版、删除图层蒙版等方法编辑图层蒙版，使图像效果更加符合设计需求。

- **停用图层蒙版**：选择【图层】/【图层蒙版】/【停用】命令，可将当前选择的图层蒙版停用，停用的图层蒙版缩览图会显示 ✖。或者在需要停用的图层蒙版上单击鼠标右键，在弹出的快捷菜单中选择"停用图层蒙版"选项。
- **启用图层蒙版**：在"图层"面板中单击已经停用的图层蒙版图标 ✖，即可启用图层蒙版。
- **删除图层蒙版**：要删除图层蒙版，可在图层蒙版缩览图上单击鼠标右键，在弹出的快捷菜单中选择"删除图层蒙版"选项。

9.2.3 剪贴蒙版

剪贴蒙版由基底图层和内容图层组成，其中内容图层位于基底图层上方。基底图层用于限制内容图层的最终形式，而内容图层则用于限制基底图层的显示效果。需要注意的是，一个剪贴蒙版只能拥有一个基底图层，但可以拥有多个内容图层。

打开一张图像，如图9-29所示，双击背景图层，将其改变为普通图层（图层1），然后新建一个图层（图层2），并绘制一个白色圆形，放到"图层"面板最底部，选择图层1，选择【图层】/【创建剪贴蒙版】命令或按【Alt+Ctrl+G】组合键，将其与下方的图层2创建为一个剪贴蒙版，如图9-30所示，图像效果如图9-31所示。

素材图像

图9-29

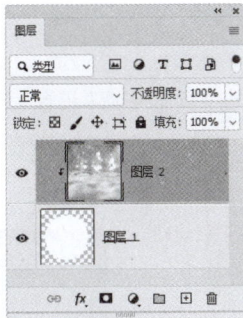

创建剪贴蒙版

图9-30

剪贴蒙版效果

图9-31

🔔 **提示**

为图层创建剪贴蒙版后,若觉得效果不佳,则可将剪贴蒙版取消,即释放剪贴蒙版。选择需要释放的剪贴蒙版,再选择【图层】/【释放剪贴蒙版】命令,或按【Ctrl+Alt+G】组合键可释放剪贴蒙版。

9.2.4　课堂案例——制作旅游形象广告

【制作要求】某小镇为了推广当地的旅游业务,并树立良好形象,准备制作一个旅游形象广告。要求广告的尺寸为"42.6cm×24cm",画面为标志性风景,具有设计感。

【操作要点】使用快速蒙版预留标志性风景的位置,添加素材并使用矢量蒙版去除多余部分,最后添加文字,参考效果如图9-32所示。

【素材位置】配套资源:\素材文件\第9章\课堂案例\"旅游形象广告"文件夹

【效果位置】配套资源:\效果文件\第9章\课堂案例\旅游形象广告.psd

完成后的效果

运用效果

图9-32

具体操作如下。

STEP 01 新建一个尺寸为"42.6cm×24cm"的文件,打开"底纹.jpg"素材文件,使用"移动工具" 将其拖到文件中,按【Ctrl+T】组合键调整图像大小,使其布满整个画面。

STEP 02 打开"旅游风景.jpg"素材文件，使用"移动工具" ✛ 将其拖到新文件中，适当调整图像大小，翻转图像并放到画面左侧，如图9-33所示。

STEP 03 选择"画笔工具" ✐ ，在其工具属性栏中设置"画笔样式"为柔边圆，按【Q】键进入快速蒙版编辑状态。设置前景色为"#000000"，使用"画笔工具" ✐ 在图像上涂抹，得到图9-34所示的图像区域。

图9-33 图9-34

STEP 04 选择【滤镜】/【滤镜库】命令，打开"滤镜库"对话框，在"艺术效果"滤镜组中选择"调色刀"滤镜，保持默认设置不变，单击"滤镜库"对话框右下角的 ⊞ 按钮，增加一个滤镜效果图层，在"画笔描边"滤镜组中选择"喷色描边"滤镜，并设置描边长度为"20"，喷色半径为"25"，如图9-35所示。

STEP 05 单击"滤镜库"对话框右下角的 ⊞ 按钮，增加一个滤镜效果图层，然后在"纹理"滤镜组中选择"龟裂缝"滤镜，并设置裂缝间距、裂缝深度、裂缝亮度分别为"15""7""8"，如图9-36所示。

视频教学：
制作旅游形象
广告

STEP 06 单击 确定 按钮得到滤镜效果，然后按【Q】键退出快速蒙版编辑状态，得到图像选区，如图9-37所示。

STEP 07 按【Delete】键删除选区内的图像，再按【Ctrl+D】组合键取消选区，效果如图9-38所示。

STEP 08 观察发现图像的边界区域还很明显，过渡不够美观，为了提升效果的美观性，可使用"橡皮擦工具" ✐ 擦除边界区域，然后将图像向左移动。

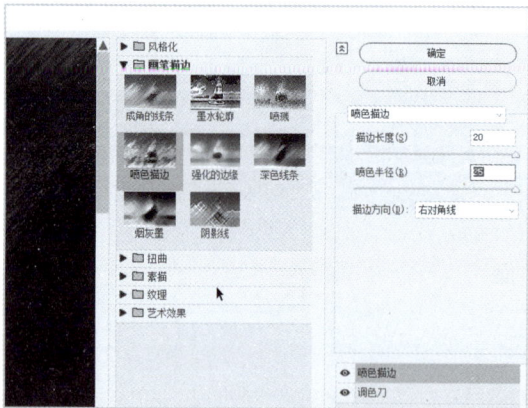

图9-35

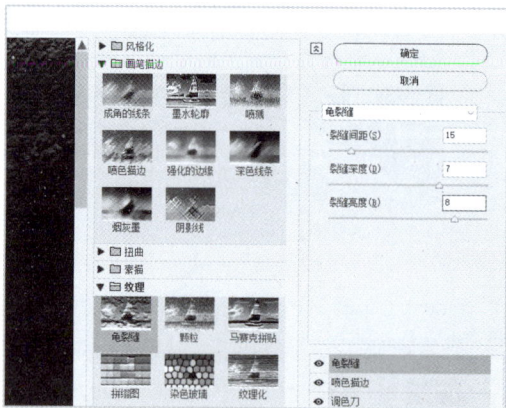

图9-36

图9-37

图9-38

STEP 09 打开"梅花.png"素材文件，使用"移动工具"⊕将其拖到新文件中，放到画面右上角，效果如图9-39所示。

STEP 10 选择"梅花"所在图层，使用"钢笔工具"∅在梅花图像上绘制路径，如图9-40所示。

图9-39

图9-40

STEP 11 选择【图层】/【矢量蒙版】/【当前路径】命令，发现路径外的区域被隐藏，如图9-41所示。

STEP 12 打开"美丽世界.psd"素材文件，将其中的所有素材拖到新文件中并放到画面右侧，效果如图9-42所示，最后保存文件。

知识
拓展

　　若选择【图层】/【矢量蒙版】/【当前路径】命令后，绘制的路径直接隐藏了路径区域，那是因为选择"钢笔工具"∅后，在工具属性栏中的"路径操作"下拉列表中选择了"减去顶层形状"选项，这时可先取消选择该选项，再选择"合并形状"选项。

图9-41

图9-42

9.2.5 快速蒙版

快速蒙版又称为临时蒙版，可以将任何选区作为蒙版进行编辑，还可以使用多种工具和滤镜命令来修改蒙版中的内容。因此，在平面设计中，快速蒙版常用于选取复杂图像或创建特殊图像的选区。

打开文件，单击工具箱底部的"以快速蒙版模式编辑"按钮 进入快速蒙版编辑状态，此时使用"画笔工具" 在蒙版区域涂抹，涂抹的区域将以呈半透明的红色显示，该区域为设置的保护区域，再单击工具箱中的"以标准模式编辑"按钮 退出快速蒙版编辑状态，此时在蒙版区域中呈红色显示的图像将位于生成的选区之外，如图9-43所示。

在蒙版区域涂抹　　　　　　　　　　　　　蒙版转换为选区

图9-43

🔔 **提示**

> 在快速蒙版编辑状态下输入文字，可以进行各种文字属性编辑，但退出快速蒙版编辑状态后，文字将自动转换为选区状态，不能进行各种文字属性编辑且不会生成文字图层。

9.2.6 矢量蒙版

矢量蒙版也叫作路径蒙版，在平面设计中，矢量蒙版常用于保护原始素材不被破坏，方便后续的修改。操作时选择素材图像，使用工具绘制路径，选择【图层】/【矢量蒙版】/【当前路径】命令，将基于当前路径创建矢量蒙版，如图9-44所示。

图9-44

1. 将矢量蒙版转换为图层蒙版

在矢量蒙版缩略图上单击鼠标右键，在弹出的快捷菜单中选择【栅格化矢量蒙版】命令，栅格化后的矢量蒙版将会变为图层蒙版，并且不具备矢量图形的特征。

2. 删除矢量蒙版

在矢量蒙版缩略图上单击鼠标右键，在弹出的快捷菜单中选择【删除矢量蒙版】命令，可将矢量蒙版删除。

3. 链接/取消链接矢量蒙版

在默认情况下，图层和其矢量蒙版之间有个⑧图标，表示图层与矢量蒙版相互链接。当移动或交换图层时，矢量蒙版将会跟着发生变化。单击⑧图标，可将图层与其矢量蒙版之间的链接取消。若想恢复链接，可直接单击取消链接的位置。

9.3 综合实训

9.3.1　制作儿童节创意海报

儿童节来临之际，某商场为了增加客流量，有针对性地开展了各种活动，为了增加活动的影响力，又准备针对儿童节制作一幅儿童节创意海报，以吸引更多消费者。表9-1所示为儿童节创意海报制作任务单，任务单给出了明确的实训背景、制作要求、设计思路和参考效果。

表 9-1　儿童节创意海报制作任务单

实训背景	为某商场制作一幅以儿童节为主题的创意海报
尺寸要求	60cm×90cm，分辨率为 150 像素 / 英寸
数量要求	1 张
制作要求	1. 整体风格 海报的整体风格为梦幻、童趣和充满想象力 2. 色彩 以蓝色、白色和黄色为主，营造出清新、明亮的视觉效果。其中，蓝色代表海洋和夜空，白色代表儿童的纯真和快乐，黄色则用于点缀鲸鱼尾巴，以增添活力 3. 文案 在海报上部以白色字体突出"六一儿童节"，字体大小适中，易于辨识
设计思路	打开素材，分别使用图层蒙版、剪贴蒙版处理素材，调整各个图层的位置和顺序，并添加文字内容

参考效果	
	参考效果
素材位置	配套资源:\素材文件\第9章\综合实训\"儿童节创意海报"文件夹
效果位置	配套资源:\效果文件\第9章\综合实训\儿童节创意海报.psd

本实训的操作提示如下。

STEP 01 新建一个60cm×90cm的图像文件，打开"蓝色背景.jpg"素材文件，使用"移动工具" ⊕ 将其拖到新文件中，并按【Ctrl+T】组合键调整图像大小，使其布满整个画面。

STEP 02 单击"图层"面板底部的"创建新图层"按钮 ⊡ ，新建一个图层。

STEP 03 选择"椭圆选框工具" ◯ ，按住【Shift】键拖曳鼠标在图像中绘制一个正圆选区，再按住【Alt】键拖曳鼠标对选区进行减选。设置前景色为"#ffffff"，按【Alt+Delete】组合键填充选区，得到月亮图像。

STEP 04 选择【图层】/【图层样式】/【外发光】命令，打开"图层样式"对话框，设置混合模式为"正常"，不透明度为"86%"，扩展为"0"，大小为"19像素"，再设置颜色为"#fdf2ac"，单击 确定 按钮。

STEP 05 单击"图层"面板底部的"创建新组"按钮 ▭ ，得到"组1"。打开"海豚.jpg"素材文件，使用"移动工具" ⊕ 将其拖到新文件中。选择"魔棒工具" ✎ ，单击海豚图像中的紫色背景获取图像选区，按"Ctrl+Alt+I"组合键反选选区，然后单击"图层"面板底部的"添加图层蒙版"按钮 ▣ ，隐藏紫色背景。

STEP 06 打开"鱼.psd"素材文件，使用"移动工具" ⊕ 将其拖到新文件中"海豚"图像的位置。在"图层"面板中将该图层调整至海豚图像所在图层下方，然后单击面板底部的"添加图层蒙版"按钮 ▣ ，设置前景色为"#000000"，背景色为"#ffffff"，使用"画笔工具" ✓ 对"鱼"图像下方进行涂抹，隐藏部分图像，在"图层"面板中，隐藏的部分以黑色显示。

STEP 07 选择【图层】/【新建调整图层】/【曲线】命令，在打开的对话框中单击 确定 按钮，进入"属性"面板，在曲线下方单击添加节点并向下拖动节点加深图像颜色，"图层"面板中得到一个调整图层。选择【图层】/【创建剪贴蒙版】命令，得到剪贴蒙版效果，且"组1"中的图像颜色得到加深。

STEP 08 打开"六一.psd"素材文件，使用"移动工具" ⊕ 将其拖到画面上部；打开"彩色背景.jpg"素材文件，使用"移动工具" ⊕ 将其拖过来遮盖文字。按【Alt+Ctrl+G】组合键创建剪贴蒙版图层。

视频教学：
制作儿童节创意
海报

STEP 09 选择【图层】/【图层样式】/【外发光】命令，打开"图层样式"对话框，设置扩展为 "5%"，大小为"25像素"，颜色为"#ffffff"，单击 确定 按钮，得到外发光图像效果。

STEP 10 选择"横排文字工具" T.，在画面上下两处分别输入文字，在工具属性栏中设置字体为 "方正稚艺"，调整文字大小、位置和颜色，最后保存文件。

9.3.2　制作旅行宣传广告

北京作为我国的首都，不仅拥有深厚的历史文化底蕴，还是我国的政治、文化中心。北京丰富的旅游资源吸引了无数国内外游客。为了进一步提升北京的旅游品牌形象，加强旅游市场的推广力度，北京文旅部门准备制作以"旅行记——北京站"为主题的旅行宣传广告。表9-2所示为旅行宣传广告制作任务单，任务单给出了明确的实训背景、制作要求、设计思路和参考效果。

表9-2　旅行宣传广告制作任务单

实训背景	北京文旅部门准备制作以"旅行记——北京站"为主题的旅行宣传广告，希望通过宣传广告，吸引更多目标受众前来北京旅游
尺寸要求	1080 像素 ×1920 像素，分辨率为 72 像素 / 英寸
数量要求	1 张
制作要求	1. 风格 古典风格新颖别致，内容主题明确 2. 排版 采用居中对齐的方式，将建筑与文字放于中线上，整体效果简洁、直观 3. 文案 ①旅行记；②北京站；③ BEIJING TRAVEL；④带您沉浸式体验古人生活
设计思路	打开建筑物素材，使用通道抠取建筑物，新建文件和添加背景素材，并在右侧绘制矩形，然后添加抠取的建筑物，输入文字内容，并对文字添加图层蒙版
参考效果	 参考效果
素材位置	配套资源 :\ 素材文件 \ 第 9 章 \ 综合实训 \ "旅行宣传广告"文件夹
效果位置	配套资源 :\ 效果文件 \ 第 9 章 \ 综合实训 \ 旅行宣传广告 .psd

本实训的操作提示如下。

STEP 01 打开"建筑.jpg"素材文件，复制并隐藏"背景"图层。单击"通道"面板，选择"蓝"通道，单击鼠标右键，在弹出的快捷菜单中选择【复制通道】命令。

STEP 02 选择【图像】/【调整】/【色阶】命令，打开"色阶"对话框，设置输入色阶，单击 确定 按钮。使用"画笔工具" ✐ 将建筑物完全涂黑。

STEP 03 将"蓝 拷贝"通道拖到"将通道作为选区载入"按钮 ⊙ 上，返回"图层"面板，按"Ctrl+Alt+I"组合键反选选区，再单击"添加蒙版"按钮 ▣ ，得到抠取的建筑物。

STEP 04 新建一个"1080像素×1920像素"的文件，打开"背景.jpg"素材文件，并将其拖到新建的文件中，选择"矩形工具" ▢ ，在图像右侧绘制大小为"550像素×1920像素"的矩形，并设置不透明度为"30%"。

视频教学：
制作旅行宣传
广告

STEP 05 将抠取的建筑素材拖到新文件中，调整素材的大小和位置。选择"横排文字工具" T. ，在图像中输入文字，调整文字的字体、大小和位置。分别选择"旅""记"文字，单击"图层"面板底部的"添加图层蒙版"按钮 ▣ 添加图层蒙版，然后在文字下方绘制矩形，并填充"#070000"颜色，此时发现填充区域被隐藏，最后按【Ctrl+S】组合键保存文件。

9.4 课后练习

练习 1 制作端午节推文首图

【制作要求】某公众号运营人员准备更新一篇关于端午节的推文，需要制作推文首图，提高推文的点击率，同时推广我国的传统节日，要求首图能体现出端午节的文化内涵与节日氛围。

【操作提示】通过"通道"面板、"应用图像"命令、"计算"命令、"快速选择工具"对节日相关的素材进行抠取，调整素材的位置与大小，最后和背景素材进行拼贴，参考效果如图9-45所示。

【素材位置】配套资源:\素材文件\第9章\课后练习\"端午节推文首图"文件夹

【效果位置】配套资源:\效果文件\第9章\课后练习\端午节推文首图.psd

图9-45

练习 2 制作房地产电梯广告

【制作要求】"鹏齐"房地产公司准备开发新楼盘，为提升知名度，吸引消费者前来咨询，准备投放电梯广告，要求设计师以提供的楼盘夜景照片为主体制作尺寸为"48cm×67cm"的广告。

【操作提示】根据提供的照片和搜集的素材，利用蒙版功能合成广告画面，然后通过调整素材所在图层的混合模式、不透明度制作出绚丽的夜景效果，接着输入文本，绘制装饰形状，参考效果如图9-46所示。

【素材位置】配套资源:\素材文件\第9章\课后练习\"房地产电梯广告"文件夹

【效果位置】配套资源:\效果文件\第9章\课后练习\房地产电梯广告.psd

图9-46

第 **10** 章 特效制作

在平面设计中，特效通常是指利用图像处理软件对图像进行各种处理，以达到独特的艺术效果或者满足特定的设计需求。通过Photoshop提供的滤镜命令可以为图像添加丰富的特殊效果，且使用方法也较为简单。除此之外，还可使用Neural Filters滤镜快速进行图像和特效的处理，让特效的设计与制作变得更加高效。

📖 学习要点

◎ 掌握使用特殊滤镜制作特效的方法。
◎ 掌握使用Neural Filters滤镜制作特效的方法。

◇ 素养目标

◎ 提升审美，能够通过创意特效传达出人类文化和艺术内涵。
◎ 具备创新思维和实验精神，提升创新能力。

◈ 扫码阅读

案例欣赏   课前预习

10.1

使用特殊滤镜制作特效

特殊滤镜包括滤镜库、滤镜组，以及一些独立滤镜，如自适应广角、镜头校正、Camera Raw滤镜和液化等，使用特殊滤镜能提升平面设计效果的质量和真实感，从而提高平面设计作品的吸引力和创意性。

10.1.1 课堂案例——制作纪录片宣传海报

【制作要求】《渔家的鲜美风味》美食纪录片近期准备开播，要求设计尺寸为"1080像素×2336像素"的宣传海报用于吸引大众观看，要求效果美观，主旨明确。

【操作要点】使用"镜头校正"命令校正倾斜渔船，使用"自适应广角"命令提升海报透视感，使用"Camera Raw滤镜"命令调整颜色，并使用"滤镜库"增加效果，最后输入文字，参考效果如图10-1所示。

【素材位置】配套资源:\素材文件\第10章\课堂案例\海报背景.jpg

【效果位置】配套资源:\效果文件\第10章\课堂案例\纪录片宣传海报.psd

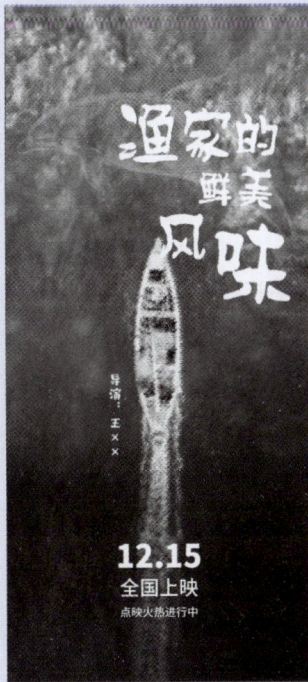

完成后的效果   展示效果

图10-1

具体操作如下。

STEP 01 打开"海报背景.jpg"素材文件，如图10-2所示，按【Ctrl+J】组合键复制背景图层，得到"图层1"。

STEP 02 由于渔船有倾斜的情况，所以选择【滤镜】/【镜头校正】命令，打开"镜头校正"对话框，在左侧单击"拉直工具" ，然后在预览窗口的渔船处左侧单击鼠标左键确定一点，再向右下方拖曳鼠标，将偏左的渔船拉直显示，单击 确定 按钮，如图10-3所示。

视频教学：
制作纪录片宣传海报

图 10-2

图 10-3

STEP 03 选择【滤镜】/【自适应广角】命令，打开"自适应广角"对话框，在右侧的"校正"下拉列表中选择"透视"选项，然后设置缩放、焦距、裁剪因子分别为"105""7.96""5.46"，此时发现整体透视感更加明显，单击 确定 按钮，如图10-4所示。

STEP 04 选择【滤镜】/【Camera Raw滤镜】命令，打开"Camera Raw滤镜"对话框，在右侧的"基本"栏中设置色温、色调、曝光、对比度、高光分别为"-9""+8""+0.20""+20""+21"，如图10-5所示。

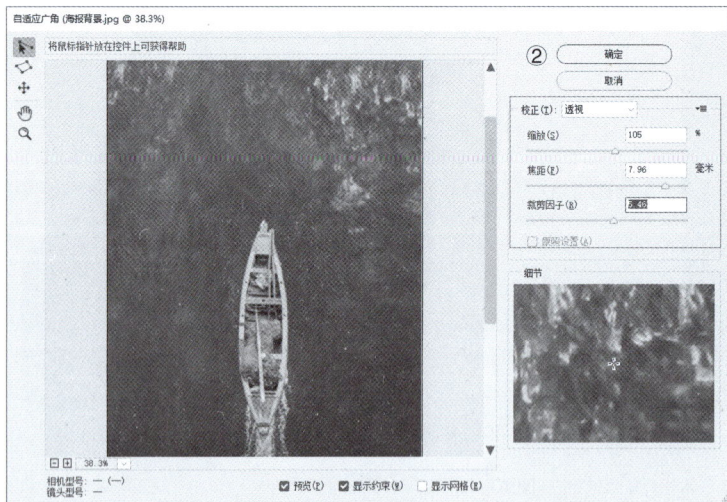

图 10-4

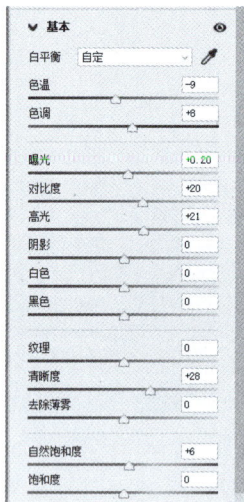

图 10-5

STEP 05 在"曲线"栏中设置高光、亮调分别为"+30""+4",增加图像的亮度,如图10-6所示,然后单击 确定 按钮返回图像编辑区,发现整个背景色调发生了变化,如图10-7所示。

STEP 06 选择【滤镜】/【滤镜库】命令,打开"滤镜库"对话框,展开"画笔描边"滤镜组,选择"喷溅"滤镜,设置喷色半径和平滑度分别为"8""3",如图10-8所示。

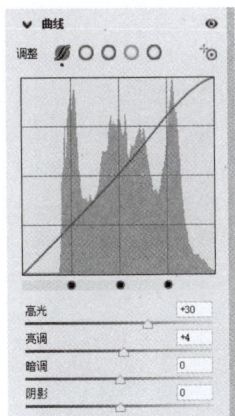

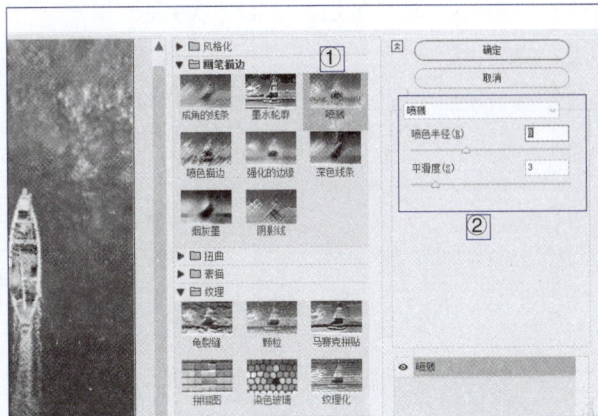

图10-6   图10-7   图10-8

STEP 07 单击 ⊞ 按钮,添加新的滤镜效果图层,展开"艺术效果"滤镜组,选择"粗糙蜡笔"滤镜,设置描边长度、描边细节、纹理、缩放、凸现分别为"3""2""粗麻布""100""36",单击 确定 按钮,如图10-9所示。

STEP 08 打开"鱼.png"素材文件,将其拖到"海报背景.jpg"素材文件顶部,调整大小和位置,然后设置图层混合模式为"柔光",效果如图10-10所示。

STEP 09 使用"横排文字工具" T.在图像中分别输入"渔家的鲜美风味"文字,在工具属性栏中设置字体为"方正平和简体",调整文字大小、位置和字体样式,效果如图10-11所示。

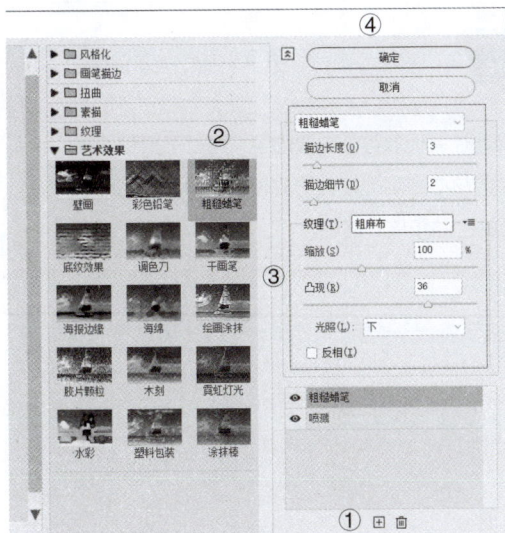

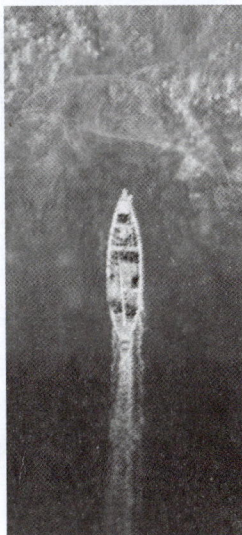

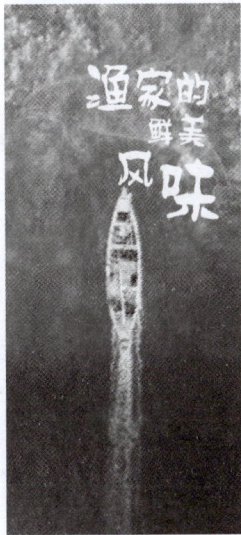

图10-9   图10-10   图10-11

STEP 10 选择"味"文字,选择【滤镜】/【液化】命令,打开"液化"对话框,将"|"笔画向

下拖动，以延长文字笔画，如图10-12所示，单击 确定 按钮。

STEP 11 选择"直排文字工具" ，在图像中输入"导演：王××　"文字，在工具属性栏中设置字体为"方正FW童趣POP体　简"，调整文字大小、位置。选择"横排文字工具" ，在图像中输入其他文字，在工具属性栏中设置字体为"思源黑体 CN"，调整文字大小、位置和字体样式，效果如图10-13所示。最后另存文件，完成本实例的制作。

图10-12

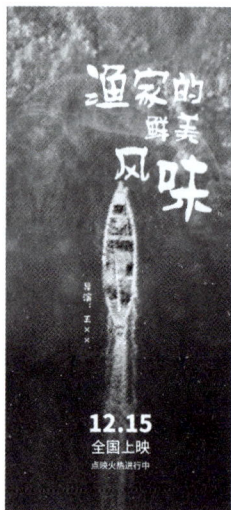

图10-13

🔔 **提示**

　　滤镜对图像的处理是以像素为单位进行的，即使滤镜的参数设置完全相同，有时也会因为图像本身的分辨率不同而使效果不同。

✍ **行业知识**

　　纪录片是一种特殊的电影形式，它以真实事件、人物、社会现象等为主要内容，通过拍摄和剪辑的手法向观众展示事实真相，传达作者的观点和态度。纪录片的核心是展现社会的成长和精神文化。纪录片海报不但需要吸引观众的注意力，还需要准确地传达纪录片的主题和核心信息。

10.1.2　滤镜库与滤镜组

　　在进行平面设计时，滤镜库和滤镜组是Photoshop中十分实用的功能。使用滤镜库可以使普通的图像呈现素描、油画、水彩等绘制效果，使用滤镜组可对图像进行模糊、锐化等特殊效果的处理，凸显平面设计质感。

1. 滤镜库

　　选择【滤镜】/【滤镜库】命令，打开"滤镜库"对话框，如图10-14所示。在滤镜列表中选择所需滤镜选项，并设置对应的参数，便可完成滤镜的添加。除此之外，每个滤镜可被认为是一个滤镜效果图层，也可以对它们进行复制、删除或隐藏等操作，从而将滤镜效果叠加起来，得到效果更加丰富的图像。

图10-14

- **新建效果图层**：单击"新建效果图层"按钮 🔳，将新建一个滤镜效果图层，该滤镜图层将延续上一个滤镜图层的命令及参数。在滤镜列表中选择另一个需要的滤镜，就完成了滤镜效果图层的添加。
- **改变滤镜效果图层的叠加顺序**：改变滤镜效果图层的叠加顺序，可以改变图像应用滤镜后的最终效果，只须拖动要改变顺序的效果图层到其他效果图层的前面或后面，待该位置出现一条白色的线时释放鼠标即可。
- **隐藏滤镜效果图层**：如果不想观察某一个或几个滤镜效果图层产生的滤镜效果，则可单击该滤镜效果图层前面的眼睛图标 👁，将其隐藏。
- **删除滤镜效果图层**：对于不再需要的滤镜效果图层，可以将其删除，先在添加的滤镜列表中选择要删除的图层，然后单击底部的"删除效果图层"按钮 🗑 删除滤镜。

滤镜库中共有6组滤镜，分别是"风格化"滤镜组、"画笔描边"滤镜组、"扭曲"滤镜组、"素描"滤镜组、"纹理"滤镜组、"艺术效果"滤镜组。这6个滤镜组的使用方法基本相同，只需打开需要处理的图像，然后在"滤镜库"对话框滤镜组中选择合适的滤镜，在右侧设置滤镜参数，便可完成滤镜的添加。

2. 滤镜组

Photoshop的"滤镜"菜单提供了多个滤镜组，如图10-15所示，使用这些滤镜组可对图像进行模糊、锐化等特殊效果的处理。

- **"3D"滤镜组**：可模拟照相机的镜头来产生三维变形效果，使得扁平的图像看上去具有立体感。
- **"风格化"滤镜组**：可对图像的像素进行拼贴及反色等操作。
- **"模糊"滤镜组**：可通过降低图像中相邻像素的对比度，使相邻的像素产生平滑过渡的效果。
- **"模糊画廊"滤镜组**：可快速制作照片模糊效果。

- **"扭曲"滤镜组**：可扭曲变形图像。
- **"锐化"滤镜组**：可使图像更清晰，一般用于调整模糊的照片，但过度使用会造成图像失真。
- **"视频"滤镜组**：可用于视频画面的编辑与制作，以实现各种视觉效果。
- **"像素化"滤镜组**：可将图像中颜色相似的像素转化成单元格，使图像分块或平面化，一般用于增加图像质感，使图像的纹理更加明显。
- **"渲染"滤镜组**：可模拟光线照明效果，在制作和处理一些风格照，或模拟在不同的光源下不同光线的照明效果时，可以使用该滤镜组。
- **"杂色"滤镜组**：可处理图像中的杂色。
- **"其它"滤镜组**：可处理图像的某些细节部分。

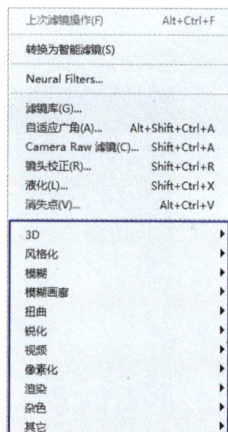

图 10-15

10.1.3 自适应广角

若想制作具有视觉冲击力的平面设计特效，如增强图像的透视关系，可使用"自适应广角"滤镜来处理图像。"自适应广角"滤镜可调整图像的范围包括图像的透视、球面化和鱼眼效果等，使图像产生类似使用不同镜头拍摄的效果。选择【滤镜】/【自适应广角】命令，打开"自适应广角"对话框，如图10-16所示，在左侧选择"约束工具" ，在图像上单击或拖曳鼠标，可设置线性约束；选择"多边形约束工具" ，可设置多边形约束。右侧的"校正"用于选择校正的类型。"缩放"用于设置图像的缩放情况。"焦距"用于设置图像的焦距情况。"裁剪因子"用于确定裁剪的最终图像。在修正一些广角拍摄的照片时，"裁剪因子"会与"缩放"配合使用，以补偿应用滤镜时出现的空白区域。完成参数设置后单击 确定 按钮。

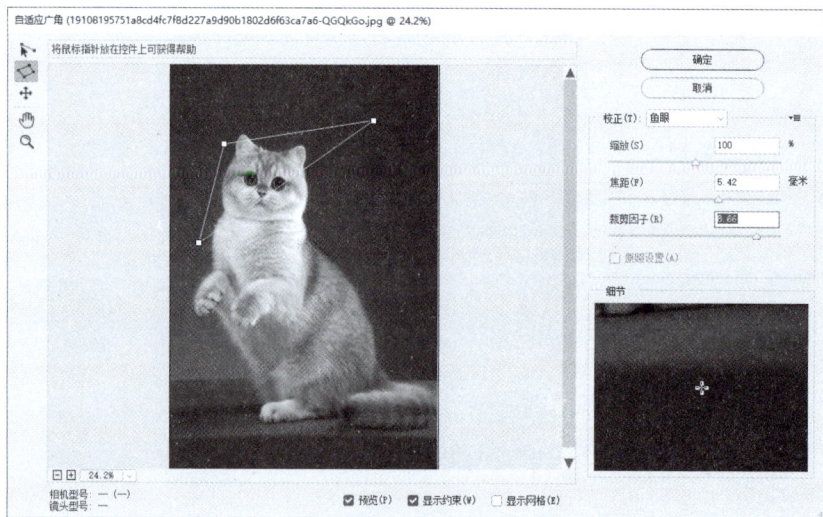

图 10-16

10.1.4　镜头校正

　　"镜头校正"滤镜可修复因拍摄不当或相机自身问题而出现的图像扭曲问题。选择【滤镜】/【镜头

校正】命令，打开"镜头校正"对话框，在左侧选择"移去扭曲工具" ，在中间的图像区域拖曳鼠标可校正镜头的失真；选择"拉直工具" ，在中间区域拖曳鼠标绘制一条直线，可以将图像拉直到新的横轴或纵轴；选择"移动网格工具" ，移动网格，使网格和图像对齐。完成后，在右侧设置校正参数，并单击 确定 按钮，便可完成镜头校正，如图10-17所示。

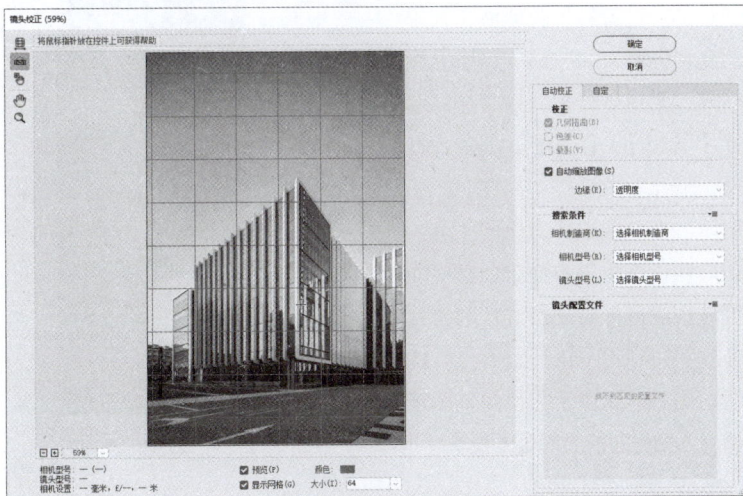

图10-17

10.1.5　Camera Raw 滤镜

　　Camera Raw滤镜可调整图像的颜色、色温、色调、曝光、对比度、高光、阴影、白色、黑色、清晰度、自然饱和度、饱和度等。选择【滤镜】/【Camera Raw滤镜】命令，打开"Camera Raw"对话框，在该对话框中可以对图像进行色彩调整、变形、去除污点和去除红眼等操作，如图10-18所示，在对话框右侧可以调整各项参数来调整照片色调。完成参数设置后单击 确定 按钮。

图10-18

> 🔔 **提示**
>
> 　　Camera Raw滤镜主要用于数码照片的调色处理，调整各项参数后按【P】键，可以在原图与调整后的图像之间切换，便于平面设计师查看调色前后的对比效果。

10.1.6 液化

"液化"滤镜可以对图像的任意部分进行各种类似液化效果的变形处理，如收缩、膨胀、旋转等，常用于处理人物身材。选择【滤镜】/【液化】命令，打开"液化"对话框，如图10-19所示。在左侧选择对应的工具，在右侧设置相关参数后，在中间区域拖曳鼠标，便可进行液化处理，完成后单击 ___确定___ 按钮。图10-20所示为使用该滤镜增加人物身高前后的对比效果。

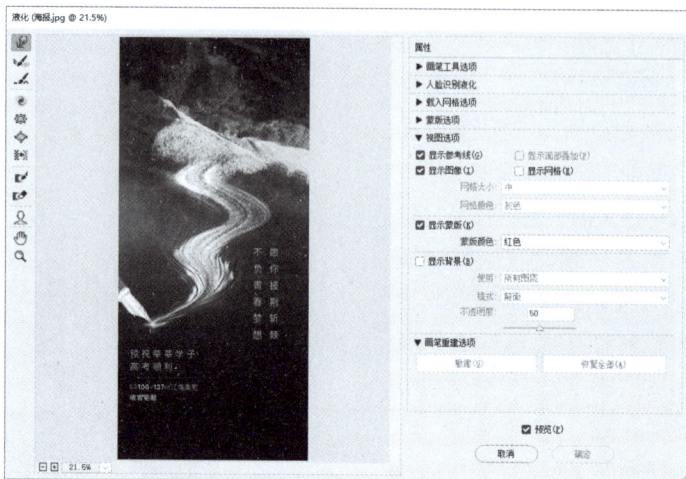

图 10-19

图 10-20

资源链接：
"液化"对话框
主要选项详解

知识拓展

若需要在保留原图像外观的情况下添加滤镜效果，可使用智能滤镜来完成。智能滤镜是非破坏性的滤镜，应用智能滤镜后，可以轻松还原应用滤镜前的画面效果，以及随时更改滤镜参数、影响范围等。选择【滤镜】/【转换为智能滤镜】命令，在打开的提示对话框中单击 ___确定___ 按钮，此时，"图层"面板中的图层缩略图右下角出现一个 🔲 图标，表示该图层已转换为智能图层，然后可为智能图层添加滤镜（如果该图层已经是智能图层，则可直接为其添加滤镜，无需且不能选择【转换为智能滤镜】命令），添加的滤镜也会变为智能滤镜。

添加智能滤镜后，智能图层中将出现一个图层蒙版，编辑图层蒙版，可以设置智能滤镜在图像中的影响范围，如图 10-21 所示。需要注意的是，该图层蒙版不能单独作用于某个智能滤镜，而是会作用于图层中的所有智能滤镜。

图 10-21

10.2 使用AI神经网络滤镜制作特效

在平面设计中，若需要快速调整某些图像，使其形成特殊的视觉效果，可通过AI神经网络滤镜——Neural Filters来完成。Neural Filters滤镜的功能非常强大，可利用AI算法实现各种图像处理效果，如人物、创意、颜色、摄影、恢复等。

10.2.1 课堂案例——修饰人物图像并制作海报

【制作要求】某企业为了鼓舞员工的士气和提升工作氛围，准备每天早晨在企业群中发布一张早安问候海报，要求先修饰人物素材，增加美观性，然后制作尺寸为"1245像素×2208像素"的海报。

【操作要点】使用Neural Filters滤镜的皮肤平滑度、智能肖像、色彩转移等参数修饰人物素材，然后制作海报效果，参考效果如图10-22所示。

【素材位置】配套资源:\素材文件\第10章\课堂案例\人物.jpg

【效果位置】配套资源:\效果文件\第10章\课堂案例\早安问候海报.psd

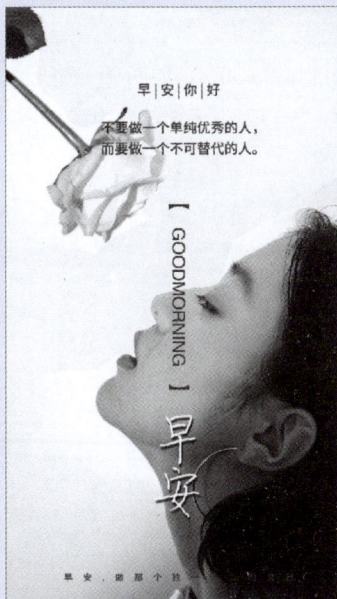

完成后的效果   运用效果

图10-22

具体操作如下。

STEP 01 打开"人物.jpg"素材，观察人物发现整个人物效果偏暗，如图10-23所示。

STEP 02 选择【滤镜】/【Neural Filters】命令，打开"Neural Filters"对话框，选择"皮肤平滑度"选项，在右侧单击 下载 按钮，如图10-24所示。

视频教学：
修饰人物图像并
制作海报

图10-23

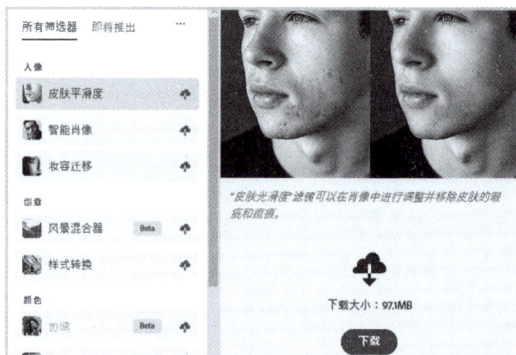

图10-24

🔔 **提示**

若Neural Filters滤镜不能直接使用，则可能是因为没有登录Photoshop账号。若登录账号后还是不能使用，则可先安装Neural Filters插件，然后再使用。

STEP 03 单击"皮肤平滑度"选项卡，设置模糊为"71"，平滑度为"+35"，如图10-25所示。

STEP 04 单击"智能肖像"选项卡，在"特色"栏中设置幸福为"+17"，面部年龄为"+42"，发量为"+17"，如图10-26所示。

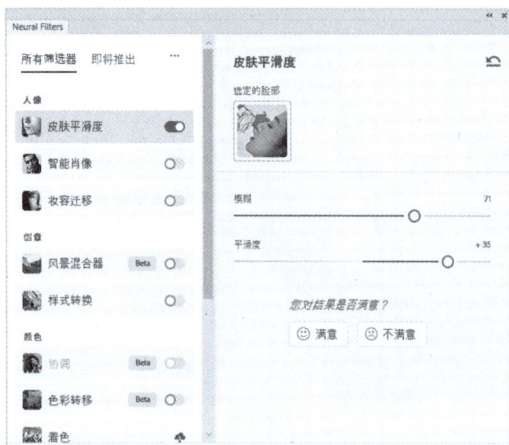

图10-25

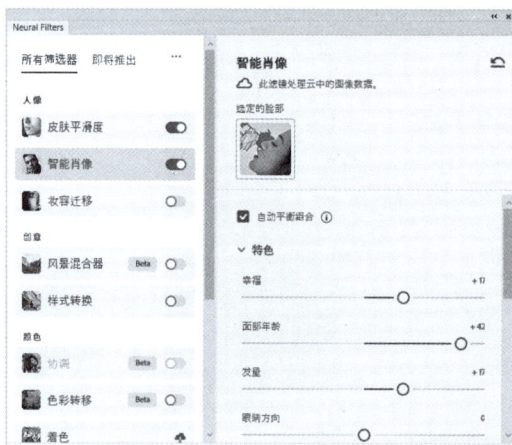

图10-26

STEP 05 单击"色彩转移"选项卡，保持默认选择，设置明亮度为"+18"，单击选中"保留明亮度"复选框，设置颜色强度为"+9"，饱和度为"-5"，色相为"+7"，亮度为"+18"，单击 确定按钮，如图10-27所示。此时发现整个人物的皮肤更加平滑，颜色的对比度更加明显，更具有美观度，如图10-28所示。

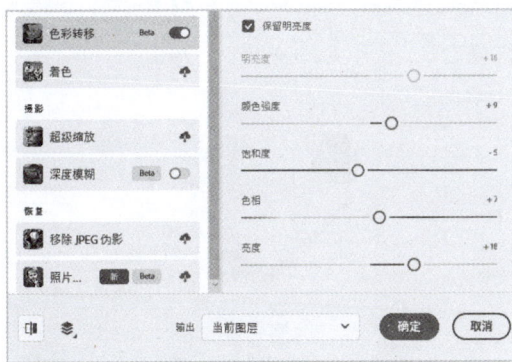

图10-27

图10-28

STEP 06 新建名称为"早安问候海报"，大小为"1245像素×2208像素"，分辨率为"72像素/英寸"的文件。设置前景色为"#fafcf7"，使用"移动工具" ✛ 将处理后的人物素材拖到新建的文件中，调整大小和位置，如图10-29所示。

STEP 07 使用"钢笔工具" ✒ 为左上角的鲜花部分绘制路径，如图10-30所示。将路径转换为选区，使用"移动工具" ✛ 将其拖到图像顶部，取消选区，效果如图10-31所示。

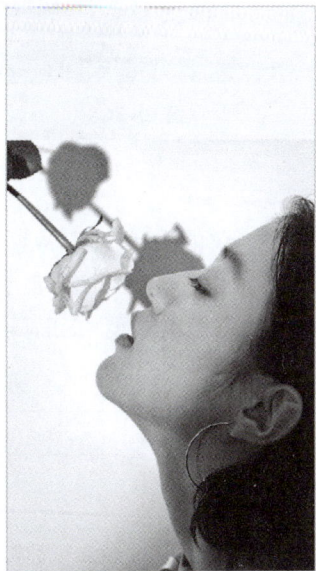

图10-29

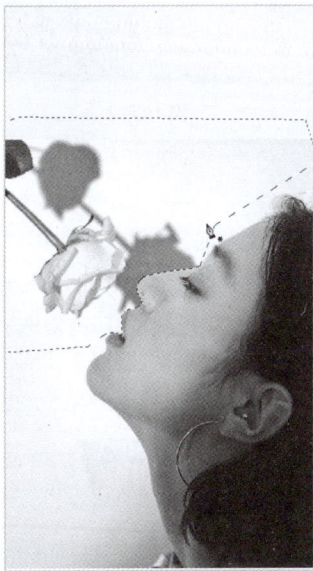

图10-30

图10-31

STEP 08 选择人物所在图层，单击"图层蒙版"按钮 ▢，设置前景色为"#000000"，选择"画笔工具" ✎，在鲜花的阴影部分拖曳鼠标，去除阴影部分，提升其美观度，如图10-32所示。

STEP 09 选择"直排文字工具" ⅠT，输入"【GOODMORNING】"文字，设置字体为"方正黑体简体"，文字颜色为"#406329"。然后输入"早安"文字，设置字体为"方正静蕾简体"，文字颜色为"#ffffff"。

STEP 10 选择"横排文字工具" <kbd>T.</kbd>，输入其他文字，设置字体为"思源黑体 CN"，文字颜色为"#406329"，调整文字的大小、位置、字体样式，如图10-33所示。

STEP 11 双击"早安"文字图层，打开"图层样式"对话框，单击选中"投影"复选框，设置投影颜色为"#325320"，不透明度为"94%"，距离为"10像素"，大小为"6像素"，单击 <kbd>确定</kbd> 按钮，最后保存文件，并查看完成后的效果，如图10-34所示。

图10-32

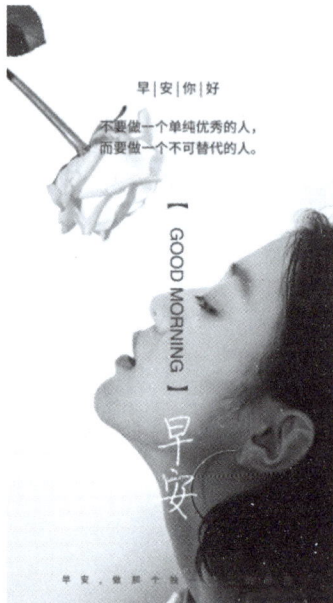

图10-33

图10-34

🔔 **提示**

　　进入"Neural Filters"对话框后，若发现各个选项不可用，并在其顶部出现"因发生错误，故暂时禁用此滤镜。"文字，则可能是由于内存不足造成的，此时应选择【编辑】/【首选项】/【暂存盘】命令，打开"首选项"对话框，单击选中"暂存盘"前的所有复选框增加内存，然后单击 <kbd>确定</kbd> 按钮，再次使用Neural Filters滤镜便可使用选项了。

📝 **行业知识**

　　早安问候海报是一种用于在早晨向大家致以问候和祝福的海报。这种海报通常包含积极的文字和图像，旨在形成愉快和正能量的氛围。很多公司或组织都会制作这种海报，并在工作场所的显眼位置展示，或通过群聊、朋友圈等方式分享，以鼓舞员工的士气。

10.2.2 认识 Neural Filters 滤镜

　　Neural Filters滤镜又称为AI神经网络滤镜，是一种基于人工智能和机器学习技术的滤镜。该滤镜使用了神经网络模型来实现各种图像处理效果，包括面部编辑、人像增强、风格转移等。使用Neural Filters滤镜，平面设计师可以对平面设计中的照片进行复杂的编辑，如改变面部表情、年龄、头发风格等，还可以实现艺术风格的转换和图像增强。

10.2.3　编辑 Neural Filters 滤镜

要使用Neural Filters滤镜进行平面设计，需要先选择【滤镜】/【Neural Filters】命令，打开"Neural Filters"对话框，如图10-35所示。在对话框左侧的"所有筛选器"选项卡中选择要调整的滤镜样式，当滤镜样式右侧的图标呈 ◯ 形态时表示已启用该滤镜（若是初次使用，则滤镜旁边会显示云图标 ☁，表示需要先下载才能使用该滤镜），对话框右侧罗列了所选滤镜的相关选项，可设置参数来调整滤镜效果，完成后单击 确定 按钮即可应用滤镜。

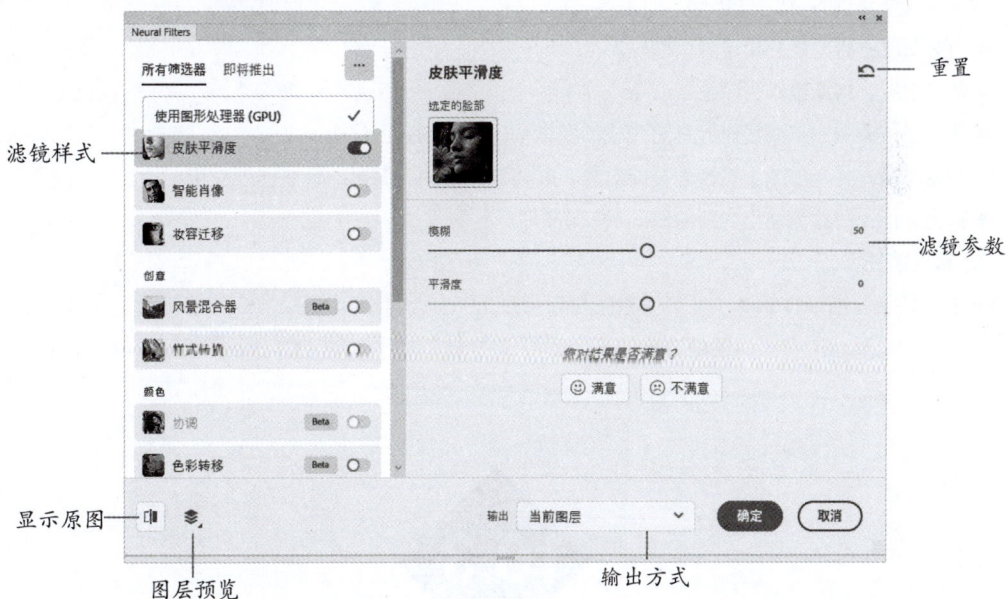

图10-35

1. 滤镜样式

Photoshop 2023提供了11款Neural Filters滤镜，各滤镜的作用如下。

- **皮肤平滑度**：主要对人像的皮肤进行调整，移除皮肤的瑕疵和痘痕。
- **智能肖像**：主要通过生成新特征，如表情、面部年龄、光线、姿势和头发，创造性地调整肖像。
- **妆容迁移**：用于将一张图像的妆容应用到另一张图像上。
- **风景混合器**：通过与另一个图像混合或改变诸如时间和季节等属性，改变景观，适合设计天马行空的场景或创造出富有视觉冲击力的复合风景图。
- **样式转换**：通过将选定的艺术风格应用于图像，从而激发新的创意效果。
- **协调**：通过协调两个图层的颜色与亮度，以形成复合效果。需注意的是，使用此滤镜需要一个带有蒙版或透明度的图层。
- **色彩转移**：通过从参考图像获取颜色调板，并将其运用至打开的图像，然后调整图像的亮度、饱和度、明亮度和颜色等，创建自定义图像效果。

- **着色**：通过为黑白照片重新着色，让老照片恢复生机。需注意的是，淡化或过度曝光/曝光不足的图像可能导致颜色预测不太准确，因此可在应用滤镜之前先改善画面的亮度和对比度。
- **超级缩放**：用于放大并裁切图像，注意裁剪后可通过Photoshop添加细节以补偿损失的分辨率。
- **深度模糊**：用于快速添加雾化的图像效果。使用此滤镜可在主体周围添加雾化效果，并调整周围的色温，使其偏暖色调或冷色调。另外，将深度模糊滤镜与其他任何滤镜一起使用时，进度对话框可能直到图像处理结束时才显示。
- **移除JPEG伪影**：用于移除压缩JPEG时产生的伪影。
- **照片恢复**：用于对老照片进行修复。

2. 输出方式

输出方式包括当前图层、新建图层、新图层被蒙版、智能滤镜、新建文档等，可在"输出"下拉列表中根据需要选择合适的输出方式。

- **当前图层**：将滤镜应用于当前图层。
- **新建图层**：将滤镜作为新图层应用。
- **新图层被蒙版**：将滤镜作为具有生成的像素输出蒙版的新图层应用。
- **智能滤镜**：将当前图层转换为智能对象，并将滤镜作为可编辑的智能滤镜应用。
- **新建文档**：将滤镜输出为新的Photoshop文件。

3. 其他按钮

单击"显示原图"按钮▯，可切换原图和设置后的效果。单击"图层预览"按钮▤，在打开的下拉列表中可设置是显示所有图层还是选定的某个图层。单击"重置"按钮▱，可将任何滤镜的效果重置为初始值。

10.3 综合实训——制作艺术展宣传海报

某艺术学院近期准备制作以"概念艺术"为主题的艺术展。这次展览将展出水墨画、山水摄影等作品，旨在探讨和呈现艺术背后的思想和概念，展示出独特的艺术表达方式和深刻的内涵，引领观众进入一个思想碰撞的艺术空间。为了宣传这次艺术展，该艺术学院准备制作一张艺术展宣传海报。表10-1所示为艺术展宣传海报制作任务单，任务单给出了明确的实训背景、制作要求、设计思路和参考效果。

表 10-1　艺术展宣传海报制作任务单

实训背景	为某艺术学院近期的艺术展制作一张宣传海报
尺寸要求	尺寸为70cm×100cm，分辨率为96像素/英寸
数量要求	1张

续 表

制作要求	1. 风格 采用现代风格，内容主题明确 2. 构图 采用左右构图的方式，将主体文本放置在画面右侧，风景图片放置在画面左侧
设计思路	使用自适应广角、Camera Raw 滤镜、滤镜库、波浪、Neural Filters 等滤镜处理风景图像，使其具有艺术性，然后将其运用到提供的素材中，增加美观性
参考效果	 参考效果
素材位置	配套资源 :\ 素材文件 \ 第 10 章 \ 综合实训 \ 风景 .jpg、艺术展素材 .psd
效果位置	配套资源 :\ 效果文件 \ 第 10 章 \ 综合实训 \ 艺术展宣传海报 .psd

本实训的操作提示如下。

STEP 01 打开"风景.jpg"素材文件，按【Ctrl+J】组合键复制背景图层，得到"图层1"。

STEP 02 选择【滤镜】/【自适应广角】命令，打开"自适应广角"对话框，在右侧的"校正"下拉列表中选择"鱼眼"选项，然后设置缩放、焦距、裁剪因子分别为"115""4.07""8.66"，此时发现整个透视效果更加明显，然后单击 确定 按钮。

视频教学:
制作艺术展宣传
海报

STEP 03 选择【滤镜】/【Camera Raw滤镜】命令，打开"Camera Raw"对话框，在右侧的"基本"下方的选项中设置色温、色调、曝光、对比度、高光、阴影分别为"-15""-20""0.00""+16""+30""-44"，调整基本色调，单击 确定 按钮。

STEP 04 选择【滤镜】/【滤镜库】命令，打开"滤镜库"对话框，展开"画笔描边"滤镜组，选择"喷溅"滤镜，设置喷色半径和平滑度分别为"8""3"。

STEP 05 单击 田 按钮，添加新的滤镜，展开"艺术效果"滤镜组，选择"胶片颗粒"滤镜，设置颗粒、高光区域、强度分别为"10""5""7"，单击 确定 按钮。

STEP 06 选择【滤镜】/【扭曲】/【波浪】命令，打开"波浪"对话框，设置生成器数、波长的最大、波幅的最大分别为"5""17""6"，单击 确定 按钮。

STEP 07 选择【滤镜】/【Neural Filters】命令，打开"Neural Filters"对话框，切换到"样式

转换"选项卡，设置强度、样式不透明度、细节、背景模糊、亮度、饱和度分别为"28""30""53""13""+5""+6"，单击 确定 按钮。

STEP 08 打开"艺术展素材.psd"素材文件，切换到"风景.jpg"素材文件中，将处理后的风景图像移动到"艺术展素材.psd"素材文件中，调整大小和位置，然后按【Ctrl+Alt+G】组合键与下方的"图层2"创建剪贴蒙版，最后另存文件。

10.4 课后练习

练习 1 制作电影宣传广告

【制作要求】 某公司准备制作与海豚相关的电影，需要制作一则电影宣传广告，要求该广告突出海豚冲破冰层，勇往无前的精神。

【操作提示】 打开"海豚.jpg"图像文件，使用"Camera Raw滤镜"调整图像颜色，使用"置入"命令将"玻璃.psd"图像文件置入"海豚"图像文件中，使用滤镜库制作碎冰痕迹并输入文字，参考效果如图10-36所示。

【素材位置】 配套资源:\素材文件\第10章\课后练习\电影宣传广告\

【效果位置】 配套资源:\效果文件\第10章\课后练习\电影宣传广告.psd

图10-36

练习 2 制作水墨荷花装饰画

【制作要求】 某家居店铺需要制作一张水墨荷花装饰画，为了让装饰画效果更加真实，要求将荷花素材处理为水墨荷花效果。

【**操作提示**】使用滤镜将拍摄的荷花制作为水墨效果，在制作时先将其处理成黑白效果，再调整滤镜效果使其符合水墨效果，参考效果如图10-37所示。

【**素材位置**】配套资源:\素材文件\第10章\课后练习\水墨荷花\

【**效果位置**】配套资源:\效果文件\第10章\课后练习\水墨荷花装饰画.psd

图10-37

第 **11** 章 图像自动化处理与AI生成

　　在平面设计中，若需要对多个图像进行相同的处理，可使用批处理的方式自动化处理图像。另外，随着人工智能技术的迅猛发展，AI生成图像的能力日益增强，AI生成图像既可以根据平面设计师的需求进行个性化定制，又能保持与整体设计风格的高度一致性，使得整个设计作品在视觉上更加和谐统一，这为平面设计带来了无限的可能性。

学习要点

◎ 掌握使用动作自动化处理图像的方法。
◎ 掌握使用Midjourney生成图像的方法。

素养目标

◎ 保持持续学习的态度，不断扩充自己的知识和技能。
◎ 遵守法律、行政法规，尊重社会公德和伦理道德。

扫码阅读

案例欣赏　　　　　　课前预习

11.1 使用动作自动化处理图像

在平面设计中，经常需要对多张图像进行相同的处理，如将多张图像调整为同样的色调或大小等。若单独处理每张图像则过于烦琐，此时可以使用动作自动化处理图像来提高处理速度。

11.1.1 课堂案例——为一组图片添加标志

【制作要求】晨馆超市近期准备策划水果宣传活动，提供了多张水果图片，方便后期用于宣传单中，要求对提供的这些水果图片统一添加超市的标志，以加深消费者对超市的印象。

【操作要点】使用"动作"面板创建动作并记录动作的过程，然后存储动作并批处理其他图片，参考效果如图11-1所示。

【素材位置】配套资源:\素材文件\第11章\课堂案例\"水果图片素材"文件夹

【效果位置】配套资源:\效果文件\第11章\课堂案例\"水果图片"文件夹

图11-1

具体操作如下。

STEP 01 打开"图片1.jpg"素材文件，如图11-2所示。选择【窗口】/【动作】命令，打开"动作"面板，单击"创建新组"按钮 ▢，打开"新建组"对话框，设置名称为"我的动作"，单击 确定 按钮，如图11-3所示。

STEP 02 单击"动作"面板底部的"创建新动作"按钮 ⊞，打开"新建动作"对话框，设置名称为"添加标志"，单击 记录 按钮，如图11-4所示。此时"动作"面板的"开始记录"按钮 ◉ 呈红色显示。

视频教学:
为一组图片添加标志

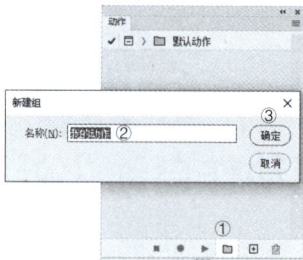
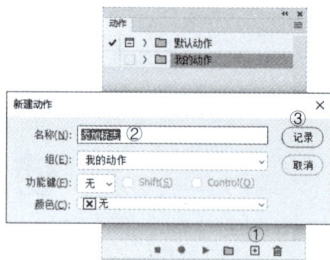

| 图11-2 | 图11-3 | 图11-4 |

STEP 03 选择【文件】/【置入嵌入对象】命令，打开"置入嵌入的对象"对话框，在其中选择"标志.png"素材，单击 打开(O) 按钮。

STEP 04 将标志拖到"图片1"上方，调整大小和位置，效果如图11-5所示。

STEP 05 在"图层"面板的图层上单击鼠标右键，在弹出的快捷菜单中选择【合并可见图层】命令合并图层，选择【文件】/【存储】命令存储调整后的文件，然后关闭所有文件。

STEP 06 单击"动作"面板中的"停止播放/记录"按钮 ■ 完成录制，此时"动作"面板如图11-6所示。

STEP 07 选择【文件】/【自动】/【批处理】命令，打开"批处理"对话框，在其中设置"播放"栏的组和动作选项以及源文件位置，如图11-7所示。

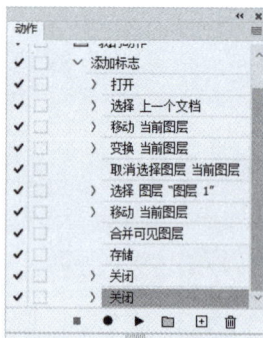
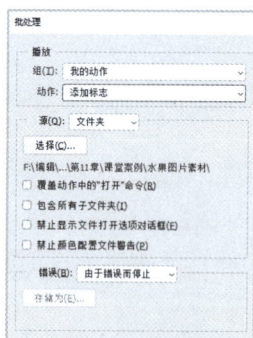

| 图11-5 | 图11-6 | 图11-7 |

STEP 08 单击 确定 按钮，发现源文件夹所有图片都添加了水印。

STEP 09 在"动作"面板中选择"我的动作"选项，然后单击右上角的 ≡ 按钮，在打开的下拉列表中选择"存储动作"选项，在打开的"存储"对话框中指定保存位置和文件名，单击 保存(S) 按钮，便可自动化处理其他图片素材。

🔔 **提示**

　　在本例中，设置动作后执行的是"存储"命令，直接将添加水印的图片保存。因此，在进行批处理图片时，不需要设置目标文件夹。如果执行的是"存储为"命令，那么"批处理"对话框中的目标文件夹应该与存储图片的文件夹路径相同。

11.1.2 创建与保存动作

进行平面设计时，可通过动作的创建与保存功能，将制作的图像效果，如画框效果或文字效果等制作为动作保存在计算机中，以避免重复的处理操作。

1. 创建动作

打开要制作动作范例的文件，切换到"动作"面板，单击该面板底部的"创建新组"按钮 ▣ ，打开"新建组"对话框，单击 确定 按钮，如图11-8所示，再单击该面板底部的"创建新动作"按钮 ⊞ ，打开"新建动作"对话框进行设置，其中，在"组"下拉列表中可选择放置动作的动作序列。在"功能键"下拉列表中可为记录的动作设置一个功能键，按下该功能键即可运行对应的动作。在"颜色"下拉列表中可选择录制动作色彩，如图11-9所示。

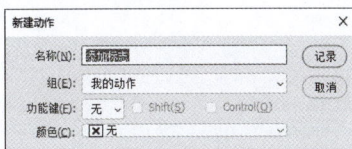

图 11-8   图 11-9

此时根据需要对当前图像进行操作，每进行一步操作都将在"动作"面板中记录相关的操作项及参数，记录完成后，单击"停止播放/记录"按钮 ■ 完成操作。创建的动作将自动保存在"动作"面板上。

2. 保存动作

平面设计师创建的动作将暂时保存"动作"面板中，在每次启动Photoshop后即可使用，如不小心删除了动作，或重新安装Photoshop后，保存的动作都会消失。因此，应将这些已创建好的动作以文件的形式保存，需要使用时再通过加载文件的形式载入"动作"面板。选择要保存的动作序列，单击"动作"面板右上角的 ▤ 按钮，在打开的下拉列表中选择"存储动作"选项，在打开的"存储"对话框中指定保存位置和文件名，完成后单击 保存(S) 按钮，即可将动作以ATN格式保存。

11.1.3 载入和播放动作

进行平面设计时，为提升制作效率，还可以下载网站中的动作，然后将其添加到"动作"面板中，并播放动作，查看整个动作效果。

1. 载入动作

在网上发现喜欢的动作后，平面设计师可先将其下载到计算机硬盘上，然后单击"动作"面板右上角的 ▤ 按钮，在打开的下拉列表中选择"载入动作"选项。打开"载入"对话框，在其中查找需要载入的动作名称和路径，单击 载入(L) 按钮，即可将该动作载入"动作"面板中。

2. 播放动作

打开需要应用动作的图像文件，在"动作"面板中选择动作，单击"播放选定的动作"按钮 ▶ ，此时选择的动作将应用到图像上。

11.1.4 自动化批量处理图像

在Photoshop中，若需要对多个图像进行相同的处理，可使用自动处理图像功能。

1. 使用"批处理"命令

使用"批处理"命令前，首先要通过"动作"面板将对图像执行的各种操作进行录制，保存为动作。然后打开需要批处理的所有文件，或将所有文件移动到相同的文件夹中，选择【文件】/【自动】/【批处理】命令，打开"批处理"对话框，如图11-10所示，设置批处理参数后，单击 确定 按钮，稍后软件便可根据设置进行批处理操作。

资源链接："批处理"对话框中主要选项详解

图 11-10

2. 使用【创建快捷批处理】命令

使用"创建快捷批处理"命令的操作方法与"批处理"命令相似，只是在创建快捷批处理方式后，会出现一个快捷方式图标。平面设计师只需将文件拖至该图标上，软件便可自动处理。选择【文件】/【自动】/【创建快捷批处理】命令，打开"创建快捷批处理"对话框，在该对话框中设置存储位置以及需要应用的动作后，单击 确定 按钮，如图11-11所示。打开存储快捷批处理的文件夹，在其中可看到一个快捷图标，将需要应用该动作的文件拖到该图标上，将自动完成图片的处理。

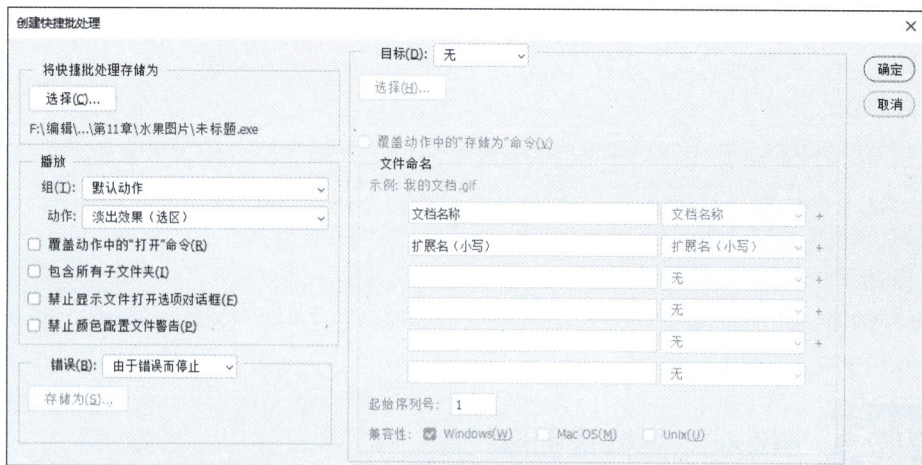

图 11-11

11.2
使用Midjourney生成图像

在平面设计领域，工具和技术的发展始终是推动创新的关键。Midjourney是一个先进的AI创作平台，可为平面设计师带来前所未有的便利和创意空间。

11.2.1 课堂案例——设计咖啡品牌标志

【制作要求】某咖啡品牌近期准备设计一个品牌标志，要求以小熊作为设计点，搭配咖啡等元素，使咖啡品牌标志效果简洁、美观，符合品牌需求。

【操作要点】在Midjourney中输入关键词并生成多个标志，在其中选择符合要求的标志，然后调整标志效果，生成最终标志，参考效果如图11-12所示。

【效果位置】配套资源:\效果文件\第11章\课堂案例\咖啡品牌标志.png、咖啡品牌标志效果.png。

完成后的效果   运用效果

图11-12

具体操作如下。

STEP 01 进入Midjourney中国站，登录后单击 开始创作 按钮，如图11-13所示。

STEP 02 进入创作界面，点击左侧的"MJ"圆形图标 MJ ，在右侧的列表中选择"MJ5.2（真实细节）"模式，如图11-14所示。

STEP 03 在右下角单击 ⚙设置 按钮，打开高级选项界面，在其中设置风格化为"247"。此时便可在文本框中输入"咖啡品牌标志，以可爱小熊主题，简单，形象、符合咖啡品牌定位，无矢量，无阴影细节"提示词，保持默认选择"文生图"模式，单击 提交▶ 按钮，如图11-15所示。

视频教学:
设计咖啡品牌
标志

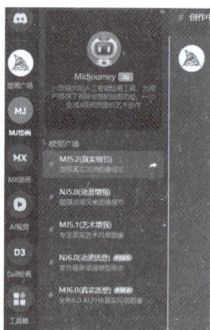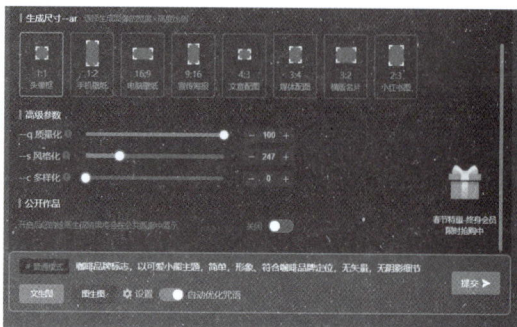

| 图 11-13 | 图 11-14 | 图 11-15 |

STEP 04 稍后页面顶部将显示生成的品牌标志（注意输入的提示词可能与最终显示的提示词存在区别，这是因为人工智能根据提示词对内容进行了重新理解），并在下方显示生成的品牌标志效果，如图11-16所示。

STEP 05 发现第3张图更加美观且符合要求，但是动物外形不够像熊，在"编辑"栏中选择"U3"选项，在页面顶部将显示单独的U3效果，如图11-17所示。

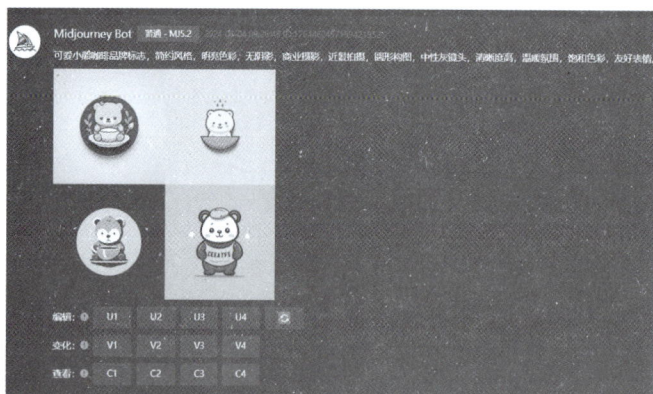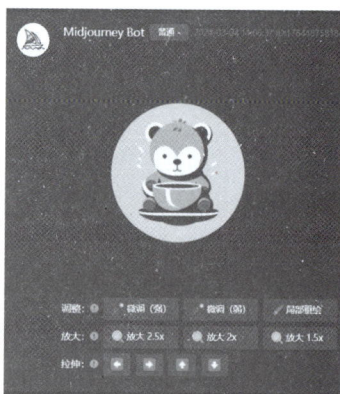

| 图 11-16 | 图 11-17 |

> **知识拓展**
>
> 使用 Midjourney 生成图像时，关键词的重要性显而易见。关键词的描述通用的公式如下：主体描述＋环境场景＋艺术风格＋媒介材料＋摄像机视角＋精度定义。例如，一个爱冒险的8岁可爱男孩，他喜欢探索和了解世界，在森林里，皮克斯动画风格，C4D，OC，渲染器，半身像镜头，黏土雕塑材质，电影照明，高质量，多细节，高清。
>
> 在编辑关键词时，最好描述想要的内容而不是不想要的内容。另外，关键词也不是越长越好，Midjourney 并不能像人类一样理解语法、句子结构或词语的含义。因此，应使用简洁明了的词语突出核心概念，以增强每个词语的影响力。

STEP 06 在"调整"栏中选择"局部重绘"选项，打开"局部AI重新生成"面板，设置画笔为"8"，然后在绘图区中涂抹出需要重新绘制的区域，完成后该区域将呈绿色显示，在下方的文本框中输入"可爱小熊形象，简约，符合品牌标志"文字，单击 ▭▭▭▭ 按钮，如图11-18所示。

STEP 07 稍后将出现重新生成描述后的效果，此时可在其中选择合适的品牌标志，若还是没有中意的标志效果，则可再次生成，这里选择"U4"选项，如图11-19所示。

STEP 08 此时显示"U4"效果，在"放大"栏中选择"放大2.5x"选项，如图11-20所示。此时显示单独的图像效果，单击该效果，在打开的效果中单击 ⬇ 按钮，打开"新建下载任务"面板，设置下载的位置和名称，单击 下载 按钮下载图像，如图11-21所示。

STEP 09 由于图像的背景过于寡淡，可在步骤8相应步骤界面的"调整"栏中选择"局部重绘"选项，打开"局部AI重新生成"面板，在绘图区中拖曳鼠标绘制需要重新绘制的背景区域，在下方的文本框中输入"修改背景，要简洁，美观，"文字，单击 提交任务 按钮，稍后发现标志下方添加了不同背景，如图11-22所示。

图 11-18

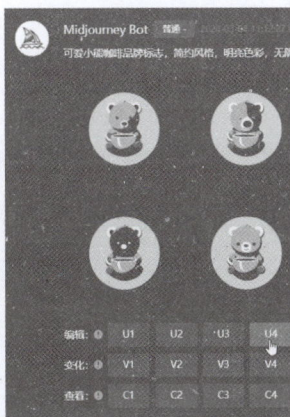
图 11-19

图 11-20

图 11-21

图 11-22

✍ 行业知识

　　随着数字化、网络化、智能化的深入发展，AI 技术在各个领域和行业发挥着越来越重要的作用，包括但不限于医疗、教育、交通、娱乐等。随着 AI 技术的不断发展和应用，也引发了一些法律法规、伦理、行业准则等方面的问题和争议。因此在使用 AI 技术时，必须严格遵守《中华人民共和国网络安全法》等相关法律，包括但不限于数据保护、隐私政策、网络安全等。例如，严禁利用 AI 技术生成涉及政治人物、色情、恐怖等违反法律法规，损害社会公共利益，甚至引发社会不稳定的不良内容。

11.2.2 认识 Midjourney

Midjourney是一款强大的AI绘画工具，该工具允许用户输入文字，然后通过人工智能快速、稳定地生成各种风格的高质量图像，这使得Midjourney在AI绘画领域具有很高的竞争力和吸引力。Midjourney官方中文版也在2023年5月15日开启了内测。

Midjourney中文站是为中文用户提供的专门平台，让用户可以更方便地了解和使用Midjourney的各项功能。Midjourney中文站通常会提供详细的教程、用户指南和常见问题解答，以帮助用户更好地掌握使用技巧。图11-23所示为使用Midjourney中文站生成的图像效果。

在Midjourney中文站上，用户可以浏览和了解Midjourney的各种应用场景，如艺术创作、设计、教育、娱乐、广告等。同时，Midjourney中文站还会分享一些成功的案例和用户经验，以激发用户的创造力和想象力。

图 11-23

Midjourney具备以下功能。

- **AI绘画**：用户可以通过平台提供的AI绘画工具，轻松创作出各种风格的高质量图像。这些图像可以用于个人娱乐、社交媒体分享、商业宣传等多种场景。AI绘画共有MJ绘画、MX绘画、Dall绘画3种类型。

> **知识拓展**
>
> MJ绘画、MX绘画和Dall绘画在核心技术、功能特点和使用场景上存在一定的区别。MJ绘画侧重于用户通过输入文字描述或添加图像来生成图像；MX绘画注重快速高效的创作，能够支持各种风格的创作；Dall绘画侧重于根据文字描述自动生成匹配的图像，强调文本到图像的转换能力。

- **创意二维码**：用户可以生成创意二维码，将自己的联系方式、网站链接等信息嵌入其中，既方便他人扫描，又能展示自己的个性。
- **光影艺术字**：该功能可以将文字转化为具有光影效果的艺术作品，为文字添加独特的视觉效果。
- **线稿渲染**：用户可以将自己的线稿或草图上传至平台，通过AI技术将其一键渲染为具有立体感和质感的作品。
- **游戏素材**：Midjourney为游戏设计人员提供了丰富的游戏素材，包括角色、场景、道具等，为游戏开发提供便利。
- **插画**：平台提供了多种风格的插画灵感，帮助用户创作出独具特色的插画作品。
- **写实人像**：通过AI技术，用户可以创作出超真实的人像作品。
- **3D模型**：用户可以在平台上创建和编辑3D模型，实现炫彩光影和突破思维界限的创意表达。
- **AI视频**：通过输入文字或图像，用户可以生成充满创意的视频内容，满足视频制作的需求。
- **图片融合**：根据上传的图像，将多张图像融合在一起，形成新的图像。
- **AI商品图**：根据用户上传的图像，解读出相关提示词。提示词可用于重新绘制图像，一键生成产品图、概念图、场景图。

11.2.3　Midjourney 的主要模式

Midjourney的5种主要模式为平面设计提供了更多选择，无论是追求真实细节、动漫风格还是艺术增强，Midjourney都能实现其创意和想法。图11-24所示为相同提示词在不同模式下生成图像的效果。

MJ5.2（真实细节）　　NJ5.0（动漫增强）　　MJ5.1（艺术增强）　　NJ6.0（动漫质感）

5 种模式下的不同效果

提示词为"中国龙，红色背景，传统元素装饰，宽广的构图，明亮而柔和的光线，细节丰富，眼神友善，龙的爪子摆成V形，喜庆的颜色，欢乐的氛围。鲜艳，华丽，高清，神秘，热情，动感，庄重，自信，神圣，欢乐。"

MJ6.0（真实质感）

图11-24

- **MJ5.2（真实细节）**。MJ5.2是Midjourney的一个模式，强调真实细节的表现。在该模式下生成的图像会注重真实世界中的细节和纹理，使得图像看起来更加逼真和生动。

- NJ5.0（动漫增强）。NJ5.0是Midjourney推出的一个专注于动漫风格的模式。在该模式下生成的图像会具有更加鲜明的动漫风格，色彩更加鲜艳，线条更加流畅。

- MJ5.1（艺术增强）。MJ5.1专注于真实艺术风格图像的表现。在该模式下生成的图像具有强烈的艺术氛围和风格，使作品看起来更加独特和富有创意。

- NJ6.0（动漫质感）。NJ6.0是Midjourney推出的一个动漫风格模式。在该模式下生成的动漫风格图像不仅具有鲜明的风格，还注重图像的质量和细节表现。

- MJ6.0（真实质感）。MJ6.0是 Midjourney 的一个新模式，强调真实质感的表现。在该模式下生成的图像注重真实世界中的质感表现，如光影、材质等，使作品看起来更加真实和立体。

11.2.4　Midjourney 的主要功能

使用Midjourney时，若只是制作某张图像，则可使用Imagine文生图来完成；若需要根据某张或多张图像生成新图像，则可使用Blend混合图来完成；若需要生成某个图像的文字描述，则可使用Describe图生文来完成。

- Imagine文生图。Imagine文生图功能是通过输入提示词，利用AI技术自动生成对应图像的功能。用户只需在平台输入一段描述性的文字，例如"一个穿着太空服的宇航员在月球上行走"，平台便会利用AI技术将这些文字转化为1张或4张具体的图像。该功能适用于那些想要快速生成符合自己想象的图像，但又没有绘画技能或时间的用户。

- Blend混合图。Blend混合图功能允许用户将多张图像混合，生成一张全新的图像。用户可以选择两张或多张图像，平台会利用AI技术将这些图像融合，生成一张既包含原图元素，又有创新的新图像。该功能适用于创意设计、图像处理等多个领域，能帮助用户创造出独特且富有创意的平面设计作品。

- Describe图生文。Describe图生文功能是指用户可以将自己拍摄或选择的图像上传至平台，平台智能分析图像中的元素、色彩、构图等，生成一段详细且生动的文字描述。这种功能可以帮助用户更好地理解图像内容，适用于图像标注、辅助创作等场合。

11.2.5　编辑 Midjourney

在编辑Midjourney时，为了满足平面设计中尺寸、效果的需求，在生成图像前，可先对参数和生成的图像进行设置。

1. 参数设置

为了满足平面设计中尺寸、参数等的需求，在生成图像前，可先对参数进行设置。在Midjourney中，参数设置主要是在"高级选项"面板中进行，只需要单击 ⚙设置 按钮，便可打开该面板，如图11-25所示。

- 上传参考图：用于上传图像，单击"点击上传"超链接，将打开"打开"对话框，在其中选择要上传的图像，完成后单击 打开(O) 按钮。

- iw图片相似度：用于设置影响图像的程度。iw值越高，上传的图像对最终效果的影响就越大。单击右侧的下拉按钮 ▼，在打开的下拉列表中可选择iw值。

- 提示词工作台：用于添加提示词。单击 +添加提示词 按钮，打开"提示词推荐"面板，在其中列出了不同风格的提示词，选择需要的提示词后，单击 添加提示词 按钮，便可完成提示词的添加。若需要添加的提示词不在"提示词推荐"面板中，或是描述不够全面，则单击 ![咒语小助手] 按钮，打开"AI咒语扩词"面板，在其中输入文字，然后单击 ![生成咒语] 按钮。

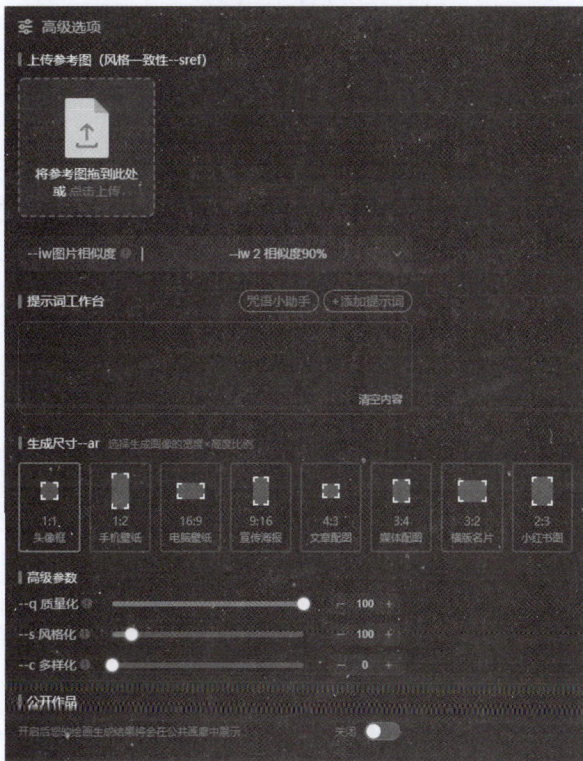

图 11-25

- **生成尺寸--ar**：长宽比会影响生成图像的形状和构图，用户可根据需要选择合适的尺寸。其中默认长宽比为"1∶1"。
- **高级参数**：用于设置具体的显示参数。主要分为"--q质量化""--s风格化""--c多样化"3个部分。

"--q质量化"是指通过更长的时间来处理并产生更高质量、更多细节的图像，该值越大，出图质量越高。较低的值更适合抽象外观，较高的值会改善许多细节。

"--s风格化"能影响生成图像与提示词的匹配程度，低风格化值生成的图像与提示词非常匹配，但艺术性较差；高风格化值生成的图像更有艺术性，但与提示词的联系较少。"--c多样化"能影响图像的变化程度，该值越低，生成的4张图像风格越相似，反之差异越大。

图 11-26

2. 生成的图像设置

当完成关键词的输入后，稍等片刻即可生成图像，并在下方显示编辑、变化、查看等选项，如图11-26所示。

- **编辑**：在右侧U1~U4四个选项，分别对应上方的图像，选择对应的选项，可生成所选图像的更大版本并添加更多细节，也可进行局部重绘、无损放大、调整创作等操作。

● **变化**：在右侧有V1~V4四个选项，分别对应上方的图像，选择需要变化的图像后，将根据该图像创建整体风格和构图相似的新图像。

● **查看**：在右侧有C1~C4四个选项，分别对应上方的图像，选择对应的选项可直接查看或下载原图。

11.3 综合实训

11.3.1 为一组家居图片添加水印

印巷家居近期准备对官方网站首页进行设计，为此专门对热卖商品进行了统计，并选择了符合需求的产品图片，计划用于放置到首页中。为了避免展示的家居产品图片被盗图，先对这些图片添加水印（水印为企业名称）。表11-1所示为为一组家居图片添加水印制作任务单，任务单给出了明确的实训背景、制作要求、设计思路和参考效果。

表 11-1 为一组家居图片添加水印制作任务单

实训背景	为印巷家居官方网站首页的家居产品图片添加水印，防止盗图
数量要求	4 张
制作要求	1. 位置 水印需置于图像左上角，这不会显得过于突兀，也不会遮挡图片主要内容 2. 颜色 水印颜色为白色，并根据需要适当调节透明度 3. 内容 水印的主要内容为企业名称
设计思路	使用"动作"面板创建动作并记录动作的过程，然后存储动作并批处理其他图片
参考效果	

素材位置	配套资源 :\ 素材文件 \ 第 11 章 \ 综合实训 \ "家居图片素材" 文件夹
效果位置	配套资源 :\ 效果文件 \ 第 11 章 \ 综合实训 \ "家居图片" 文件夹

本实训的操作提示如下。

STEP 01 打开"家居图片1.jpg"素材文件，打开"动作"面板，单击"创建新组"按钮 ▣，打开"新建组"对话框，设置名称为"我的动作2"，单击 确定 按钮。

STEP 02 单击"动作"面板底部的"创建新动作"按钮 ▣，打开"新建动作"对话框，设置名称为"输入标志文本"，单击 记录 按钮，此时"开始记录"按钮 ● 呈红色显示。

STEP 03 选择"横排文字工具" T，输入"印巷家居"文字，调整文字的字体、大小和位置，设置不透明度为"50%"。

STEP 04 在"图层"面板的图层上单击鼠标右键，在弹出的快捷菜单中选择【合并可见图层】命令合并图层，选择【文件】/【存储】命令，保存文件，然后关闭文件。

STEP 05 单击"动作"面板中的"停止播放/记录"按钮 ■ 完成录制。

STEP 06 选择【文件】/【自动】/【批处理】命令，打开"批处理"对话框，在其中设置"播放"栏的组和动作选项以及源文件位置，单击 确定 按钮。

视频教学：
为一组图片添加水印

11.3.2　设计清灵美妆标志

随着时代的进步和消费者审美的日益多元化，美妆品牌在市场中的竞争愈发激烈。清灵美妆自创立以来就以提供天然、纯净的美妆产品为己任，深受追求自然美的消费者喜爱。为了在众多的美妆品牌中脱颖而出，清灵美妆决定进行全面的品牌升级，其中较为关键的一环是标志设计。表11-2所示为清灵美妆标志设计制作任务单，任务单给出了明确的实训背景、制作要求、设计思路和参考效果。

表 11-2　清灵美妆标志设计制作任务单

实训背景	清灵美妆准备进行品牌升级，需要设计品牌标志，以更好地传达品牌的核心价值和理念
尺寸要求	尺寸为 1：1
数量要求	1 张
制作要求	1. 风格 整体风格要简洁，内容主题要明确，符合产品的定位 2. 色彩 由于公司以提供天然、纯净的美妆产品为己任，因此在色彩选择上要以蓝色为主色，以符合要求
设计思路	在 Midjourney 中输入关键词，然后生成多个美妆标志，在罗列的标志中选择合适的标志并对该标志进行调整，生成最终效果

续 表

参考效果	
效果位置	配套资源:\效果文件\第11章\综合实训\清灵美妆标志.png

本实训的操作提示如下。

STEP 01 进入Midjourney中文站，登录账号之后单击 开始创作 按钮。进入创作界面，点击左侧的"MJ"图标 ，在右侧的列表中选择"NJ6.0（动漫质感）"模式。

STEP 02 在右下角的文本框中输入"名称清灵，标志，平面，美妆，蓝色背景，简洁，企业专用，平视角度，正中构图，明亮光线，细节清晰，现代设计，蓝色调，专业感。"提示词，单击 提交▶ 按钮。

STEP 03 稍后在页面顶部显示生成的品牌标志，并在下方显示生成的品牌标志效果。

STEP 04 发现第4张图更加具有标志的特点，但是也存在不够理想的部分，在"编辑"栏中选择"U4"选项，在页面顶部显示单独的U4效果，在"调整"栏中选择"微调（强）"选项，生成新的标志效果。

STEP 05 选择"U2"选项，在页面顶部显示单独的U2效果，在"调整"栏中选择"局部AI重新生成"选项，打开"局部AI重新生成"面板，设置画笔为"8"，然后在文字处涂抹，在下方的文本框中输入"去除文字"文字，单击 提交任务 按钮。

STEP 06 此时显示单独的图像效果，单击该效果，在打开的效果中单击 按钮，打开"新建下载任务"面板，设置下载的位置和名称，单击 下载▾ 按钮下载文件。

视频教学：
设计清灵美妆标志

11.4 课后练习

练习 1 批量裁剪风景照片

【制作要求】对一组风景照片统一裁剪操作，要求裁剪尺寸为"800像素×800像素"。

【操作提示】先录制动作，然后使用Photoshop的批处理命令来完成制作，参考效果如图11-27所示。

【**素材位置**】配套资源:\素材文件\第11章\课后练习\"风景照片素材"文件夹

【**效果位置**】配套资源:\效果文件\第11章\课后练习\"风景照片"文件夹

图11-27

练习 2　AI 生成商品图像

【**制作要求**】使用AI工具对商品素材和背景素材进行合成，使其形成完整的商品图像，要求合成效果自然、美观。

【**操作提示**】使用Midjourney中的"模特换装"AI功能将提供的素材合成新的商品图像，参考效果如图11-28所示。

【**素材位置**】配套资源:\素材文件\第11章\课后练习\商品素材.png、背景素材.png

【**效果位置**】配套资源:\效果文件\第11章\课后练习\AI生成商品图像.png

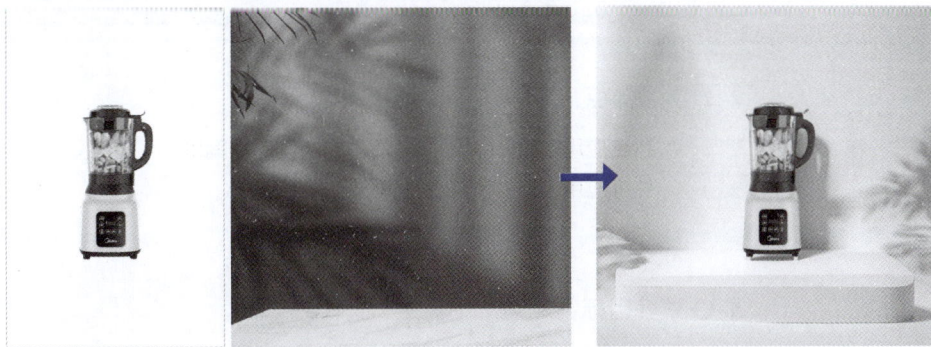

图11-28

第12章

综合案例

本章将综合运用Photoshop的各项功能完成标志、广告、包装、App界面、封面5个商业案例的制作，以及使用AI设计插画，帮助读者进一步巩固前面所学的相关知识，并熟练掌握Photoshop和AI的使用方法，积累平面设计的实战经验。

学习要点

◎ 熟练应用Photoshop的各项功能制作商业案例。

◎ 熟练应用AI技术制作商业案例。

素养目标

◎ 提高对Photoshop各项功能的综合运用能力。

◎ 增强对不同类型案例的设计能力。

扫码阅读

案例欣赏　　　　　课前预习

12.1

标志设计——企业标志设计

12.1.1 案例背景

标志是一个企业的名片，一个优秀的标志可以在潜移默化中增强人们对企业的记忆。仁和科技公司刚刚成立，主要经营销售自动化电器芯片，为了树立良好的公司形象，首要任务是设计一款具有代表性的标志，使人们在看到标志的同时，自然联想到该企业。

12.1.2 制作要求

该案例的制作要求如下。

- 标志的尺寸为10cm×10cm，分辨率为100像素/英寸，颜色模式为RGB颜色模式。
- 根据企业经营内容和特色，设计出具有现代简约感和科技感的造型，让企业标志变成一种图形艺术的设计。
- 标志具有合适的色调，强化科技感。
- 主题鲜明，以企业名称首字母作为主要元素，加深记忆。

12.1.3 设计思路

为了更好地完成本案例的制作，在制作时可从以下3个方面进行构思设计。

1．造型

"仁和科技公司"的首字母为"R"，即以"R"为主要元素，"和"字可理解为两个形状的重合，而电器芯片多为矩形，因此此在设计时可采用两个矩形重叠，再搭配 "R"文字形成标志。为了提升美观度，还可对文字和形状进行变形，使标志更具有科技感。

2．颜色

在颜色的选择上，蓝色、青蓝色等是都是体现科技感的颜色，可选择蓝色、青蓝色搭配白色，增强识别度。

3．文字

标志的下方通常会搭配公司的中文和英文名称。为了提升文字的识别度，可使用"方正品尚黑简体"字体。

本案例的参考效果如图12-1所示。

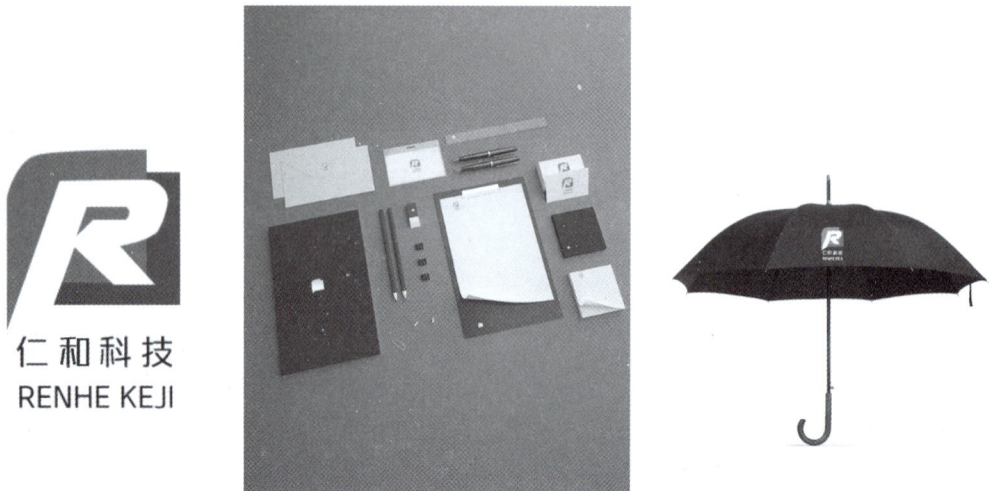

图12-1

【效果位置】配套资源:\效果文件\第12章\企业标志设计.psd

12.1.4 案例制作

具体操作如下。

STEP 01 新建规格符合要求，名称为"企业标志设计"的文件。新建一个图层，选择"矩形工具" ▭，在中间区域绘制颜色为"#0178ba"的矩形，如图12-2所示。

STEP 02 新建图层，选择"钢笔工具" ⌀，在矩形上绘制形状，并填充"#0da1af"颜色，如图12-3所示。

STEP 03 新建图层，选择"钢笔工具" ⌀，绘制"R"形状。为了避免绘制的形状不够美观，可先输入"R"文字，参考文字进行形状的绘制，并填充"#ffffff"颜色，如图12-4所示。

STEP 04 选择"横排文字工具" T.，在标志下方输入"仁和科技""RENHE KEJI"文字，在工具属性栏中设置字体为"方正品尚黑简体"，文字颜色为"#000000"，完成后保存文件，如图12-5所示。

视频教学:
标志设计——
企业标志设计

图12-2

图12-3

图12-4

图12-5

12.2 广告设计——"文明城市"电梯广告设计

12.2.1 案例背景

某市政府正积极筹备竞争"全国文明城市",为此开启了以"共创文明城市"为主题的"文明城市"宣传活动,准备通过该活动号召市民齐心协力共同打造文明城市。为深入群众,扩大宣传,市政府准备在各小区、写字楼、商场等场所投放电梯广告,以提高市民的文明素养和道德观念,同时增强市民的社会责任感。

12.2.2 制作要求

该案例的制作要求如下。

- 尺寸为480mm×670mm,分辨率为72像素/英寸,颜色模式为CMYK颜色模式。
- 主体图像能够代表某种文明行为。
- 采用扁平插画风格,颜色靓丽。
- 布局合理、主题清晰,画面具有吸引力。

12.2.3 设计思路

为更好地完成本案例的制作,制作时可从以下4个方面进行构思设计。

1. 图像

为了符合客户需求,可搜集市民注重垃圾分类的相关扁平插画图像作为主体图像,寓意着"创建文明城市应从自身做起,从点滴小事做起"。

2. 文本

需要展示电梯广告主题文本"共创文明城市",呼吁市民参与其中,副文本可选用"文明从我做起""携手共建 美好家园"等,通过这些文本反复强调文明的重要性。加大主题文本的字号,加深市民对电梯广告主题的印象。

3. 颜色

由于电梯广告的主题为"共创文明城市",因此可选用代表文明环保的绿色作为文本和装饰形状的颜色,以白色作为点缀色,突出广告的主题和信息。

4. 布局

采用两栏式布局形式,将图像布局在中下区域,文本布局在中上区域,使市民在进出电梯时能轻易发现广告主题。

本案例的参考效果如图12-6所示。

图12-6

【素材位置】配套资源:\素材文件\第12章\"'文明城市'电梯广告设计"文件夹

【效果位置】配套资源:\效果文件\第12章\"文明城市"电梯广告.psd

12.2.4 案例制作

具体操作如下。

STEP 01 新建规格符合要求，名称为"'文明城市'电梯广告"的文件，选择"渐变工具" ▣，为背景填充颜色为"#e6f3fa"～"#e6f3fa"的渐变颜色。

STEP 02 添加"天空.png"素材文件到文件中，添加图层蒙版，使用"画笔工具" ✐隐藏天空的下半部分，只预留云层部分，如图12-7所示。

STEP 03 添加"垃圾桶.png"素材文件到文件中，如图12-8所示。复制并放大垃圾桶图像，添加"渐变叠加"图层样式，并设置渐变颜色为"#2b7490"～"#ccdcef"，移动复制出的图像所在图层到原垃圾桶图像图层下方，如图12-9所示。

视频教学:
广告设计——
"文明城市"
电梯广告设计

图12-7

图12-8

图12-9

STEP 04 重复一次步骤3的操作，设置渐变颜色为"#3a6777"～"#468162"，再添加投影图层样式，设置投影颜色为"#378739"，角度为"166"，距离为"6"，扩展为"11"，调整图层堆叠顺序，使其形成立体效果，如图12-10所示。

STEP 05 使用"横排文字工具" **T.** 输入文本，设置"共创文明城市"文字的字体为"方正剪纸简体"，其他文字的字体为"方正粗圆简体"，然后调整文字的大小、位置和颜色，如图12-11所示。

STEP 06 使用"矩形工具" **▭** 在"文明从我做起"文本周围绘制半径为"300像素"，描边为"30像素"，描边颜色为"#378339"的圆角矩形，然后使用"椭圆工具" **◯.** 在"携手共建　美好家园"文字下方绘制颜色为"#378339"的8个正圆，调整圆的大小和位置。

STEP 07 添加"树叶.png"素材文件到文件中，保存文件并查看完成后的效果，如图12-12所示。

图 12-10

图 12-11

图 12-12

12.3
包装设计——食品包装设计

12.3.1　案例背景

　　一个精美、独特且富有创意的包装不仅能够吸引消费者的注意，还能够提升产品的附加值，增强消费者的购买欲望。最近，某食品公司准备推出一款"每日坚果"小零食，并投放到各大超市销售。为了让该零食在竞争激烈的市场中脱颖而出，满足目标消费者的喜好和需求，该公司决定结合品牌自身的定位和理念，进行全新的包装设计。

12.3.2　制作要求

　　该案例的制作要求如下。

- 包装平面图尺寸为36cm×26cm，分辨率为300像素/英寸，颜色模式RGB颜色模式。
- 要求包装整体风格统一，能够给人带来新意、时尚感。
- 包装整体色调与产品本身的色调相呼应。
- 包装信息真实、具体，符合食品包装的要求。

12.3.3 设计思路

为更好地完成本案例的制作，在制作时可从以下4个方面进行构思设计。

1. 图形

由于坚果的种类较多，为了凸显该特点，可将简化的各种坚果形象图以背景图形的方式在包装背景中体现，使得包装更具吸引力。包装正面展示简化的坚果图形，在提升美观度的同时传达商品内容。

2. 文本

包装正面需要展示产品名称"每日坚果"，以及商品卖点"美味/新鲜/健康""净含量：500克"等。包装背面需要详细展示坚果的各类文本信息，如在背面上方展示产品名称、生产日期保质期等信息，在背面下方展示营养成分等信息，以符合食品包装的要求。

3. 色调

坚果多是黄褐色，为了使产品和包装的色调相呼应，可以以黄色为主色，在色调选择上可选择更深的黄色用于凸显主要内容，较浅的颜色则用于包装的背景色，使包装在保证色调统一的基础上更具有美观性。

4. 布局

该商品的包装形式为正面和背面两侧布局，包装的正面为主视觉区，因此需将重要的图像和文本信息放置于该区域，其他文本和图像素材放置于背面，使内容展示更加直观。

本案例的参考效果如图12-13所示。

图12-13

【**素材位置**】配套资源:\素材文件\第12章\"食品包装设计素材"文件夹

【**效果位置**】配套资源:\效果文件\第12章\食品包装设计.psd、食品包装立体效果.psd

12.3.4　案例制作

具体操作如下。

STEP 01　新建规格符合要求，名称为"食品包装设计"的文件。设置前景色为"#fcf6e6"，按【Alt +Delete】组合键填充背景。

STEP 02　添加"背景.psd"素材文件到文件中，接着创建参考线，如图12-14所示。

STEP 03　选择"钢笔工具" ⊘，在包装正面图中绘制不规则图形，并填充"#ee8a18"颜色。

STEP 04　选择"横排文字工具" T，在不规则图形中分别输入零食名称的中英文，设置中文字体为"方正毡笔黑简体"，英文字体为"方正华隶简体"，填充颜色为"#ffffff"，如图12-15所示。

视频教学：
食品包装
设计——食品
包装设计

STEP 05　添加"坚果.psd"素材文件到文件中，继续输入其他文字内容，设置字体为"方正仿郭体简体"，填充颜色为"#ee8a18"。选择"椭圆工具" ○，在右下角文字中绘制一个圆形描边图形，并对"美味精品"文字进行旋转操作，如图12-16所示，将包装正面所有图层添加到正面图层组中。

图12-14

图12-15

图12-16

STEP 06　制作包装背面。添加"背景.psd"素材文件到文件中，选择"直线工具" ⊘，设置填充颜色为"#ee8a18"，在包装背面图像中绘制9条"1547像素×4像素"的直线，效果如图12-17所示。

STEP 07　选择"横排文字工具" T，在线条中分别输入文字，并在工具属性栏中设置字体为"黑体"，填充颜色为"#ee8a18"，如图12-18所示。

STEP 08　选择"矩形工具" □，设置描边颜色为"#ee8a18"，宽度为"7像素"，半径为"20像素"，绘制一个圆角矩形，再使用"钢笔工具" ⊘在其中绘制一条直线。

STEP 09　选择"横排文字工具" T，在圆角矩形中输入文字，设置字体为"思源黑体 CN"，文字颜色为"#ee8a18"。添加"图标.psd"素材文件到文件中，调整大小和位置，如图12-19所示。

STEP 10　制作立体效果。按【Alt+Ctrl+Shift+E】组合键盖印图层，然后选择"矩形选框工具" ▣，分别框选包装正面和背面图像，按【Ctrl+C】组合键复制图像。

STEP 11　打开"包装效果图.psd"素材文件，双击正面所在图层，在打开的智能对象中添加正面部分效果，完成后保存图像，使用相同的方法，为背面所在图层添加图像，保存文件，完成本实例的制作。

图12-17

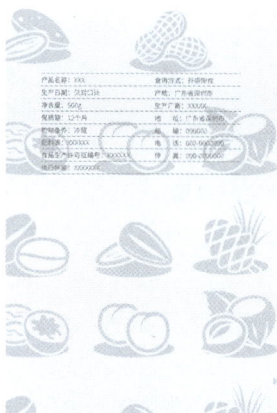

图12-18

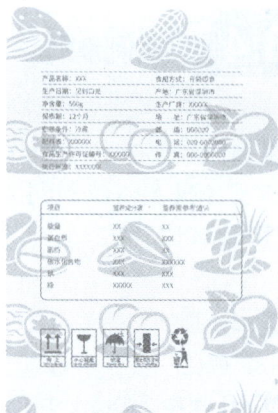

图12-19

12.4

App界面设计——购物App首页设计

12.4.1　案例背景

　　"欢乐购物"是一个售卖电器的网站，主营产品有手机、平板电脑、笔记本电脑等。为了与时俱进，特意推出手机App应用程序，以便用户能够随时随地上网查询和购买。首页作为App的重要页面，直接关系着App的浏览量，合理的布局会让App首页界面更清晰、美观，因此在设计时需要先对界面进行布局，再进行设计与制作。

12.4.2　制作要求

　　该案例的制作要求如下。

●　尺寸为1080像素×1920像素，分辨率为72像素/英寸，颜色模式为RGB颜色模式。

●　色彩、图案、形态、布局等元素应与App的功能和主题相呼应，使页面中的每一个部分都能明确传达出App的主旨。

●　尽量减少按键数量，使用户操作更加方便、流畅，以提升使用效率，保证用户都能获得良好的使用体验。

●　层级不要过多，因为移动应用使用环境更需要用户集中注意力，并在较短的时间内聚集核心信息，层级过多，会降低信息传达效率。

12.4.3　设计思路

　　为更好地完成本案例的制作，在制作时可从以下两个方面进行构思设计。

1. 划分板块

首页采用卡片型的布局方式（卡片型指的是含有图片或文本信息的容器，将用户需要的信息归纳在一起，并形成独立的个体），最上方为状态栏、Banner、分类展示区、信息展示区，下方为底部标签栏。

2. 制作各板块内容

针对不同板块进行各部分的制作，Banner应具有识别性和吸引力。分类展示区应分类明确，方便用户快速查找需要的内容。信息展示区要直观，以提升吸引力。标签栏主要用于调整各个页面，设计时可直接添加，也可直接绘制。

本案例的参考效果如图12-20所示。

【素材位置】配套资源:\素材文件\第12章\"购物App首页设计"文件夹

【效果位置】配套资源:\效果文件\第12章\购物App首页设计.psd

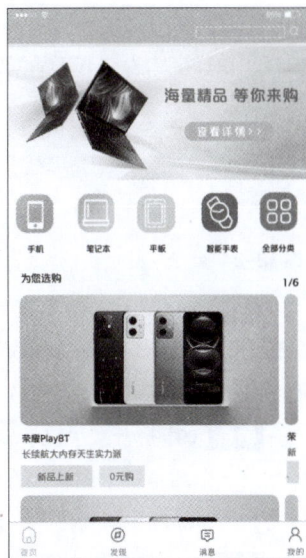

图12-20

12.4.4　案例制作

具体操作如下。

STEP 01 新建规格符合要求，名称为"购物App首页设计"的空白图像文件。

STEP 02 选择"矩形工具" ▭，在画面顶部绘制一个矩形，并填充"#fec746"颜色，在矩形下方再绘制一个矩形，填充"#fff1da"颜色，如图12-21所示。

STEP 03 添加"状态栏.png"素材文件到文件中，调整大小和位置。添加"Banner背景.jpg"素材文件到文件中，调整大小和位置，按【Ctrl+Alt+G】组合键创建剪贴蒙版，如图12-22所示。

STEP 04 选择"横排文字工具" T，输入文字，设置字体为"方正准圆简体"，调整文字颜色、大小和位置。选择"矩形工具" ▭，在"查看详情》"文字下方绘制圆角矩形，并设置填充颜色为"#fff1da"，效果如图12-23所示。

视频教学:
App 界面设计
——购物 App
首页设计

图12-21

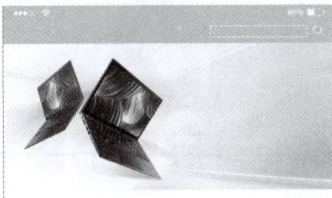

图12-22

图12-23

STEP 05 选择"矩形工具" ▭，在工具属性栏中选择工具模式为"形状"，设置填充为渐变色，设置渐变颜色为"#fcc64d"～"#fba95f"，设置半径为"40像素"，然后绘制一个渐变圆角矩形，如图12-24所示。

STEP 06 按【Ctrl+J】组合键多次复制圆角矩形，并分别改变渐变颜色，参照图12-25所示的样式排列图形。

STEP 07 打开"图标.psd"素材文件，将其中的图标拖到渐变矩形中，在矩形下方输入对应的文字内容，设置字体为"方正品尚中黑简体"，调整文字大小、位置和颜色，如图12-26所示。

图12-24   图12-25   图12-26

STEP 08 选择"矩形工具" ▢ ，在分类区下方绘制两个半径为"30像素"圆角矩形，并设置填充颜色为"#f3f3f3"，在圆角矩形下方绘制3个矩形，设置左、右侧矩形的颜色为"#ffe3d2"，中间的矩形颜色为"#f2f0f0"，调整矩形的大小、位置，如图12-27所示。

STEP 09 打开"手机.png"素材文件，将其拖到上方的圆角矩形图层上方，创建剪贴蒙版，复制图像到另一个圆角矩形图层上方，再次创建剪贴蒙版，然后在矩形的上方和中间区域输入文字，并设置字体为"方正品尚中黑简体"，调整文字大小、位置和颜色，如图12-28所示。

STEP 10 选择整个圆角矩形和图像部分，按住【Alt】键不放向下拖动，复制图像，选择"矩形工具" ▢ ，在下方绘制矩形，设置描边颜色为"#c5c5c5"，描边大小为"2 像素"，调整大小和位置。打开"标签栏.psd"素材文件，将其拖到矩形上方，调整大小和位置，如图12-29所示，保存文件，完成本实例的制作。

图12-27   图12-28   图12-29

12.5 封面设计——皮影书籍装帧设计

12.5.1 案例背景

皮影戏是一种民间戏剧，它以兽皮或纸板做成的人物剪影来表演故事，是我国民间古老的传统艺术，不仅历史悠久、种类繁多、流传广泛、遗产丰富，同时在美术造型、文学剧本、音乐唱腔、表演技艺等方面体现了高度综合能力。为了让更多人了解皮影，某大学准备制作一本关于皮影的图书，向人们传递皮影相关知识，增强人们对我国民间艺术的认知和了解，现在需要设计该书籍的装帧效果。

12.5.2 制作要求

该案例的制作要求如下。

- 封面尺寸为39.4cm×26.6cm，分辨率为300像素/英寸，颜色模式为RGB颜色模式。
- 封面设计应凸显皮影艺术的独特魅力，能感受到书籍的主题和内涵。
- 整体风格既体现皮影艺术的传统韵味，又符合现代审美。
- 需要设计出封面、封底和书脊3个部分。

12.5.3 设计思路

为了更好地完成本案例的制作，在制作时可从以下4个方面进行构思设计。

1. 封面设计

皮影的图案丰富多样，包括人物、动物、花卉等。在封面设计时，可以选取具有代表性的皮影图案，如经典的人物造型，以展现皮影。然后添加书籍名称"皮影"和相关介绍，封面上的书名和作者名等文字应简洁明了，可以考虑采用传统的书法字体，以彰显书籍的文化底蕴。

2. 封底设计

封底可采用皮影戏中的一个场景，以展现皮影艺术的精髓，并添加条形码、书名等内容。在设计时要注重细节处理，使封面设计更加精致、完美。

3. 书脊设计

在书脊中添加书名和作者名等文字。

4. 色彩与风格

皮影的色彩通常鲜艳明快、对比强烈。在封面设计中，可以借鉴皮影的色彩特点，采用红、黄两种鲜艳的色彩，形成强烈的视觉冲击力，吸引读者的眼球。在整体风格上，应追求传统与现代相结合，既体现皮影艺术的传统感，又符合现代审美需求。

本案例的参考效果如图12-30所示。

图12-30

【素材位置】配套资源:\素材文件\第12章\"皮影书籍装帧"文件夹

【效果位置】配套资源:\效果文件\第12章\皮影书籍装帧.psd

12.5.4 案例制作

具体操作如下。

STEP 01 新建规格符合要求，名称为"皮影书籍装帧设计"的空白图像文件，然后添加参考线，通过参考线将其分为封面、封脊、封底3个部分，打开"宣纸纹理.png"素材文件，将其布满整个封面和封底，如图12-31所示。

STEP 02 选择"矩形工具" ▢，在封面部分左侧绘制填充颜色为"#e6b251"的矩形，然后在矩形中绘制两个颜色为"#a40000"的矩形，如图12-32所示。

STEP 03 打开"手写书名.png""皮影1.png""皮影标志.png"素材文件，将它们分别拖到封面中，调整大小和位置。选择"直排文字工具" IT，在封面中输入文字，调整文字的字体、颜色、位置和大小，如图12-33所示。

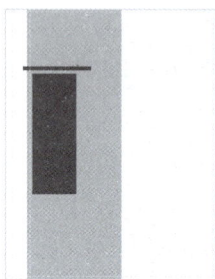

图12-31   图12-32   图12-33

STEP 04 封底制作。选择"矩形工具" ▢，在封底部分左侧绘制填充颜色为"#a40000"的矩形，如图12-34所示。

STEP 05 打开"皮影戏场景.jpg""手写书名.png""条形码.png""纹样.png"素材文件，将它们分别拖到封底上方，调整大小和位置，如图12-35所示。

STEP 06 选择"手写书名"素材所在图层，复制该图层然后将其拖到"皮影戏场景"左侧，打开"图层样式"对话框，单击选中"颜色叠加"复选框，设置颜色为"#e6b04f"，单击 确定 按钮，再设置不透明度为"20%"。

STEP 07 制作书脊。选择"矩形工具" ▢，在书脊部分绘制填充颜色为"#e6b251"的矩形。

STEP 08 选择"皮影标志""手写书名"素材所在图层，复制该图层然后将其拖到书脊中，调整大小和位置。选择"手写书名"图层，打开"图层样式"对话框，单击选中"颜色叠加"复选框，设置颜色为"#a40000"，单击 确定 按钮。

STEP 09 选择"直排文字工具" IT，在书脊中输入文字，调整文字的字体、颜色、位置和大小，保存文件，完成封面的制作，如图12-36所示。

图12-34   图12-35   图12-36

12.6
插画设计——AI绘制古诗插画

12.6.1　案例背景

在中华民族悠久的历史长河中，古诗以其深邃的思想、优美的语言和独特的艺术魅力，成为中华文化的重要瑰宝。为了更好地传承和弘扬古诗文化，某出版社准备出版一本古诗书籍。为了提升书籍的吸引力，出版社决定尝试使用AI技术绘制书籍内的插画，希望打造一本富有趣味性和教育意义的古诗书籍。出版社打算先选择《山行留客》这首古诗来进行创作，以插画的形式呈现出古诗所表现出来的山中万物都在春天的阳光下争奇斗艳的美景。

12.6.2　制作要求

该案例的制作要求如下。

● 插画内容能体现古诗的内涵和意义，整体具有艺术性和美观性。

● 插画内容与诗句紧密相关，体现古诗的意境和情感，帮助读者更好地理解诗句的意境。

12.6.3　设计思路

为了更好地完成本案例的制作，在制作时可从以下两个方面进行构思设计。

1. 设计提示词

通过古诗"山光物态弄春晖，莫为轻阴便拟归。纵使晴明无雨色，入云深处亦沾衣。"可先确定描述内容"古代诗人春日，阳光透过窗帘洒在他脸上。外面景色明亮温暖，插画风格，中国风，明亮色调，微笑，温暖阳光，明亮光线，绿色调，春光，和谐。画面中心，长焦镜头，绿色植物，绚烂花朵，沐浴阳光，和煦微笑，轻柔色调，传统服饰，清晨氛围"等。

2. 生成插画

根据提示词生成插画，多次改变关键词选择适合的插画，并根据需求进行简单更改，生成最终效果。本案例的参考效果如图12-37所示。

图12-37

【效果位置】配套资源:\效果文件\第12章\古诗插画.png

12.6.4　案例制作

具体操作如下。

STEP 01 进入Midjourney中文站，登录账号后单击 [开始创作] 按钮。进入创作界面，点击左侧的"MJ"圆形图标 [MJ]，在右侧的列表中选择"NJ6.0（动漫质感）"模式。单击 [⚙设置] 按钮，打开高级选项界面，在"生成尺寸"栏中选择"9：16"选项。

STEP 02 在右下角的文本框中输入"古代诗人春日，阳光透过窗帘洒在他脸上。外面景色明亮温暖，插画风格，中国风，明亮色调，微笑，温暖阳光，明亮光线，绿色调，春光，和谐。画面中心，长焦镜头，绿色植物，绚烂花朵，沐浴阳光，和煦微笑，轻柔色调，传统服饰，清晨氛围"提示词，单击 [提交 ▶] 按钮。

STEP 03 稍后在顶部显示生成的插画，并在下方显示生成的插画效果。

STEP 04 发现第一张图更加具有插画的特点，在"编辑"栏中选择"U1"选项，在页面顶部显示单独的U1效果，在"放大"栏中选择"放大2.5x"选项。

STEP 05 此时显示单独的图像效果，单击该效果，在打开的效果中单击 ⬇ 按钮，打开"新建下载任务"面板，设置下载的位置和名称，单击 [下载] 按钮下载文件。

视频教学：
插画设计——
AI 绘制古诗插画

12.7 课后练习

练习 1 制作"方凌集团"企业标志

【制作要求】为"方凌集团"制作一个标志，要求设计师以"F"为元素进行标志设计，文本部分只需展示企业名称。

【操作提示】绘制方凌集团的企业标志，在设计时先绘制"F"路径，对路径进行填充与变换，使其形成标志形状，最后输入文字，参考效果如图12-38所示。

【效果位置】配套资源:\效果文件\第12章\课后练习\"方凌集团"企业标志.psd

图12-38

练习 2 制作汽车宣传广告

【制作要求】为某汽车制作汽车宣传广告，在制作时不但要通过图片展现汽车的高端、大气，还要通过文字展现宣传内容，使整体效果更加时尚、美观。

【操作提示】添加素材，使用图层混合模式使汽车背景更加具备识别性，添加汽车素材，输入文字，并对文字设置图层样式，参考效果如图12-39所示。

【素材位置】配套资源:\第12章\课后练习\"汽车宣传广告"文件夹

【效果位置】配套资源:\第12章\课后练习\汽车宣传广告.psd

图12-39

练习 3　制作苹果汁包装

【制作要求】"汁吖"是一家致力于研发与销售各类鲜榨水果果汁的饮料品牌，为了实现品牌的长期发展，尝试开发易拉罐苹果汁，以更好地满足消费主力——年轻消费者的需求和期待。要求包装尺寸为2362像素×1581像素，分辨率为300像素/英寸。

【操作提示】制作包装设计时，布局包装设计中的背景图像后，使用文字工具组输入文本，使用形状工具组美化画面，参考效果如图12-40所示。

【素材位置】配套资源:\素材文件\第12章\课后练习\苹果.jpg

【效果位置】配套资源:\效果文件\第12章\课后练习\苹果汁包装.psd

图12-40

练习 4　制作停车 App 界面

【制作要求】某停车App由于新增停车记录功能，准备对停车App界面进行重新设计，要求App界面简洁、美观，功能齐全。

【操作提示】界面最上方为状态栏、分类展示区、信息展示区，下方为底部标签栏，在设计时可针对不同板块进行各部分的制作，参考效果如图12-41所示。

【素材位置】配套资源:\第12章\课后练习\图标.psd

【效果位置】配套资源:\第12章\课后练习\停车App界面.psd

图 12-41

练习 5 制作旅行社宣传画册封面

【制作要求】望咖旅行社开辟了新的海岛旅游线路，准备制作宣传画册以展示该线路。画册的内文已排版制作完成，要求设计宣传画册封面，要求具备美观性和可识别性。

【操作提示】先调整旅行图片的颜色，如明暗对比度、色调等，然后制作画册封面，参考效果如图12-42所示。

【素材位置】配套资源:\第12章\课后练习\海水.jpg、海岸线.jpg、旅行社宣传画册素材.psd

【效果位置】配套资源:\第12章\课后练习\旅行社宣传画册封面.psd

图 12-42

练习 6　AI 绘制《水竹居》古诗插画

【制作要求】某出版社打算将一本古诗集书稿中的插图全部更换为统一风格，为了节约时间成本，决定先利用AI技术快速生成其中一首古诗——《水竹居》的插画，确定风格后再生成相同风格的其他古诗插画，要求插画效果能体现古诗的内容和意境，尺寸不限。

【操作提示】进入Midjourney中文站，根据诗词"山人水竹居，画图看更好。十年不归来，茅屋秋风老。"可输入"竹林小桥，茅草屋，古代男士，水彩画，内田明，中国风，水墨风，明亮月光，心情愉悦，简洁，高饱和度，温暖色调，儿童图书，春天，竹叶翻飞"等提示词来生成插画，参考效果如图12-43所示。

【效果位置】配套资源:\第12章\课后练习\《水竹居》古诗插画.png

图12-43

平面设计是一门综合性学科，需要掌握广泛的技术技能知识，平面设计师要想制作出具有吸引力的平面效果，需要持续不断地学习和实践。以下是整理的平面设计中的一些学习重点，读者可以扫码查看，拓展自身的知识面，提升自己的综合能力。

1 知识拓展

一个成功的平面设计效果需要有独特的创意和情感的传递，平面设计师在平面设计的过程中不仅需要掌握设计软件的基础操作，还需要不断学习设计知识，适应新的技术和发展趋势，结合各种创意表现手法，创作出能有效传达设计主题、引起用户共鸣的作品。

资源链接：平面设计基础	资源链接：平面创意	资源链接：平面构图	资源链接：色彩搭配	资源链接：AI 工具应用

2 案例提升

平面设计作品广泛应用在各行各业，且不同应用领域的平面设计制作要求和效果不同，平面设计师可以多观看和研究一些优秀的平面设计作品，提升自己的设计能力。

案例提升：制作宣传海报	案例提升：制作横幅广告	案例提升：制作活动海报	案例提升：制作标志	案例提升：制作推文封面图
案例提升：制作主图	案例提升：制作网站首页	案例提升：制作 App 界面首页	案例提升情：制作画册内页	案例提升：制作手提袋包装